奋进的 20 年

——国家级气象科研院所改革发展历程

《奋进的 20 年——国家级气象科研院所改革发展历程》
编委会 编著

图书在版编目（CIP）数据

奋进的20年 ：国家级气象科研院所改革发展历程 /《奋进的20年——国家级气象科研院所改革发展历程》编委会编著. -- 北京 ：气象出版社, 2023.7
ISBN 978-7-5029-8004-7

Ⅰ. ①奋… Ⅱ. ①奋… Ⅲ. ①气象学—科研院所—概况—中国 Ⅳ. ①P4-242

中国国家版本馆CIP数据核字(2023)第134777号

Fenjin de 20 Nian
——Guojiaji Qixiang Keyan Yuansuo Gaige Fazhan Licheng

奋进的 20 年——国家级气象科研院所改革发展历程

出版发行：气象出版社
地　　址：北京市海淀区中关村南大街 46 号　　邮政编码：100081
电　　话：010-68407112（总编室）　010-68408042（发行部）
网　　址：http://www.qxcbs.com　　E-mail：qxcbs@cma.gov.cn
责任编辑：邵　华　张玥滢　　终　　审：张　斌
责任校对：张硕杰　　责任技编：赵相宁
封面设计：追韵文化
印　　刷：北京中石油彩色印刷有限责任公司
开　　本：787 mm×1092 mm　1/16　　印　　张：13.75
字　　数：423 千字
版　　次：2023 年 7 月第 1 版　　印　　次：2023 年 7 月第 1 次印刷
定　　价：78.00 元

《奋进的 20 年——国家级气象科研院所改革发展历程》编委会

在国家级气象科研院所改革发展推进会上的讲话

庄国泰*

（2022 年 12 月 9 日）

同志们：

大家上午好！

在国家级气象科研院所改革迎来 20 周年之际，今天我们在这里召开国家级气象科研院所改革发展推进会，**主要目的是：学习贯彻党的二十大精神和习近平总书记关于气象工作的重要指示精神，落实《气象高质量发展纲要（2022—2035 年）》目标任务，总结气象科研院所改革发展 20 年来的成效和经验以及存在的问题和不足，谋划新时期国家级气象科研院所的改革发展思路和重点任务。**

刚才科技司介绍了国家级气象科研院所改革发展的历程，对刚刚出台的《国家级气象科研院所改革发展工作方案》（以下简称《工作方案》）进行了介绍，中国气象科学研究院（以下简称气科院）、北京城市气象研究院、乌鲁木齐沙漠气象研究所、青藏高原气象研究院、广州热带海洋气象研究所、南京气象科技创新研究院等单位分别汇报了落实《工作方案》的思路和举措，有关省（自治区、直辖市）气象局主要负责同志围绕如何进一步推进气象科研院所改革发展发表了意见和建议，科技部政策法规与创新体系建设司和国家自然科学基金委员会地球科学部的领导对气象科研院所下一步的工作提出了具体要求，大家讲得都很好。下面我就气象科研院所改革发展工作谈四个方面的意见。

一、深刻领会党的二十大精神，牢牢把握气象事业科技型的战略定位

党的二十大报告明确提出，教育、科技、人才是全面建设社会主义现代化国家的基础性、战略性支撑；必须坚持科技是第一生产力、人才是第一资源、创新是第一动力；要深入实施科教兴国战略、人才强国战略、创新驱动发展战略，开辟发展新领域新赛道，不断塑造发展新动能新优势；要完善科技创新体系，加快实施创新驱动发展战略。上述具体要求是指导全国以及气象科技创新工作的行动指南和根本遵循。党的二十大报告中提出的推动高质量发展、加快发展方式绿色转型、深入推进环境污染治理、积极稳妥推进碳达峰碳中和、提高公共安全治理水平等方面的任务，也都与气象工作密切相关，建立现代经济体系有很多需要气象部门提供支持保障的任务和要求，我们必须认真学习、深刻把握、全面贯彻。

2019 年 12 月 7 日，习近平总书记在新中国气象事业 70 周年之际对气象工作作出重要指示，要求加快科技创新，实现监测精密、预报精准、服务精细，推动气象事业高质量发展。

* 庄国泰，时任中国气象局党组书记、局长。

当年的12月9日，也就是3年前的今天，召开了新中国气象事业70周年座谈会，胡春华副总理出席会议并发表重要讲话，要求加快建成气象强国，坚持对标世界一流水平强化科技创新。三年来，我们持续深化认识，对习近平总书记的重要指示精神再学习再对标再落实。今年4月，国务院印发《气象高质量发展纲要（2022—2035年）》（以下简称《纲要》），这是贯彻习近平总书记关于气象工作重要指示精神的重大举措。《纲要》开宗明义明确了气象"科技型"和"科技领先"的首要定位，在发展目标中明确了气象关键核心技术实现自主可控和关键科技领域实现重大突破的首要目标，部署了"增强气象科技自主创新能力"和"建设高水平气象人才队伍"等首要任务。中国气象局要求各级各部门把学习贯彻党的二十大精神和习近平总书记重要指示精神与落实《纲要》结合起来，以科技创新支撑气象高质量发展，以气象高质量发展服务保障中国式现代化建设，用实际行动践行党的二十大精神。

二、总结改革发展成效，牢牢把握气象科技创新发展的主动权

多年来，在科技部、国家自然科学基金委（以下简称基金委）等部委员会的大力支持下，以"一院八所"为主的国家级气象科研院所，坚持国家战略科技力量的定位，科技队伍体量结构、科技创新水平及业务支撑、科技基础条件及创新文化建设等方面都取得了显著的进展和成效，对气象业务发展进步起到了强有力的支撑作用，为气象现代化建设作出了突出贡献。新征程上，世界科技发展日新月异，国际格局加速演变，全球气候变化导致的极端天气气候事件增多增强，这些都对气象科技创新提出了新要求新挑战。我们要时刻保持头脑清醒，在总结改革发展成效的同时，更要深刻认识到存在的问题与不足，要通过持续深化改革，牢牢把握发展主动权。

一是牢牢把握气象科技创新的新趋势。科技创新是驱动气象发展的根本动力，人类历史上每一次工业革命产生的新技术在气象上的应用，都把气象推到了一个新的发展阶段。当前，全球科技创新正进入空前密集活跃的时期，人工智能、量子计算等新技术的迸发正在重构全球创新版图，科技交叉融合态势以及颠覆性创新成果的不断涌现，将深刻影响全球气象科技的发展。同时，气象科技创新已成为国际战略博弈的重要领域，西方国家在气象核心技术领域的保护主义对我国持续形成压力，国外模式数据断供、关键技术与装备核心元器件不能完全自主可控、预报预警能力不足等风险并存。另外，全球大气科学的研究已经从大气圈迈向地球系统多圈层相互作用、相互影响的阶段，研究深度和广度得到了极大的拓展，需要用新的理论和技术支撑大气科学的发展。国内外科学技术发展态势和新时期对气象业务服务提出的更高需求，使气象科技创新面临不可回避的重大机遇与挑战，我们必须把握大势，抢抓机遇，提前部署，统筹谋划，加快创新引领，深化改革开放，推动我国气象科技水平从跟跑、并跑向领跑跨越，从气象大国向气象强国迈进，实现气象高质量发展。

二是牢牢把握气象科技创新的新格局。2002年经科技部、中央编委、财政部批准，中国气象局组建了由中国气象科学研究院和八个专业气象研究所组成的国家级气象科研院所组织体系。20年来，国家级气象科研院所作为气象部门的创新主体，发挥了不可或缺的重要作用。在职人员总数从2002年的497人增加到2022年的829人，增加近一倍；拥有5位两院院士、6位杰青以及一大批的科技领军人才；研究员从60人增加到226人，占职工总数的四分之一；博士从65人增加到452人，超过了职工总数的一半。在台风、暴雨、干旱等灾害性天气以及数值预报、环境气象、生态与农业气象、城市气象、海洋气象、高原气象、沙漠气象、交通气象等领域取得了一批国内外有影响力的科研成果，获得国家科技进步二等奖3项、省部级

科技奖励近200项；一批重大科技成果进入业务应用，支撑了气象业务服务的发展。拥有灾害天气国家重点实验室、农业气象和沙漠气象等国家野外科学观测研究站以及一批省部级创新平台。组建了一批新型研发机构，不断完善气象科研院所布局。近年来保障粮食安全成为国家重大战略，但气象为农服务的科技创新水平还不足，需要加快推进生态与农业气象研究院建设。气象服务与各行各业的融合越来越紧密，专业气象服务对气象科研院的科技支撑需求也越来越迫切。

与此同时，从多年的发展情况来看，国家级气象科研院所还存在诸多制约科技创新的问题。比如：科技资源分散与科研活动“散打”“盲打”“重复打”的重复低效现象并存、重大科研成果缺乏与核心业务支撑不够并存、国家级创新平台不足与创新能力不强并存、科研队伍体量偏小与领军人才不足并存、科技评价机制不完善与科研效能不高并存等等，是本轮深化科研院所改革需要重点解决的问题。

三是牢牢把握气象科技创新的新需求。近年来，在全球气候变化背景下，极端天气气候事件呈增多增强的趋势，我国又是极端天气气候事件及灾害的多发地区，比如去年河南郑州“21 · 7”特大暴雨、今年全国性极端高温和连续性干旱以及局地性的大风等气象灾害，这些极端天气气候事件很多都是多尺度天气系统共同作用的结果，机理机制复杂，对气象科技都是新的挑战。去年以来，中国气象局出台了分灾种、分区域、分流域、分行业的专项能力提升系列工作方案30多个，强化雷达、卫星、数值预报和信息网络“四大支柱”作用，着力提升气象业务服务能力；制定了《新型业务技术体制改革实施方案（2022—2035年）》，优化业务布局分工和流程，全面构建新型气象业务技术体制；开展“质量提升年”活动，聚焦推动气象事业高质量发展关键环节，推动基础业务质量稳步提升、基本公共服务体系不断完善、关键科技问题取得突破、社会管理效能明显提升。《气象高质量发展纲要（2022—2035年）》以及今年11月30日召开的智慧气象工作座谈会，都要求加快建设以智慧气象为主要特征的气象现代化，构建智慧气象体系；通过明确智慧气象整体设计、各业务板块和专项技术需求、社会力量参与和发展路径选择、气象专业研究机构设置和人才队伍建设，探索实现智慧气象的途径方式。在这一系列的气象业务服务发展布局中，都提出了大量的科技研发需求，亟待通过加快科技创新来解决。

四是牢牢把握气象科技创新的新任务。去年以来，为了加快突破制约气象科技进步的一些“卡脖子”技术，中国气象局结合国家事业单位改革试点，整合气象部门科技力量，组建了地球系统数值预报中心、人工影响天气中心、许健民气象卫星创新中心等科研机构和平台，加强数值预报、人工影响天气、气象卫星等领域的核心关键技术攻关。围绕国家和区域重大战略需求，与山东省政府、青岛市政府联合共建了青岛海洋气象研究院，以及与四川省政府、成都市政府联合共建了青藏高原气象研究院。通过体制机制创新，汇聚气象行业的优势科技力量，争取地方政策和经费支持，打造气象新型研发机构，青岛海洋气象研究院和青藏高原气象研究院在保障国家安全方面也将发挥重要作用。组建了9个部级重点实验室、10支重点创新团队，为气象高质量发展注入新的科技力量。首次面向全行业开展“十三五”以来气象科技成果评价工作，以质量、绩效和贡献为标准评选出百项气象优秀科技成果。科技成果评价工作不仅要评出优秀成果，还要评出差的成果，要对气象科研工作传导压力，有效引导气象科研院所致力于气象业务核心技术突破。

瞄准业务服务需求统筹设计实施气象科技攻关任务。2020年，中国气象局与基金委设立了气象联合基金，强化气象业务目标导向，经过两年的组织实施后，社会各界反响热烈，管理双方都很满意，一致同意将联合基金的体量加倍，组织全行业的科研力量开展气象核心关键技术攻关。下一步我们要加强与基金委对接，气象联合基金设得好，还要管得好，充分发挥联合基金的作用。创新立项组织方式，首次设立了以提升气象业务服务能力为目标的“揭榜挂帅”项目，支持科技人员勇于担当，揭榜出彩。聚焦业务能力提升的基础研究需求，设立气象能力提升联合研究专项，支持保障各类能力提升系列工作方案的科技任务。在国家有关部门的支持下，最近几年气象科研经费总体上稳中有升，为气象科技创新和科研院所改革发展提供支持保障。下一步要通过统筹部署科技资源一体化配置，形成资源集聚、协同增效。

三、坚持问题导向目标引领，全面推进气象科研院所改革发展

中国气象局党组高度重视气象科研院所改革发展，今年以来两次召开专题会议，研究部署科研院所改革发展工作，前不久审议通过了《国家级气象科研院所改革发展工作方案》，并以党组文件印发，全面部署气象科研院所改革攻坚三年行动。关于下一步气象科研院所的改革发展，我再强调以下六个方面的工作。

一是要充分发挥气科院的龙头作用。气象部门有两个龙头，一个是业务上以预报为龙头；一个是科研上以气科院为龙头。今年春节过后，我到科技司、气科院调研，提出要尽快解决气象科研院所存在的“散打”“盲打”“重复打”等问题。从这些年的情况来看，气科院和各专业气象研究院所之间在学科方向、研究任务方面存在重叠和竞争，没有形成很好的创新合力。所以在这次气象科研院所改革方案中提出了要建立气科院对专业气象研究院所“四个统一”的工作机制，赋予了气科院相关的管理职责，联合相关省局加强对专业气象研究院所的统筹管理。要充分发挥气象部门垂直管理的体制优势，把“四个统一”落到实处。科技司要指导气科院尽快拿出具体操作方案并组织实施，加快形成国家级气象科研院所的创新合力，出举措、出制度、出成果、出人才。气科院领导班子要有大的格局，切实发挥好科技创新的龙头作用。

二是要充分发挥专业院所的专业研究牵头引领作用。最近两年我到武汉暴雨研究所、北京城市气象研究院调研时，多次强调要发挥专业院所在优势领域的全国牵头引领作用。武汉暴雨研究所要开展全国的暴雨研究，不能局限在武汉或者湖北区域。北京城市气象研究院要开展全国大城市气象监测预报研究，全国的大城市气象服务保障能力的提升，需要北京城市气象研究院的科技支撑。虽然各个专业院所的名称都叫作中国气象局的专业院所，但目前来看还有些名不副实，多数院所的研究范围还局限在本省、本地区，产出的成果也主要为当地气象部门服务，当然不能排除专业院所对本省气象业务的贡献，但眼光决不能仅看到当地。各专业院所要充分发挥科技政策、科研经费、人才队伍等方面的优势，依托科技创新平台、创新团队、创新联盟、科研项目等合作机制，围绕本单位的优势学科领域加强与全国气象部门的合作，牵头开展联合研究，发挥全国性的牵头引领作用，立足“研究全国专业问题，专业研究全国问题”，真正做到带动全国、辐射全国、支撑全国。要加强专业气象研究院所之间的协同创新，针对全国性的重大气象科学问题、重大天气过程以及重点区域的科技需求，建立协同攻关机制。

三是要充分发挥对业务单位科技创新的辐射带动作用。目前国家级业务单位和省级气象部门都有一支较高水平的科技队伍，承担着业务升级、科技攻关、技术开发、成果转化等工作。他们的科研工作与业务联系更加紧密，科技成果在业务服务中的应用成效也更为显著。国家级气象科研院所要利用好科研力量上的优势，加强与业务单位的联合，通过共同承担科

研项目、联合共建科技平台和创新团队、联合开展重大天气复盘总结等方式，辐射带动业务单位创新能力的提升，而不是一家独大，自成一体。根据科技部要求，今年以来中国气象局提前开展了灾害天气国家重点实验室的重组工作。我多次要求国家级业务单位也要积极参与到实验室的重组中，国家级业务单位的科技人员、重大业务平台都可以纳入实验室，充分发挥实验室属于气象部门的优势，做大做强实验室，实验室的科技成果也可以在业务单位转化应用；同时我们也要吸引外部门科研院所和相关高校科技力量共建实验室，打造体现国家战略科技力量的重大气象科技创新平台。

四是要充分发挥科技评价机制的业务导向作用。习近平总书记在2021年全国两院院士大会上强调，要坚持质量、绩效、贡献为核心的评价导向，全面准确反映成果创新水平、转化应用绩效和对经济社会发展的实际贡献。气象部门是一个以业务为核心的部门，我们鼓励气象科研院所从事基础研究、开展自由探索，但主流还是需要围绕气象核心关键技术开展基础研究和应用研究，为业务服务提供支撑。这次改革方案提出建立以业务需求为导向的科研立项评审机制、以业务转化为导向的科技成果评价机制、以业务贡献为导向的科研机构平台和人才团队评估机制，这个思路很好，科技司要尽快制定落实科技“新三评”改革的具体措施，各气象科研院所要制定实施细则，充分发挥科技评价的“指挥棒”作用。要进一步规范科技成果的业务应用证明管理，科技司要加强制度建设，各个省局也要严格执行。

五是要充分发挥气象科研院所的人才培养集聚作用。党的二十大报告提出，培养造就大批德才兼备的高素质人才，是国家和民族长远发展大计。习近平总书记在去年中央人才工作会议上也强调，要加快建设世界重要人才中心和创新高地，为人才提供国际一流的创新平台。中国气象局党组高度重视科技人才工作，今年出台了《关于加强和改进新时代气象人才工作的实施意见》和《气象人才发展规划（2022—2035年）》，在高层次人才培养和创新团队方面也取得了积极的进展。我们要坚持实践标准，在科技创新中发现人才、使用人才、培养人才；制定配套政策，赋予领军人才更大的技术路线决定权、经费支配权、资源调度权，建立健全责任制和“军令状”制度，发挥科学家在前沿科学研究布局和核心技术攻关组织上的引领作用；根据气象科技前沿发展和核心技术需求，组建由战略科学家和领军人才牵头、跨部门聚集的科技创新团队，统筹资源给予稳定支持；加强青年人才培养，形成人才梯队，让他们承担国家重大科研任务，挑大梁、当主角。

六是要充分发挥科技创新对气象防灾减灾第一道防线的支撑作用。目前我们对台风、暴雨等极端天气的形成机理、变化规律及其利弊影响都还存在认识上的不足。有些天气尽管在短期内产生了不利的影响，但是从长期来看却是有益的；有些天气短期内看上去影响不大，但长期积累就会形成灾害。这些问题都需要开展全面的分析和评估，为国家科学决策提供参谋。灾害天气国家重点实验室和气象科研院所要主动关注全球天气气候，针对性开展研究，勇于发出科学声音。气象科研人员要胸怀国之大者，破四唯、立新标、开新局，积极响应习近平总书记提出的把论文写在祖国的大地上的号召，主动投身到气象防灾减灾一线开展科技创新工作，解决业务服务的关键科技问题，大力弘扬爱国、创新、求实、奉献、协同、育人的科学家精神。

四、加强组织领导，确保气象科研院所改革取得实实在在的成效

千里之行，始于跬步。国家级气象科研院所的改革大幕已拉开。科技司、人事司要做好院所改革的统筹协调，及时跟进落实国家有关科技人才政策，及时评估改革进展和成效，梳

理可供推广示范的改革经验；减灾司、预报司、观测司、计财司等内设机构要主动做好政策支持保障，统筹加强科技项目凝炼、创新平台建设等工作；国家级业务单位要主动作为，加快业务科研深度融合，推进研究型业务发展；气科院、各专业院所以及新型研发机构所在省局要加强组织领导，组织制定改革方案，统筹谋划、稳妥推进科研院所的改革工作，在人、财、物以及政策等方面提供支持保障；各科研院所要履行好主体责任，在改革过程中主动找问题、出思路、提方案，落实好各项改革任务。这次科技司还启动了内蒙古、黑龙江、江西、山东、湖南、贵州6个省（区）所的改革试点，省所的试点改革要与国家级气象科研院所的改革协同推进，试点所在的省局也要高度重视，确保改革取得实效。试点单位既要勇于创新、大胆探索，又要稳步推进，努力在全国科技体制改革三年行动中创造可复制可推广的气象科研院所改革经验。

改革创新是最鲜明的时代特征，改革未有穷期。20年来，国家级气象科研院所持续推进改革和创新发展，一直得到科技部、基金委的指导和帮助。气象科技创新取得的成绩更是离不开科技部和基金委在重大科技任务部署、科研院所改革、科技创新平台建设、科技人才等方面长期以来的大力支持。刚才郑司长和张主任对气象科研院所的下一步工作提出了要求，科技司和有关部门要认真研究，拿出落实举措。希望科技部、基金委一如既往地对气象工作给予大力支持和指导。

同志们，改革吹响号角，创新催人奋进，希望通过气象科研院所改革，真正能够形成学科布局合理、研发方向明确、创新活力迸发、统筹协同高效、业务发展顺畅、高端人才涌现的新型气象科技创新体系，进一步壮大气象国家战略科技力量，为气象高质量发展提供强大的科技支撑，为全面建设社会主义现代化国家、全面推进中华民族伟大复兴作出气象应有的贡献。

谢谢大家！

国家级气象科研院所改革发展工作方案

中气党发〔2022〕161号

为深入贯彻党的二十大精神和习近平总书记关于科技创新、人才工作和气象工作的重要指示精神，落实《国家中长期科学和技术发展规划（2021—2035年）》《科技体制改革三年攻坚方案（2021—2023年）》《气象高质量发展纲要（2022—2035年）》（以下简称《纲要》）、《中国气象科技发展规划（2021—2035年）》部署，加快推进国家级气象科研院所（以下简称科研院所）改革发展，制定本方案。

一、发展现状及存在的主要问题

（一）发展现状

科研院所是气象科技创新的主力军，是气象国家战略科技力量的核心。自2001年中央级科研机构改革试点以来，逐步形成了由中国气象科学研究院（以下简称气科院）、8个专业气象科研院所（以下简称专业院所）以及相关新型研发机构组成的国家级气象科研院所体系。各单位围绕气象科技前沿和业务核心关键技术开展攻关，在台风、暴雨等灾害性天气以及数值预报、环境气象、生态与农业气象、城市气象、海洋气象、高原气象、沙漠气象、交通气象等领域取得了一批国内外有影响的科研成果，为气象业务服务发展提供了有效支撑；培养了一批由两院院士、科技领军人才、青年英才以及国家级科技创新团队组成的高层次科技人才队伍；组建了灾害天气国家重点实验室，农业气象、沙漠气象国家野外科学观测研究站等一批国家级和省部级科技创新平台；在科研项目及经费管理、科技成果转化、科研人员考核激励等方面的体制机制不断完善，创新活力得到显著增强，有效支撑了气象现代化建设。

（二）主要问题

立足新发展阶段，贯彻新发展理念，面向气象高质量发展的新要求和新型业务技术体制的新需求，科研院所存在一些亟待破解的新问题，突出表现为五个“并存”。

1. 科技资源分散与科研活动重复低效现象并存。科研院所的科技资源有限且多头分散，分工不明确，科研活动集约化程度不高，存在“散打”“盲打”“重复打”现象。气科院与部分专业院所都从事台风、暴雨、环境气象、高原气象、生态与农业气象等领域的研究，存在一些重叠甚至内部无序竞争关系，没有形成科研合力。各专业院所也都在发展各自的区域数值预报模式，存在低水平重复的科研工作，集约化程度不够。科研院所之间缺乏有效的统筹协调机制。

2. 重大科研成果缺乏与核心业务支撑不够并存。科研院所创新成果不断涌现，但在优势研究领域的科研成果以及核心技术与国际先进水平相比仍存在较大差距，高水平科研成果偏少，尤其缺乏在国际上有影响力的成果和科技人才。部分专业院所站位不高，专业领域国家队的定位不清晰，科研人员存在按兴趣而不是按需求做科研的现象，对核心业务和关键技术的支撑不足，科研与业务脱节的现象还一定程度上存在。

3. 国家级创新平台不足与创新能力不强并存。科研院所拥有 1 个国家重点实验室、2 个国家野外科学观测研究站、6 个中国气象局重点开放实验室（以下简称部级重点实验室）、11 个中国气象局野外科学试验基地，支持力度普遍较弱，缺少科研条件建设的总体设计规划，重点投入不够，布局、质量和影响力不足。灾害天气国家重点实验室面临重组国家重点实验室体系的重大挑战。两个国家野外科学观测研究站在建设规模、成果产出以及科技人才等方面与中国科学院和相关高校的同类站相比较还存在较大差距。

4. 科研队伍体量偏小与领军人才不足并存。目前科研院所人员编制为 971 人（包含 650 个科研编制和 321 个气象事业编制），实有人数为 829 人，人员总数占气象部门总人数的比例偏低。特别是专业院所的队伍体量偏小，基本都不超过 100 人，最少的只有 47 人，无法满足日益增长的科技创新发展需求。科研院所的院士、杰青等高层次领军人才以及优青、青拔等战略后备科技人才数量不足，外部人才竞争压力仍然较大。

5. 科技评价机制不完善与科研效能不高并存。科研院所科研条件不断改善，2006 年国家设立了改善科研条件专项、改革专项费和基本科研业务费，为科研院所科技创新提供了较为稳定的经费支持，科研院所在科研经费管理、科技成果转化、人员绩效工资等方面的政策也得到松绑，有效地激发了创新活力。但是，以“质量、绩效和贡献”为核心的科技项目评审、科技成果及人才评价、科研机构及平台评估机制没有完全建立，还存在一定的“四唯”倾向，科技创新效能没能得到有效发挥，对气象核心业务服务发展的支撑不够。

二、改革思路和基本原则

（一）总体思路

以完善气象国家战略科技力量体系、增强气象科技自主创新能力、实现气象关键核心技术自主可控与重大突破、不断培育高层次科技人才为目标，全国一盘棋，分步实施气科院与 8 个专业院所的体制机制改革，逐步建立在局党组领导、职能司指导和气科院统筹下的一体化学科布局、一体化研发分工、一体化团队建设、一体化考核管理体制，最终形成学科布局合理、研发方向明确、创新活力迸发、统筹协同高效、引领业务发展、高端人才涌现的新型气象科技创新体系，组织实施气象科技体制改革“6633 模式”，有力支撑气象高质量发展。

1. 形成“六个一”的科研院所组织架构。一个专业院所包含一个重点优势学科方向、一个部级重点实验室、一个国家级重点创新团队、一项（以上）国家重点研发计划项目，以及一批引领支撑新型业务的重大成果。

2. 实现六大类科技创新资源一体化配置。统筹部署科技项目、平台基地、人才团队、资金投入、科研机构编制、科技改革政策等六类科技资源，形成资源集聚、协同增效。

3. 树立科技“三评”新导向。在支持基础研究、应用基础研究与自由探索的同时，重点是要加快建立以业务需求为导向的科研立项评审机制、以业务转化为导向的科技成果评价机制、以业务贡献为导向的科研机构平台和人才团队评估机制。

4. 实现《纲要》三个科技首要。实现《纲要》中科技型、基础性、先导性社会公益事业

“科技型”及“科技领先”的首要定位；实现《纲要》中2025年和2035年的首要科技目标；实现《纲要》中“增强气象科技自主创新能力”的首要任务。

（二）基本原则

——问题导向。针对科研院所存在的科技资源分散与科研活动重复低效现象并存、重大科研成果缺乏与核心业务支撑不够并存、国家级创新平台不足与创新能力不强并存、科研队伍体量偏小与领军人才不足并存以及科技评价机制不完善与科研效能不高并存等5个方面的问题，理清需要改革的关键症结，提出解决问题的有效措施，确保改革见成效。

——使命引领。坚持需求导向，紧紧围绕国家战略需求和气象高质量发展需要，优化科研院所学科布局，强化使命引领，将科研院所打造成气象国家战略科技力量、核心关键技术创新源头、新型业务技术体制改革的科技支撑。

——统筹资源。充分发挥科研项目、平台基地、人才团队、资金投入、科研机构编制、科技改革政策等科技创新资源的作用，在科研院所改革任务实施中注重各类创新资源的一体化配置。

——协同创新。科技、人事、计财等职能部门各司其职，互相配合，充分发挥专业院所所在省（区、市）气象局和地方政府的积极性，形成改革合力。气科院和各专业院所同向同行，强化协同，实现多元一体的目标。

——稳步推进。坚持科研院所国家队定位，尊重科学发展规律，既要考虑现实基础条件，又要瞄准未来发展目标，实事求是，一所一策，成熟一个推进一个，不搞“一刀切”“齐步走”。改革中涉及的人员、机构、经费、后勤保障和运行管理等方面的问题，解决要彻底，不留尾巴，不留死角，不留隐患。

三、重点改革任务

（一）重塑国家级气象科研院所创新体系

在总结评估科研院所前期工作的基础上，针对存在问题，进一步强化气科院的龙头作用，围绕国家战略需求推进八个专业院所管理体制机制的改革，建立气科院对专业院所统一学科与研发布局、统一项目与任务分工、统一领军人才与创新团队规划、统一目标考核与激励举措等“四个统一”的体制机制。大力发展新型研发机构，实施“1+8+N”的科研院所改革模式。联合国家级业务单位科技力量强化协同创新，解决关键业务领域的科学问题。

1. 打造气科院一个“龙头”。突出气科院在气象国家战略科技力量的龙头地位，强化以气科院为主导的统筹管理体制和以重大平台、科研项目、创新团队、考核评估等为纽带的协同创新机制。气科院要实现转型发展，根据气象高质量发展需求牵头凝练科技问题，承担国家重大科技任务，打造灾害天气、气候与气候变化、环境气象、高原气象、生态与农业气象、海洋气象、交通气象等有国际影响力的重点学科、重要平台、战略人才，形成全国专业院所的“龙头”力量。对于与专业院所存在的交叉重叠学科，由气科院统筹规划，合理分工互补，实现科学布局，一体化配置科技资源，避免无序竞争。做强做大并重，到2025年气科院科技力量明显增加，科技创新水平大幅提升。建立气科院与专业院所所在省（区、市）气象局共同管理专业院所的新型体制，由气科院负责制定具体管理实施办法。

2. 分步推进八个专业院所改革。进一步强化八个专业院所的“国家队”定位，做大与做强并举，将专业院所打造成专业领域的全国研究中心，研究全国专业问题、专业研究全国问题，在专业领域为全国气象高质量发展提供强有力的科技支撑。对研究领域与气科院有明显交叉重叠的专业院所，将专业院所研究力量与气科院的相关力量进行整合。加强专业院所的统筹管理，以气科院为主管理的院所长由气科院党委商所在省（自治区、直辖市）气象局党组选配；由所在省（自治区、直辖市）气象局管理的院所长由所在省（自治区、直辖市）气象局党组选配，并按干部工作有关要求履行报备手续；涉及中国气象局党组管理的干部由中国气象局党组研究确定。

推进气科院与专业院所形成上下联动、优势互补的机制，在学科布局、研究任务、创新团队、目标考核等方面，发挥气科院对专业院所的牵头和管理作用。气科院联合所在省（自治区、直辖市）气象局对专业院所的院所长进行工作考核，突出创新水平和业务贡献，考核结果作为院所长业绩和绩效评定的主要依据。

专业院所改革试点先行、分步实施，成熟一个推进一个，改革方案均由中国气象局党组审定并由中国气象局发文批复，根据需要由中国气象局发文成立相应的机构或平台。2022 年，依托气科院青藏高原气象研究所与成都高原气象研究所组建青藏高原气象研究院，实行气科院和四川省气象局共同管理、以气科院为主的管理体制，加挂气科院成都分院牌子；在乌鲁木齐沙漠气象研究所基础上组建丝绸之路气象研究院，在广州热带海洋气象研究所基础上组建粤港澳大湾区气象研究院，乌鲁木齐沙漠气象研究所和广州热带海洋气象研究所法人仍予保留，作为两个研究院的核心力量，同时将周边科研力量进行整合；稳步推进北京城市气象研究院改革发展。2023 年，巩固已改革院所的阶段性成效，及时总结推广经验模式；依托气科院生态与农业气象研究所与沈阳大气环境研究所组建农业与生态气象研究院，以气科院管理为主，加挂气科院沈阳分院牌子；启动上海台风研究所、武汉暴雨研究所、兰州干旱气象研究所改革。2024 年，全面完成科研院所 3 年改革攻坚任务。2025 年，组织开展改革成效的全面评估，力争创造可复制可推广的“新气象”科研院所改革和创新体系建设经验模式。

3. 发展 N 个新型研发机构。结合国家及区域科创中心建设，围绕气象业务服务发展需求打造一批新型研发机构。充分利用地方科技政策，可在省所的基础上组建（如南京气象科技创新研究院），也可直接新建（如青岛海洋气象研究院），同时鼓励各种形式的政产学研用联合共建（如深圳气象创新研究院、佛山龙卷风研究中心、合肥量子气象应用研究中心）。优化新型研发机构体制机制，拓展核心研发业务及市场化服务，多元强化对气象业务现代化支撑。

4. 启动省级气象科研所改革试点。结合省及省以下事业单位改革试点工作，启动省级气象科技创新体系配套改革，指导省级气象科研所回归科研属性，强化科研主责主业，以区域、流域、重大天气气候系统、行业服务等为纽带，加大国家级气象科研级院所与省级气象科研所的改革协同和创新发展。

（二）推进灾害天气国家重点实验室重组

提前谋划灾害天气国家重点实验室重组工作，与科研院所改革工作同步推进，发挥好实验室在重点学科布局、重大人才引育等方面的统筹作用。2022 年底前完成重组方案的制定，通过优化学科定位、多方联合共建、完善激励机制、加强科研条件建设等多措并举，进一步做大实验室体量、做强实验室功能，确保在 2023 年第二批重组试点中进入“充实提升”行列，国家使命任务导向和新型业务需求导向更加明确，原始创新能力和产学研融通能力得到增强。

1. 优化完善学科定位。牢牢把握面向国家重大战略、面向人民生产生活、面向世界科技前沿的总方向，围绕全球天气精密监测、灾害天气发生发展机理、地球系统模式、无缝隙天气精准预报等开展科学研究和技术攻关。争取纳入国家实验室体系，充分发挥依托中国气象局建设、与部门业务紧密结合的优势，推进灾害天气与高影响天气监测、预报和服务应对中的重大原始创新和关键核心技术攻关，为充分发挥气象防灾减灾第一道防线作用提供有力支撑。

2. 建立多方共建机制。以气科院灾害天气研究团队和地球系统数值预报中心模式研发团队为实验室研究主体，建立中国气象局领导、气科院与各国家级业务单位和专业院所协同共建机制，同时作为开放创新平台加强与国内外高校、行业内外科研院所合作，将实验室建设成开展关键核心技术研发、成果转化、技术引进、前沿理论探索的开放、联合研发平台，形成“产—学—研—用”一体化研发链条。

3. 完善创新激励机制。突出核心研发团队，建立灵活的用人机制，做强科技创新人才队伍。完善固定人员和流动人员相结合的管理体系，建立围绕核心研发任务组织各单位、各部门科技人员联合攻关的机制。落实国家科技管理各类激励政策，为人才队伍建设、科研活动提供支撑保障。探索制定和实施有利于激发创新活力的管理办法。

4. 加强科研条件建设。强化顶层设计、统筹布局，集中投入、提升能力，联合业务单位、部级重点实验室、科研院所加强野外科学试验基地和实验平台建设；充分利用部门观测、业务体系，建立科研数据支撑平台；建立科技成果集成、共享、中试、转化平台。

（三）优化国家级科研院所学科布局

立足职责使命和主责主业，加强顶层设计，由气科院牵头实施科研院所学科和研发任务的统筹布局，基于对当前科研院所优势学科的评估分析，通过归并整合、细化分解、培育扶持等方式，解决学科布局和研发任务交叉重叠、目标分散、部分领域布局空白等问题，形成气科院针对学科前沿和共性技术重点发展 8 ~ 10 个学科、8 个专业院所各发展 1 个重点优势学科和 2 ~ 3 个特色领域学科的整体布局，实现优势互补，上下联动。

1. 针对关键核心技术，通过归并整合，形成集中研发格局。面向制约气象事业高质量发展的关键科学问题和核心技术瓶颈，以优势明显的学科所在单位为主体，归并整合其他单位的重复学科，形成研发合力。比如，对于青藏高原的相关研究方向，以气科院青藏高原气象研究所和成都高原气象研究所为主体，组建青藏高原气象研究院，实现对高原气象研究的统筹安排；对于农业与生态气象方向，将沈阳大气环境所与气科院生态与农业气象研究所整合，建成农业与生态气象研究院。

2. 针对重大灾害天气，通过细化分解，形成协同研发格局。通过灾害天气国家重点实验室的重组，发挥好实验室的开放创新平台作用，气科院联合相关专业院所和主要业务单位，利用好各自的学科优势，对我国典型灾害天气机理和监测预报预警关键技术进行细化分解，合理分工到实验室的各个共建单位或合作单位，形成高效协同、相互配合的研发格局。如强对流天气研究重点在南京气象科技创新研究院布局，台风、暴雨仍然分别重点布局在上海台风研究所、武汉暴雨研究所。

3. 针对新兴交叉学科，通过培育扶持，形成统筹研发格局。面向代表气象事业未来发展趋势的新兴交叉学科，以及面向未来地球系统无缝隙预报关键环节与通用技术，结合现有研究基础和优势领域，实施人工智能、海洋气象、气象关键仪器设备研发、气象大数据挖掘、量子计算等方向在不同区域、不同领域的合理布局。在可预报性研究、多圈层相互作用观测监测、地球系统数据处理与同化等方面形成统筹化研发、区域化应用、特色化服务格局。

（四）壮大气象国家战略科技力量

通过科研院所改革发展，结合科技创新团队建设，壮大气象国家战略科技力量，实施科技力量倍增计划。统筹科技资源配置，增加稳定性科研投入，形成一体化配置的人才培养模式，完善科技人才评价指标体系，培养造就一批由气象战略科学家、一流科技领军人才和创新团队组成的气象科技人才体系。

1. 实施科技资源一体化配置。通过科研项目、平台基地、人才团队、资金投入、科研机构编制、科技政策等科技资源的一体化配置，采取四个方面的抓手，形成“科技资源支撑创新团队发展和科技拔尖人才培养、人才团队带动项目和平台建设、项目成果驱动业务高质量发展”的良性循环。

（1）以国家重点研发计划项目及重大业务建设项目为抓手，培养气象科技领军人才和战略科学家。充分发挥中国气象局重点创新团队首席科学家在科学问题凝练和科研任务顶层设计方面的主帅作用，强化创新团队在重大核心技术攻关方面的主力军作用，引导和推动创新团队牵头承担国家重点研发计划等科技计划项目，牵头组织或参与重大业务建设项目中的关键技术研发，培育一些有重大影响力、在两院院士增选中有较强竞争力的气象战略科学家，培养一批有行业知名度、在国家级人才项目遴选中有较强竞争力的气象科技领军人才和创新团队。

（2）以国家自然科学基金项目为抓手，带动基础研究人才成长。充分发挥气象联合基金的牵引和带动作用，聚焦制约气象高质量发展的关键核心技术短板，凝练科学问题，靶向设立研究方向，着力强化有组织的目标导向型基础研究和前沿科技探索，促进气象高层次基础科学创新人才和交叉学科人才快速成长。鼓励科研院所人员积极争取国家和地方自然科学基金资助，为气象源头创新能力提升积累研究基础、储备人才团队。

（3）以中国气象局创新发展专项为抓手，培养气象业务科研生力军。紧扣气象业务服务能力提升工作布局和任务部署组织实施中国气象局创新发展专项，重点支持以提升气象业务服务能力为目标定位，以解决业务科技问题成效为评价标准的研发任务，突出对省级业务科技创新的倾斜，促进气象业务科研“生力军”快速成长，壮大气象研发人员规模。

（4）以多来源全链条科技研发任务为抓手，培养优秀青年科技人才后备军。加大对优秀青年科学家的支持培养力度，到 2025 年实现至少 1/4 的国家重点研发计划重点专项项目和气象联合基金项目由 40 岁以下青年科学家担当负责人，创造条件让有能力、讲政治、比贡献的优秀青年科学家脱颖而出、早担大任。在重点创新团队中设立首席科学家助理，由 35 岁以下青年科研骨干担任，要求团队中青年科技人才不少于三分之一，发挥资深专家的传帮带作用，为青年人才提供更好的展示平台。在创新发展专项下设置中国气象局青年创新团队专项，团队带头人及骨干成员由 40 岁以下的青年科技人员组成，支持创新团队围绕业务能力提升开展科技攻关，培育青年科技人才后备军。设立“揭榜挂帅”科技项目，支持青年科技人才勇于担当，揭榜出彩。依托基本科研业务费等中央级科学事业单位稳定支持经费，鼓励设立非竞争性青年基金，对新入科研岗位的博士、博士后给予不少于 3 年的稳定科研启动经费支持，强化对青年人才的全链条接续培养。

2. 完善气象科技成果和人才评价机制。建立健全以业务转化为导向的气象科技成果分类评价制度，组织开展常态化年度气象科技成果评价，遴选优秀气象成果，发布重大、优秀成果清单，推进成果推广共享和转化应用，逐步确立“质量、绩效和贡献”为核心的科技和人才评价指标体系，充分激发科研人员创新创造动力。用好用实国家科技成果转化奖励激励政策，加强对国家和部门相关政策的解读和引导。强化科技成果知识产权产出及保护，加强科技成果汇交共享管理，推动气象科技成果加速向业务服务转化。构建定位清晰、结构合理、结果权威、公信力强的气象科技奖励体系，形成由行业管理部门指导，行业学会、协会以及企事业单位参与组成的气象科技奖励格局。通过评价机制改革，促进科研院所高质量发展。

3. 加强气象科技人才学风作风建设。大力弘扬爱国、创新、求实、奉献、协同、育人的科学家精神，以支撑服务气象高质量发展为己任，着力攻克事关监测精密、预报精准、服务精细的基础前沿难题和关键核心技术。积极选树、广泛宣传科技人才和创新团队的当代典型、身边榜样，形成一批体现气象科学家精神传承的先进事迹。借助各方力量广泛宣传，充分用好气象媒体平台矩阵，广泛宣传人才事迹和成果贡献，讲好气象人才爱国爱岗故事。建设气象科研诚信体系，压实科技活动单位在科研诚信常态化管理方面的主体责任，推进制度规范和道德自律并举。将科研诚信记录作为科技人才和创新团队申报科研项目、成果评价、科技奖励等的重要依据。在科技项目管理和成果评价等工作中，全面推行诚信承诺制度。

（五）强化科研业务融合互动

进一步发挥科研院所对气象业务的支撑作用，融入一线业务，建立科研与业务单位的常规性工作交流机制，在重大天气过程中迅速响应，及时做好预报预测技术和机理复盘研究，及时做好科技成果转化工作，更好地发挥科技支撑作用。

1. 建立重大天气过程、气象灾害、气候事件的科研响应机制。充分利用科研院所在台风、暴雨、干旱等灾害性天气学科领域的优势，对全球及我国重大天气气候事件密切关注并积极响应，组织参加重大天气过程复盘调查，科学分析极端天气气候事件、重大气象灾害过程的发生发展机理，提高预报技巧和预警能力。组织科研人员主动融入气象业务一线，参与天气研判，开展调查研究，掌握第一手的天气气候实况和灾情资料。科研院所要主动对接业务需求，系统梳理已有科技创新成果，及时发布成果推广目录，组织专家团队为科技成果的业务转化、推广和试用做好支撑。

2. 发挥科技“三评”业务导向机制的指挥棒作用。完善科研项目评审、科技成果评价、科研机构平台和人才团队评估等业务导向机制，强化创新质量和实际贡献的评价导向，将解决关键核心科技问题和科技成果的业务转化情况、服务一线的实际效果作为科技评价的重要考核依据。紧紧围绕气象高质量发展和业务技术现代化，加快建立以业务需求为导向的科研立项评审机制、以业务转化为导向的科技成果评价机制、以业务贡献为导向的科研机构平台和人才团队评估机制。对基础性研究要注重评价其原创性和对新型业务技术的引领性。将面向气象业务核心需求的创新突破和实际贡献作为优先推荐表彰奖励的重要依据，引导激励科研人员聚焦解决“监测精密、预报精准、服务精细”中的科技难题。

3. 建立科研业务合作交流机制。建立健全科研院所与国家级业务单位和省级气象部门定常交流和任务对接机制，积极参加全国、区域以及专题汛期会商，及时对全国范围的重大气象灾害提供科技支撑。鼓励引导科研人员依托科技创新成果开展决策咨询和科普宣传，针对极端天气气候事件主动发出权威声音，从科学视角分析解读气象热点事件，引导公众正确理解天气气候事件、综合防灾减灾、国家重大决策背后的科技逻辑。

四、保障措施

（一）加强党建引领。全面学习、把握、贯彻党的二十大精神，强化科研院所改革中党的建设，创新科研院所党建工作思路举措，将党建融入科研院所改革发展全过程。加强学风作风建设，大力弘扬爱国、创新、求实、奉献、协同、育人的科学家精神。建设气象科研诚信体系，压实科研院所在科研诚信常态化管理方面的主体责任，推进制度规范和道德自律并举。

（二）加强组织领导。成立中国气象局国家级气象科研院所改革发展领导小组，由局主要领导担任组长，局分管科技、人事的领导任副组长，成员包括：办公室、减灾司、预报司、观测司、科技司、计财司、人事司以及气科院、专业院所所在省（自治区、直辖市）气象局主要负责人，专题研究部署科研院所改革发展的重大事项。发挥专业院所所在省（自治区、直辖市）气象局及地方政府改革的积极性，争取为改革注入增量，提供支持保障。科研院所要提高政治站位，强化主体责任，抢抓机遇、奋发作为，认真落实各项改革任务，稳妥推进改革落地见效。

（三）加大经费投入。加大部门预算中科研项目经费、科学试验以及科技创新平台建设等经费投入。积极争取国家重点研发计划和气象联合基金加大支持，充分发挥改革专项、基本科研业务费、改善科研条件专项的稳定支持作用，通过“首席科学家负责制”“揭榜挂帅”“赛马制”等多种方式完善科技研发组织机制。用好地方科技创新和人才政策，争取地方政府加大对共建科研院所以及新型研发机构在科技研发和运行维持经费、科研业务用房、人才引进等方面的支持。

（四）强化开放合作。加强与科技部等部委的协调，组织气科院等院所参加国家“使命导向管理改革试点”。加大创新平台建设力度，在科研院所布局新建一批部级重点实验室，力争在区域数值预报、气候变化及“双碳”等领域实现国家级科技创新平台的新突破。完善局校合作机制，依托气科院、中国气象局气象干部培训学院组建全国气象科教融合创新联盟。

（五）加大宣传引导。加大对科研院所改革的宣传报道，在中国气象报等媒体开设专栏等多种方式予以报道，用好互联网等新媒体资源，宣传并讲好科研院所改革发展故事，营造良好的改革氛围和生态。注重典型引路，及时总结、宣传、推广院所改革中的经验做法。发挥榜样作用，对在科研院所改革中做出显著贡献的单位和个人按规定给予表彰。

附表：国家级气象科研院所学科布局对照表

附表

国家级气象科研院所学科布局对照表

单位	目前	改革后
中国气象科学研究院	1. 次季节至季节变化机理与预测理论 2. 全球与区域气候变化 3. 灾害天气过程与发生发展机理 4. 大气探测技术 5. 区域大气再分析和模式评估 6. 大气成分观测、变化机理及影响 7. 环境气象精细化监测预报 8. 农业气象 9. 生态气象 10. 青藏高原与极地天气气候效应 11. 冰冻圈物理化学过程 12. 人工智能气象应用理论和方法	1. 灾害天气多尺度监测预报理论与方法 2. 大气成分与天气、气候变化相互作用 3. 碳中和监测核查评估 4. 青藏高原天气气候影响及科学试验 5. 海洋气象灾害预报预警理论与方法 6. 全球变化机理、预估及影响评估 7. 极地气象观测、分析及应用 8. 生态与农业气象灾害监测评估预警 9. 人工智能气象应用理论与方法 10. 气象影响与风险评估
南京气象科技创新研究院	1. 强对流监测预报理论与方法 2. 人工智能气象应用理论和方法 3. 交通气象 4. 卫星遥感应用技术	1. 强对流监测预报理论与方法 2. 卫星遥感应用技术 3. 交通气象
青岛海洋气象研究院	新建	1. 海洋气象观测试验与监测预报技术 2. 海洋气象灾害机理与风险评估 3. 远洋气象导航关键技术
北京城市气象研究院	1. 城市边界层气象研究 2. 环境气象研究 3. 短时临近预报研究 4. 区域数值天气预报研究 5. 城市气候与生态发展研究	1. 城市边界层与大气环境 2. 城市气象精细预报 3. 城市气候与生态发展
沈阳大气环境研究所（农业与生态气象研究院）	1. 东北亚天气气候 2. 生态与农业气象监测预报评估 3. 中高纬环境气象	1. 农业与生态气象监测预报评估 2. 中高纬天气气候机理 3. 中高纬环境气象
上海台风研究所	1. 台风机理和预报技术 2. 区域数值预报模式及关键技术 3. 海洋气象预报技术	1. 台风外场科学试验和前沿理论 2. 台风监测预报预警和灾害风险评估技术 3. 数值模式台风预报和应用关键技术
武汉暴雨研究所	1. 暴雨监测预警技术 2. 中尺度暴雨机理 3. 区域数值预报模式及关键技术 4. 水文气象耦合关键技术	1. 暴雨多尺度机理和监测预警技术 2. 数值模式暴雨预报关键技术 3. 水文气象
广州热带海洋气象研究所（粤港澳大湾区气象研究院）	1. 区域数值预报模式及关键技术 2. 海洋气象研究 3. 云降水物理研究 4. 热带环境气象研究 5. 热带季风与气候预测研究	1. 热带气象观测试验和热带季风机理及影响 2. 数值模式热带海洋气象预报关键技术 3. 热带环境气象

单位	目前	改革后
成都高原气象研究所（青藏高原气象研究院）	1. 青藏高原及周边地区大气综合观测布局与外场科学试验 2. 青藏高原及其周边复杂地形数值模式及关键技术 3. 青藏高原及周边地区灾害性天气和气候异常机理与预报	1. 青藏高原多圈层观测试验 2. 青藏高原及周边灾害天气机理与预报 3. 数值模式复杂下垫面影响关键技术 4. 高原气候变化与生态环境
兰州干旱气象研究所	1. 干旱形成机理与干旱监测预测技术 2. 干旱陆—气相互作用及区域数值模式发展 3. 干旱气候变化及其影响	1. 干旱监测预报预警理论与技术 2. 数值模式陆气相互作用关键技术 3. 干旱风险影响评估预警技术
乌鲁木齐沙漠气象研究所（丝绸之路气象研究院）	1 沙漠气象 2. 气候与气候变化 3. 灾害性天气 4. 生态环境气象 5. 数值预报应用技术	1. 沙漠气象及中亚、西亚天气 2. 树木年轮与中亚、西亚气候 3. 丝路核心区气象服务关键技术

注：地方设立的新型研发机构或企业的研发方向由各单位根据需要自行安排，不纳入国家级气象科研院所学科布局体系。

CONTENTS

第 1 章　国家级气象科研院所改革发展概述

2002 年，科技部、财政部、中央编办联合批复了中国气象局的科研机构改革方案，中国气象局成为国家首批公益类科研院所改革的四个部门之一。经过改革重组，北京城市气象研究所等 8 个省级气象科研所（以下简称省所）跃升为国家级气象专业研究所（以下简称专业所），23 个省所由科学事业单位划转为由省级气象部门管理的气象事业单位。气象科研院所体系发展成由中国气象科学研究院（以下简称气科院）+8 个专业所 +23 个省所构成的有梯次、有分工的雁型编队，其中气科院和 8 个专业所为国家级气象科研院所。在中国气象局以及科技部、财政部、中央编办等部委大力支持下，国家级气象科研院所的发展进入快车道，科技创新能力、基础支撑条件、人才队伍水平、运行管理机制等方面取得了显著的成效，有力地支撑了气象事业的发展。

1.1　改革成效

1.1.1　持续深化科研院所改革，不断做大做强国家战略科技力量

1. 深化气象科研院所改革探索

党的十八大以来，国家陆续出台了一系列科技创新政策，在科研经费管理、科技成果转化、绩效工资分配、考核评价激励、科研组织管理等方面不断放权，激发科研院所创新活力。2017 年，气科院在科技部等 7 个部委组织开展的“扩大高校科研院所自主权、赋予创新领军人才更大人财物支配权技术路线决策权”的试点中获批作为试点单位，在科研项目、科技成果转化、考核评价和人才激励等方面出台了 20 余项规章制度，各项改革取得突破，人才引进成效显著，创新能力和对气象业务的支撑能力显著增强。2018 年，中国气象局组织国家级气象科研院所制定章程并予以发布，建立了现代科研院所管理制度。2020 年，气科院在科技部等 3 个部委组织开展的中央级科研机构绩效评价试点中获评优秀。2021 年，中央级科研机构绩效评价中，上海台风研究所获评优秀，北京城市气象研究院、乌鲁木齐沙漠气象研究所获评良好。国家级气象科研院所在全国的影响力显著增强。

2. 做大做强科研院所队伍体量

2018 年，北京城市气象研究所升格为北京城市研究院，人员编制从 50 人增加到 122 人，在部门内外积极引进数值预报、城市气象、环境气象等高层次人才，创新水平显著增强，在 2020 年国家级气象科研院所评估中，专业院所排名第一。广州热带所、乌鲁木齐沙漠所等专

业院所的人员编制也有所增加，国家级气象科研院所的整体队伍体量得到显著扩大。2019年以来，中国气象局陆续在南京、深圳、青岛、上海、成都与地方政府共建了南京气象科技创新研究院、深圳气象创新研究院、青岛海洋气象研究院、亚太台风研究中心、青藏高原气象研究院等新型研发机构，这些新型研发机构充分利用地方的科技政策和资源，聚集行业和区域科技力量，围绕国家和区域发展战略需求开展科技攻关，支持气象事业高质量发展。

1.1.2 持续优化学科布局，专业优势领域创新水平不断提升

2022年，气科院牵头组织实施了国家级气象科研院所学科统筹布局，通过归并整合、细化分解、培育扶持等方式，解决学科布局和研发任务交叉重叠、目标分散、部分领域布局空白等问题，国家级气象科研院所的学科从43个减少到35个，形成了气科院针对学科前沿和共性技术重点发展8~10个学科、8个专业院所各发展1个重点优势学科和2~3个特色领域学科的整体布局，实现优势互补，上下联动。总体而言，国家级气象科研院所在优势领域的科技创新取得了显著的成效。

1. 天气气候领域

气科院建立了新一代台风数值预报系统，台风24小时路径数值预报误差减小到60 km，进入国际先进行列；建立了2008—2017年（共10年）12 km分辨率同化地面和高空资料的东亚区域再分析资料集；研发了南海夏季风爆发监测和预测模型，揭示了热带海温异常影响东亚季风季节循环进而导致跨季节降水异常的物理成因。上海台风所研发了台风登陆过程中湍流参数化模型，证实了湍流过程对台风快速增强的作用。根据近海高风速观测试验研发改进了海洋飞沫及湍流参数化方案，有效提升了台风强度预报能力。武汉暴雨所完善了流域水文气象预报系统，发展了水文气象耦合预报关键技术及中小河流风险预警临界面雨量估算新方法。广州热带所研发了覆盖亚太区域台风海气耦合模式，提升了“海上丝绸之路”沿线国家和地区海洋灾害性天气预报能力。

2. 生态和农业气象领域

兰州干旱所研制了干旱监测预警、人工增雨、农作物种植抗旱、最佳适播期等相关技术和业务系统，使重大干旱预报准确率提高了10%。沈阳大气所构建了土壤含水量监测预报模型参数计算方法，研发了作物生长模型、地面气象分析和遥感信息相结合的新一代农业气象灾害精细化、定量化监测预警评估模型。

3. 环境气象领域

气科院实现了化学模式与天气模式的耦合，构建了全球和区域化学天气数值预报系统；研制了我国首个具有国际标准“新三可”体系的碳源汇监测核校支撑系统（CCMVS），开发的省市级数据产品下发20多个省市级气象局，为我国“双碳”评估提供了科技支撑。沈阳大气所通过连续开展东北地区大气复合污染的综合立体监测试验，首次系统揭示了重污染天气城市、郊区和农村大气颗粒物的化学组分及其污染来源、光化学输送过程。广州热带所揭示了珠三角“双高”（高$PM_{2.5}$高O_3）污染的气象成因，自主研发了气溶胶吸湿增长特性与混合状态的观测技术方法，提出该地区气溶胶的辐射强迫及其与能见度和臭氧相互影响的新机制，

定量评估了气溶胶对辐射（大气稳定度）与物质光解率的影响。

4. 高原气象及其他领域

气科院组织开展了第三次青藏高原大气科学试验，构建了青藏高原边界层—对流层、边界层综合观测网，提升了对高原西部天气系统的监测能力；揭示了青藏高原陆面—边界层物理特征，验证了适合于青藏高原地表热通量新计算方法，揭示了青藏高原云降水物理过程及大气水分循环特征。成都高原院提出了高原涡和西南涡横向耦合新机制，揭示了西南涡由盆地倒槽演变而成的新事实，发展了高原天气系统演变和预报理论。乌鲁木齐沙漠所首次揭示出中亚低涡背景下中尺度天气系统发生特点以及造成极端强降水的机制。建立了 4 个中亚和南亚建立 4 个超过千年的树轮序列，最早可达近 1400 年前的隋唐时期，为今后在该区域开展过去千年气候水文研究打下坚实基础。

20 年来，国家级气象科研院所承担国家级科研项目 1255 项，省部级 1123 项，经费总额 41.5807 亿元；获得国家 / 国际级科研奖励 18 项，省部级 193 项；发表论文总数 15250 篇，其中 SCI 收录 5963 篇，在科技创新领域取得了显著的成效。

1.1.3 持续推进核心技术攻关，对气象高质量发展的科技支撑能力不断增强

气科院研发了多尺度气象数值预报模式核心组件—动力框架，建立了具有完全自主知识产权的我国首个基于非结构网格的大气模式动力框架系统。建立了基于 ARMS 和一维变分反演算法的场景自适应微波遥感反演平台，其中相关算法获得“新一代风云气象卫星科学算法创新大赛”特等奖。北京城市院研发了睿图—城市预报系统，实现了复杂下垫面条件下的百米尺度精细气象预报，推动我国城市气象应用基础研究上新台阶。研发适用于复杂地形的睿图 - 大涡模拟系统，为冬奥、山火等气象服务提供了技术支撑。上海台风所在 WRF 模式中引入具有自适应能力的三维次网格混合参数化方案，建立了“高低分辨率搭配、长短时效兼顾、确定性与概率预报相结合”的华东区域数值预报业务体系。广州热带所研发了适用于千米级模式动力框架和热带对流参数化等方案多项关键技术，建成具有自主知识产权热带区域“9-3-1”高分辨模式系统，实现了我国千米级模式业务化的新突破。武汉暴雨所发展了 GNSS 水汽层析、多源新型资料融合、灾害性天气识别、水文气象耦合等关键技术，构建了 5 套面向暴雨灾害性天气的多类别业务支撑系统。

1.1.4 持续强化人才队伍建设，重点优势领域的科技创新团队不断加强

20 年来，国家级气象科研院所在职人员总数从 2002 年的 497 人增加到 2022 年的 829 人，增加近一倍；拥有 5 位两院院士、6 位杰青以及一大批的科技领军人才；研究员从 60 人增加到 226 人，占职工总数的四分之一；博士从 65 人增加到 452 人，超过了职工总数的一半。

气科院“雾 – 霾监测预报创新团队”入选 2019 年国家创新人才推进计划重点领域创新团队，拥有 8 个院级创新团队。北京城市院协商组建“大北方区域数值模式体系协同创新联盟”，搭建了区域协同攻关平台。沈阳大气所在原有生态农业和环境气象方向团队基础上，组织成立了东北区域数值预报创新团队，扩大科研队伍。上海台风所建设了台风、区域数值预报、海洋气象 3 支核心创新团队。武汉暴雨所组建了“区域中尺度数值模式发展”“新一代天

气雷达应用技术开发”“长江梅雨锋暴雨机理研究”“GNSS/MET大气水汽监测技术开发”“流域水文气象耦合关键技术研发”5个创新团队。广州热带所成立广州大气科学联合研究中心，和中山大学等高校合作，建立了3个创新团队，集合科研院所和高校力量，集中开展科技攻关；建立了省部级创新团队3个，厅局级创新团队3个，华南区域中心1个，联合建设1个。4支广东省气象部门局创新团队分别为强降水数值预报团队、台风与海洋气象团队、环境气象团队、资料同化团队。成都高原院建立了“次季节到季节气候预测省级创新团队”和“西南区域数值预报创新团队”。兰州干旱所组建了5个创新团队，其中“干旱气候变化影响与适应团队”加入“中国气象局气候变化创新团队”。乌鲁木齐沙漠所重点强化了“区域数值预报”与“中亚天气”研究领域的投入和团队建设，取得了显著的成效。

1.1.5 持续加强科研基础条件建设，野外试验基地和重点实验室能力大幅提高

国家级科研院所有1个灾害天气国家级重点实验室、8个部门重点实验室、6个省级重点实验室，还与南京大学、复旦大学、成都信息工程大学等高校分别共建了8个联合实验室（研究中心），充分利用高校的优势和资源，大力提升科研创新能力。国家级气象科研院所目前拥有固城农业气象、塔中沙漠气象和上甸子大气本底3个国家野外科学观测研究站，以及12个中国气象局野外科学试验基地。这些基地都具有独立的观测场所、先进的仪器设备、较高水平的研究队伍以及完备的后勤保障设施，每年围绕气象科研需求组织开展科学试验，为科研院所科技创新能力提升提供了重要的基础支撑。

1.2 薄弱环节

在取得上述成绩的同时，国家级气象科研院所还存在着以下5个方面的问题。

1. 科技资源分散与科研活动重复低效现象并存

科研院所的科技资源有限且多头分散，分工不明确，科研活动集约化程度不高，存在“散打”“盲打”“重复打”现象。

2. 重大科研成果缺乏与核心业务支撑不够并存

优势研究领域科研成果以及核心技术与国际先进水平相比存在较大差距，缺乏有国际影响的成果和人才。部分院所定位不清晰，对核心业务和关键技术的支撑不足，一定程度上存在科研与业务脱节的现象。

3. 国家级创新平台不足与创新能力不强并存

国家级科技创新平台支持力度普遍较弱，缺少总体设计规划。灾害天气国家重点实验室面临国家重组重点实验室体系的重大挑战。国家野外科学观测研究站与同类站相比较还存在较大差距。

4. 科研队伍体量偏小与领军人才不足并存

科研院所人员数在气象部门总人数中比例偏低，特别是专业院所的队伍体量偏小。科研

院所高层次领军人才及后备科技人才数量不足。

5. 技评价机制不完善与科研效能不高并存

以“质量、绩效和贡献”为核心的科技项目评审、科技成果及人才评价、科研机构及平台评估机制没有完全建立，科技创新效能没能有效发挥，对气象核心业务服务发展的支撑不够。这些问题需要通过继续深化改革来加以解决。

1.3　发展思路和重点任务

1. 加强科研院所改革发展顶层设计

2022 年 11 月，中国气象局党组印发了《国家级气象科研院所改革发展工作方案》（中气党发〔2022〕161 号），确定了以完善气象国家战略科技力量体系、增强气象科技自主创新能力、实现气象关键核心技术自主可控与重大突破、不断培育高层次科技人才改革目标，突出气科院在气象国家战略科技力量的龙头地位，建立在局党组领导、职能司指导和气科院统筹下的一体化学科布局、一体化研发分工、一体化团队建设、一体化考核管理体制；提出了形成“六个一”的科研院所组织架构、实现六大类科技创新资源一体化配置、树立科技“三评”新导向、为实现《气象高质量发展纲要（2022—2035 年）》三个科技首要构建“6633”科技体制改革新模式，明确了重塑国家级气象科研院所创新体系、推进灾害天气国家重点实验室重组、优化国家级科研院所学科布局、壮大气象国家战略科技力量、强化科研业务融合互动 5 项重点改革任务，指导“十四五”时期气象科研院所改革发展。2022 年 12 月 9 日，中国气象局召开国家级气象科研院所改革推进会，宣讲解读和部署落实《国家级气象科研院所改革发展工作方案》。

2. 启动新一轮科研院所改革

2022 年，中国气象局坚持“同步顶层设计、同步改革试点、同步配套推进”原则推进气象科研院所改革。启动了北京城市气象研究院、乌鲁木齐沙漠气象研究所和广州热带海洋气象研究所 3 个专业院所以及内蒙古等 6 个省研究所的改革试点工作，推进青藏高原气象研究院和青岛海洋气象研究院建设；推进灾害天气国家重点实验室重组，批准新建数值预报等 9 个部级重点实验室和天气气候一体化模式系统等 10 支中国气象局重点创新团队；优化以业务需求为导向的科研立项评审机制，气象联合基金体量倍增总量达 9000 万元，首次设立“揭榜挂帅”项目，发布 18 项榜单 1290 万元，设立气象能力提升联合研究专项 3 年总计 1800 万元；面向行业评选出“十三五”以来百项优秀科技成果。加强科研项目、创新平台、创新团队等科技资源一体化配置，完善科技评价机制，支持科研院所改革发展。

2023 年，将组织开展沈阳大气环境研究所、上海台风研究所、武汉暴雨研究所、兰州干旱气象研究所改革；2024 年，全面完成科研院所三年改革攻坚任务。建立学科布局合理、研发方向明确、创新活力迸发、统筹协同高效、引领业务发展、高端人才涌现的气象科研院所创新体系。

第 2 章　中国气象科学研究院改革创新发展报告

自 2002 年国家启动气象科研院所改革试点以来，中国气象科学研究院（以下简称气科院）作为国家战略科技力量的组成部分，坚定气象科技创新主力军的定位，贯彻落实党和国家决策部署，坚持“四个面向”，始终充分发挥“一院八所”的牵头作用，在改革进程中先行先试、率先垂范，统筹布局、扎实推动国家各项科技创新政策落地见效，围绕气象高质量发展需求开展科技创新。经过 20 年的改革发展，气科院在科技自主创新水平、科研基础条件建设、人才队伍发展、运行管理机制等方面都实现了跨越式发展，为气象事业高质量发展提供强有力的科技支撑。进入新时期，面对新任务，为总结国家级气象科研院所 20 年改革成效，更好贯彻落实《气象高质量发展纲要（2022—2035 年）》（以下简称《纲要》），现就有关情况总结如下。

2.1　工作沿革

2.1.1　明确战略定位，确立科技创新目标

国家级气象科研院所改革是国家科技体制改革和创新驱动发展战略的重要组成部分，是气象现代化建设和高质量发展的重要组成部分。探索气科院的发展方向，明确战略定位，确立科技创新目标和研究领域，提高科研水平和创新能力，是气科院推进改革和深化改革的出发点和归宿。20 年来，气科院深入落实国家重大战略部署，对标气象事业发展需求，对改革和发展进行了大量探索和实践，逐步明确了定位、研究主攻方向以及相应的研发机构。

2002 年起，按照中国气象局和科技部要求，结合前期改革实践的情况，气科院坚持深化改革的方略，建立“开放、流动、竞争、协作”管理运行机制，以全面提升科技创新能力为目标，制定了《中国气象科学研究院深化改革实施方案》，并于 2003 年 1 月 2 日得到中国气象局的批复。《中国气象科学研究院深化改革实施方案》明确气科院在新世纪的战略定位，并提出了未来 5 ~ 10 年的科学目标，气科院自此时开始从科研结构调整、学科设置、制度创新、机制转变、人员调整与分流等方面全面启动了深化改革的实施方案。2004 年 10 月 14 日，由科技部、财政部和中编委联合组织了对中国气象局“一院八所”科技体制改革工作评估验收，气科院顺利通过联合验收。

2014 年，气科院制定《中国气象科学研究院深化气象科技体制改革试点方案》并得到中国气象局的批复，同时被确定为气象部门科技体制改革的试点单位。2015 年 7 月 23 日，气科院召开全面深化科技体制改革启动会，会议围绕气象现代化关键科技需求和核心攻关任务，聚焦学科方向，将原有 6 个研究领域、21 个重点研究方向，凝练成 3 个重点研究方向和 8 个

优势研究方向。整合了研究机构，重新选配了领导班子。

2017 年，气科院被批准作为“扩大高校和科研院所自主权、赋予创新领军人才更大人财物支配权、技术路线决策权”试点单位，编写扩大自主权试点单位实施方案并于 2018 年获得六部委批准（图 2.1）。2020 年完成部门评价、科技部组织的现场调研和集中评审，专家组认为气科院充分发挥了国家级公益类科研院所职能，深入落实已出台的科技创新改革措施，科技产出质量和效益稳步提升，高水平人才和研究团队进一步优化，支撑气象行业的核心技术攻关能力明显提高。

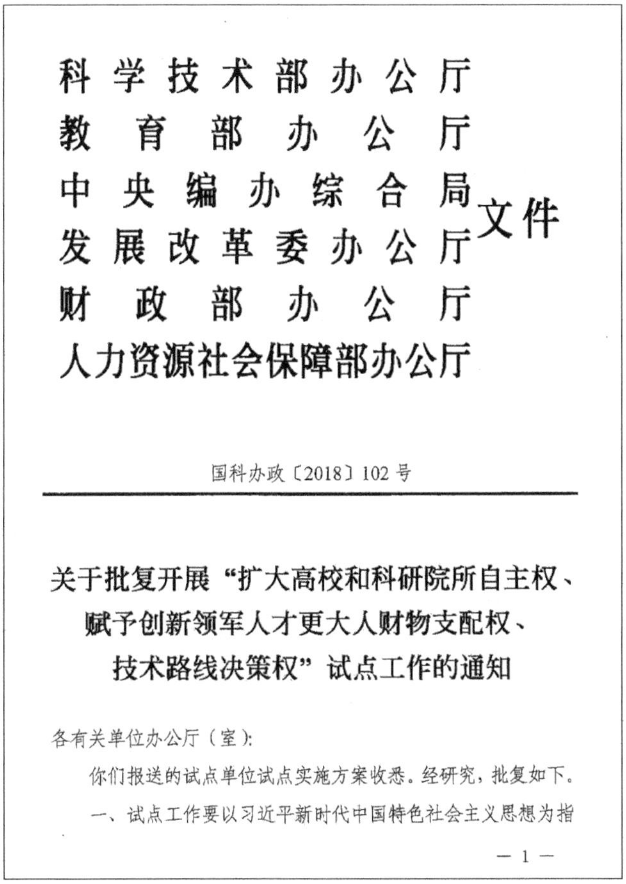

科学技术部办公厅
教育部办公厅
中央编办综合局
发展改革委办公厅　文件
财政部办公厅
人力资源社会保障部办公厅

国科办政〔2018〕102 号

关于批复开展“扩大高校和科研院所自主权、赋予创新领军人才更大人财物支配权、技术路线决策权”试点工作的通知

各有关单位办公厅（室）：

你们报送的试点单位试点实施方案收悉。经研究，批复如下。

一、试点工作要以习近平新时代中国特色社会主义思想为指

— 1 —

图 2.1　关于批复开展“扩大高校和科研院所自主权、赋予创新领军人才更大人财物支配权、技术路线决策权”试点工作的通知

2022 年，根据《中国气象科学研究院职能配置、内设机构和人员编制规定》（气发〔2022〕4 号），气科院启动内设机构改革各项工作，明确新时期气科院的主要职责、机构设置、人员编制等，目前各项改革任务已完成。同年 3 月，《中国气象科学研究院“十四五”发展规划》印发，立足实现气象科技自立自强的战略目标，面向世界气象科技前沿，面向经济主战场，面向国家重大需求，面向人民生命健康，根据气象现代化高质量发展和建设全面创新科研环境的要求，明确“十四五”期间气科院科技工作的主要目标和任务（图 2.2）。目前，气科院正根据《气象高质量发展纲要（2022—2035 年）》制定落实方案，全力推进纲要各项任务在气科院落地。

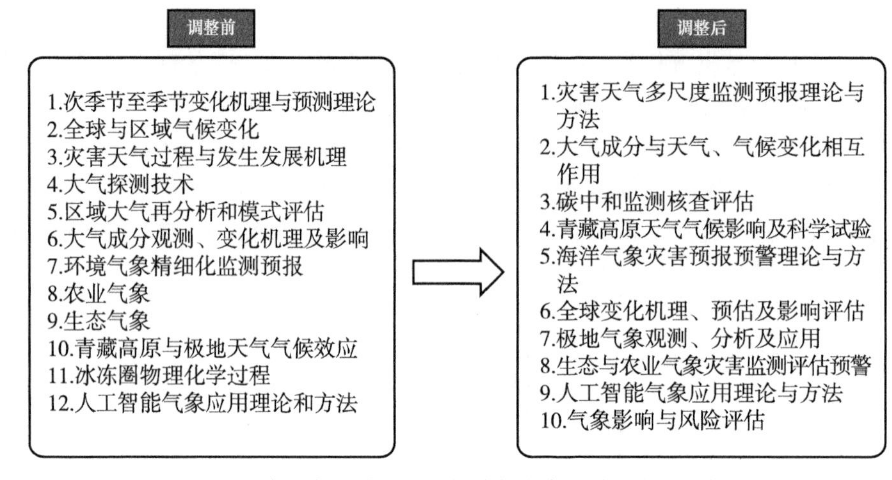

图 2.2　2022 年，气科院根据最新改革方案，进一步优化学科布局

2.1.2　围绕优势发展领域，调整机构整合资源

2002 年，在中国气象局的统筹部署下，气科院开展公益类科研院所改革试点，对内设机构进行了调整，设立办公室、科技处、计财处、人事处、党委办公室 5 个管理机构，气候与环境变化研究所、生态环境与农业气象研究所、灾害性天气研究所、数值预报研究中心、大气探测研究所和人工影响天气研究所 6 个创新基地内研究单位，研究生部、大气科学信息部 2 个支撑机构以及产业与服务管理中心、环境评价中心 2 个创新基地外不定规格的机构。在此期间，气象科技情报业务划转到气象干部培训学院，国家级农业气象业务划转到国家气象中心，2003—2004 年，气科院探测、仪器检定工作相继转入新成立的大气探测技术中心。

2004 年，随着中国气象局业务技术体制改革的推进，气科院组建大气成分观测与服务中心。2005 年，科技部批复同意气科院组建灾害天气国家重点实验室。2006 年，气科院在原人工影响天气研究所的基础上组建人工影响天气中心，气候与环境变化研究所更名为气候系统研究所，并组建了中国气象局雷电预警与防护中心和中国气象局发展战略研究中心。

2008 年，根据局安排部署，中国气象学会秘书处挂靠气科院管理。2010 年，气科院下设华创升达公司并入华云集团，数值预报中心转入国家气象中心。2011 年，风能太阳能评估工作转入公共气象服务中心，大气成分业务、《气象科技》期刊转入气象探测中心，中国气象局大气成分观测与服务中心更名为气科院大气成分研究所。2015 年，温室气体业务工作转入气象探测中心。

2016 年，为加快推进气象科技创新体制改革，进一步强化气科院对现代气象业务发展的科技支撑作用，围绕现代气象事业发展的重大核心任务开展研究，气科院对研究机构进行了调整，重新凝练了重点研究方向，将研究机构调整为气候系统研究所（极地气象研究所）、大气探测与科学试验中心、气象资料分析与应用中心、灾害天气研究与模拟中心、大气成分研究所和生态环境与农业气象研究所，撤销了大气成分信息部。2017 年，在原环境评价中心的基础上组建工程气象研究中心。2018 年，成立青藏高原与极地气象科学研究所。2019 年，在气象资料分析与应用中心的基础上组建了人工智能气象应用研究所。

2022 年，按照新一轮机构改革要求和气科院“十四五”发展目标，气科院面向服务精细化科技支撑需要，组建气象影响与风险研究中心；面向南北极及全球重点区域天气气候变化及其影响，加强气候变化应对工作的支撑，组建全球变化与极地研究所；设立专项气象保障技术研究中心。撤销大气探测与试验中心、产业与服务中心；撤销气候与气候变化研究所，其气候研究纳入灾害天气国家重点实验室；撤销工程气象研究中心（环境评价中心），其职责纳入气象影响与风险研究中心。青藏高原与极地气象科学研究所更名为青藏高原气象研究所。办公室、计划财务处合并为办公室（计划财务处），党委办公室、人事处、离退休干部办公室合并为党委办公室（人事处）（图 2.3）。

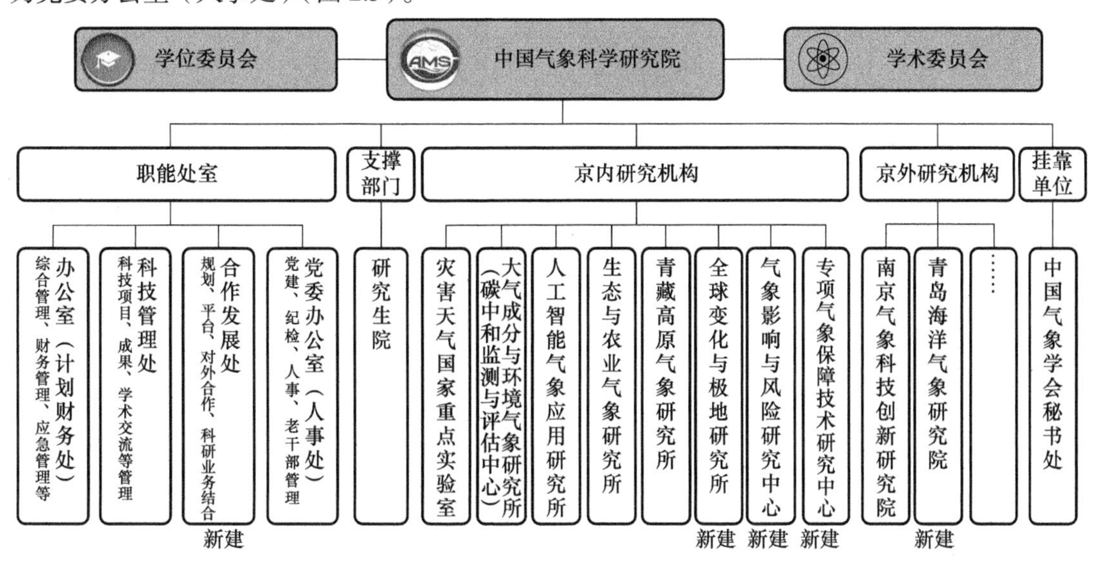

图 2.3　2022 年气科院组织架构图

2.1.3　搭建开放合作平台，推进国际合作交流

1. 搭建协同创新平台

气科院作为气象部门综合性研究院和国家重点实验室依托单位，在院所改革发展 20 年来始终履行气象科技创新“领头羊”的责任，作为推进气象部门国家级院所协同发展、强化科研业务结合、探索科技机制体制创新、拓展科研支撑平台和力量的牵头单位，深入开展各项工作，以提升科技创新整体效能为目标，推进实现气象国家级院所在研发布局、团队建设、科技资源、基础条件建设上的统筹；围绕高质量发展，兼顾国家与区域发展需求，牵头围绕中国气象局预报精准等系列工作方案梳理科学问题，发挥各院所优势，统筹协调和分工合作并举，建立健全“一院八所”协同创新机制，优化学科布局，做到分工明确、上下互补、协同发展；联合有关专业研究所，启动针对长江流域、西南区域等预报能力任务协同攻关，牵头开展河南郑州“21 · 7”特大暴雨过程研究，成立海洋气象研究院、青藏高原气象研究院，参与北京城市院、乌鲁木齐沙漠气象研究所改革，设立气象能力提升联合研究专项，组织围绕提升气象科研业务能力解决核心业务中的科学问题和关键技术开展联合攻关，建立业务应用导向的项目评审和绩效评价机制，着力培养一批青年人才，2022 年完成第一批项目立项。

在深化科技体制改革的过程中，气科院将天气研究与中尺度气象研究进行了整合，成立灾害天气研究中心；2003年，将灾害天气研究中心改为灾害性天气研究所；2005年3月，组建成立了灾害天气国家重点实验室，成为中国气象局第一个国家重点实验室；2011年起，推动灾害天气国家重点实验室深化改革相关工作；2017年，多举措并举加强灾害天气国家重点实验室建设，顺利完成实验室的整改并通过科技部组织的验收；2022年，按照国家重组全国重点实验室体系的要求，以打造灾害天气国家公共研究平台为目标，强化灾害天气全国重点实验室实体和平台建设，实现气象部门院所和国家级业务单位以及高校科研机构灾害天气研究力量在实验室平台上的聚集。

2019年，气科院与江苏省气象局共同推动组建南京气象科技创新研究院，按照“国际水准，国家示范，江苏先行”的总体定位，打造气象科技体制改革特区，形成了与气科院专业领域互补、科技资源统筹、科技人员互通互融的协同运行机制。2021年，立足国际水准、国家站位、地方特色的总体定位，面向建设海洋强国需求，面向世界海洋气象科技前沿，面向海洋资源保护与经济发展，气科院落实中国气象局党组决策部署，会同山东省气象局、青岛市气象局推动青岛海洋气象研究院建设，开展海洋气象科学研究、观测试验、监测预报和海洋气象服务核心技术攻关，2022年7月已揭牌运行，持续加强能力建设与开放合作，为海洋气象科研业务服务提供有力支撑。2022年，推动青藏高原气象研究院建设，牵头梳理气象部门高原研究力量，面向高原及其周边地区，以及对全球天气气候的影响，打造具备国际影响力的高原气象研究高地。形成青藏高原气象研究院建设方案，成立筹建办专题推动青藏高原气象研究院建设，实现中国气象局、四川省和成都市人民政府共建青藏高原气象研究院，引入地方科技资源投入，落户成都天府新区。

2. 深入推进国际合作与学术交流

20年来，随着国家对科研工作投入力度不断加大，气科院在国际合作方面更加活跃，合作范围日趋广泛，不断提升在国际上的影响力。2007年，气科院被科技部授予“气象科学国际科技合作基地”，成为气象部门唯一的示范性国际科技合作基地。2016年《关于加强和改进教学科研人员因公临时出国管理工作的指导意见》（厅字〔2016〕17号）和2017年《关于增强气象人才科技创新活力的若干意见》（中气党发〔2017〕25号）文件出台，气科院多层次、多渠道的国际科技合作交流激增，合作实力和影响力不断攀升，合作能力显著提高。多年来，结合发展方向，围绕国家重大需求和战略部署，气科院筹划开展并积极参与国际大科学计划、泛第三极计划、亚澳非季风计划等；梳理合作领域，与国外相关机构建立经常性、长期性合作研究与交流机制，探索共建合作研究平台；进一步鼓励科学家务实参与国际合作，在世界气象组织框架以及全球性学术组织、计划、项目中任职；统筹组织重大国际合作论坛和会议，提升国际影响力。围绕全球观测、全球预报、全球服务、全球创新、全球治理，统筹谋划，着力提升气科院国际科技创新合作水平，深度融入全球气象创新体系，有效运用全球气象科技创新资源，在更高层次上构建开放创新机制，积极有序地推动气科院气象国际科技创新合作与交流。

2.1.4　不断激发创新活力，凝聚人才团队力量

1. 坚持党建引领强化科研文化建设

气科院在 20 年改革发展过程中，始终坚持党建引领，充分发挥基层党组织战斗堡垒作用和党员先锋模范作用，为气象科技事业稳步、持续、快速、健康发展提供坚强政治保证。在推进改革和发展中，气科院始终充分发挥党委率先垂范作用，先后于 2002 年 5 月、2010 年 3 月和 2018 年 12 月完成院党委纪委换届工作，建立了院领导班子成员和各单位主要负责人全面从严治党暨党风廉政建设的责任清单，细化具体任务。以基层党支部工作联系点制度为抓手，严格落实全面从严治党主体责任，强化领导班子成员履行分管领域党建工作责任，切实做到党建工作与科研业务工作同谋划、同部署、同实施、同检查、同考核。党的十八大以来，院党委不断完善参与“三重一大”事项的决策机制，充分发挥院党委在党的建设、贯彻落实上级部门决策部署、“三重一大”事项等重大工作中的核心作用。发挥党委理论学习中心组示范带头作用，制定专题学习计划，改进学习方式，聚焦改革创新发展，通过院领导班子成员带头领学、围绕分管领域工作专题研讨等形式，开展深入学习。党委班子成员认真落实双重组织生活制度，以普通党员身份参加所在党支部组织生活，结合工作实际讲党课；推广提倡各支部创新形式打造“网络课堂”“流动课堂”等，推动学习往深里走、往心里走、往实里走。

强化科研文化建设，坚持以制度建设、制度执行、制度宣传为重点。2017 年起，在全院开展作风建设年活动，截至 2021 年底，共“废改立”制度 122 项，其中新建立制度 72 项，修改完善制度 44 项，废止制度 6 项，以制度建设成效推动作风建设常态化长效化。结合党风廉政建设宣传教育月活动，每年开展处级以上领导干部集体约谈，对新任职干部进行廉政提醒谈话。建立纪委委员联系党支部工作制度，实现纪委委员联系全覆盖。推动党建工作与科研工作融合互促，制定党建业务融合不断强化新时代气象科技事业的政治属性，把党的政治建设融入落实党和国家、中国气象局党组重大决策部署的全过程，推动形成以面向国家重大战略需求作为发展方向、以增强人民生活福祉作为战略价值的思想共识，进一步筑牢强化政治机关意识的思想根基，走好践行“两个维护”的第一方阵。积极推进党建与业务深度融合，扎实开展巡视和专项巡视检查整改工作，巩固整改成效，深入推进“不忘初心、牢记使命”主题教育、党史学习教育，不断强化新时代气象科技事业的政治属性，把党的政治建设融入落实党中央重大决策部署的全过程。健全完善党委全面从严治党主体责任清单和基层党支部工作联系点制度，制定修订了党委常委会议事规则、党支部工作细则和考核评价办法、党费收缴使用管理办法、纪委工作规则、廉政信息报送办法等党建纪检制度。

2. 深化引才用才育才各项举措

党的十八大以来，气科院落实国家激励科技创新的系列政策精神，深入推进扩大自主权和绩效评价试点改革，落实局党组《关于增强气象人才科技创新活力的若干意见》《关于进一步激励气象科技人才创新发展的若干措施》等一系列重要文件，以提高科技创新能力、科技支撑能力和促进人才培养为目标，持续推进深化改革，不断完善适应创新发展的灵活用人、考核激励、岗位聘用、团队管理、绩效评价等人才队伍建设举措，人才发展的环境得到显著优化。1 人当选中国工程院院士；2 人获国家自然科学基金杰出青年科学基金项目资助，3 人获国家自然科学基金优秀青年科学基金项目资助；3 人入选“新时代气象高层次科技创新人才

计划”杰出人才，16人入选领军人才，24名专家取得专业技术二级岗位任职资格。高层次人才带领的团队中，1个团队入选科技部“创新人才推进计划”重点领域创新团队，1个入选中国气象局重点创新团队。

在科技创新人才激励机制方面，气科院加大对领衔重大任务的创新领军人才支持力度，明确对创新领军人才及其团队在招聘人员、科技资源分配给予优先安排，每年通过基本科研业务费专项资金给予稳定的研究经费支持，在研究生招生计划分配中，向承担科技重大专项、重点研发计划等国家重大科研项目的优秀团队和导师倾斜。完善高层次人才分配激励机制。制定了高层次人才协议工资实施办法并积极稳妥地推进实施，对符合条件的国家重点项目、重大工程负责人等高层次引进人才实行了协议工资制度。加大对青年科研骨干绩效分配的倾斜力度，在保障专项任务完成和间接经费总额不变的情况下，提取部分间接经费专门给予青年科研骨干绩效奖励。强化对高层次科技创新人才的绩效激励。气科院完善分级考核和分类评价机制。气科院对各单位的目标完成情况进行考核，对创新团队的年度任务完成情况组织考核，在考核、评审中注重成果的质量和效益以及任务完成情况，对考核优秀的团队予以奖励。创新团队首席负责对团队成员的考核，可根据考核情况调整人员，考核指标与科研论文脱钩，考核结果与绩效工资、人员调整和资源支持挂钩。

在优化人才使用和评价机制方面，气科院赋予团队首席科学家更大的科研自主权，推进科技创新团队建设。团队实行首席科学家负责制，团队成员实行聘任制和动态管理，组建的运行管理组仅确定团队年度、中期和聘期的工作任务。首席科学家在团队成员确定、决定技术路线、调整研究方案、相应调剂经费支出和考核等事项上享有充分的自主权。气科院发挥职称、岗位导向作用，落实《事业单位人事管理条例》等要求，发挥好岗位设置管理在人才队伍建设中的基础性作用，按照学科发展需要和下达的岗位数量、比例修订了专业技术岗位设置方案。继续推进公开公平、竞聘上岗、合同管理，按照注重实绩的原则，统筹做好专业技术职称推荐和评审工作，发挥好各方面人才的积极性。气科院积极探索灵活务实的用人机制。鼓励重大项目、创新团队聘用兼职研究人员和科研助理，制定专兼职科研和科研辅助人员、客座研究岗位管理办法、流动岗位聘用管理办法、特聘专家管理办法，以及博士后科研工作站管理实施细则，加强聚才引智。

3. 持续扩大研究生教育规模

气科院是中国气象局综合性科学研究机构，同时也是中国气象局培养高层次人才的基地，承担气象系统研究生培养任务。20多年来，为适应中国气象事业的蓬勃发展，气科院研究生教育规模持续扩大，学科专业领域也在进一步拓宽。2002年10月，人事部批准在气科院设立博士后科研工作站，为独立招收博士后研究人员的试点单位，各专业气象研究所的研究生培养正式纳入气科院的研究生招生计划。2003年7月，国务院学位评定委员会正式批准气科院为环境科学与工程学科环境科学专业硕士学位授权单位。2003年10月，国务院学位委员会正式批准气科院可单列博士生招生计划单位，与中科院研究生院开展联合培养博士生工作。2005年4月，人事部批准气科院为单独招收博士后研究人员单位。2006年1月，国务院学位评定委员会正式批准气科院为大气科学一级学科硕士学位授权点。同时，批准气科院为自然地理学、物理海洋学、环境工程专业硕士学位授权点。近几年来，气科院成立研究生院，不断扩大研究生培养规模。气科院于2014年获直博资格，从2018年开始收取研究生学费支持气科院研究生教育。加强对研究生培养和教学管理，围绕气象科技前沿和核心技术问题开展研究，强化研究论文进展中期评估和考核；强化学术交流研讨，鼓励在校学生以多种形式积极参加国内外各类学术交流活动，研究生培养质量和独立科研能力不断提升；健全完善研究生教育相关制度，为研究生培养创建更好的环境；持续推进与相关高校联合建立招收培养研究生工作的良好合作机制，在保持原有与南京信息工程大学、中国科学院大学联合培养硕士研究生基础上，又与复旦大学、中国地质大学（武汉）签署合作协议联合招收培养研究生，招生规模得到扩大；稳步践行暑期社会实践制度，使在学研究生了解一线科研业务实际，拓宽视野、提高实际操作能力，增强社会责任感和自我管理能力。2021 年，完成与中国科学院大学招收联合培养博士研究生 11 名，与复旦大学招收联培硕士研究生 5 名、博士研究生 10 名，与南京信息工程大学招收联培博士研究生 6 名，与中国地质大学（武汉）新增招收联培博士研究生 2 名。

2.2　改革成效

20 年来，在党的路线、方针、政策指引下，在中国气象局的领导下，经过全体科技工作者的共同努力，气象科学研究工作取得了显著成绩，为推动气象事业发展和气象现代化建设进程做出了重要贡献。气科院现有 7 个京内研究机构、1 个挂靠单位（中国气象学会秘书处），4 个职能处室和 1 个支撑部门，京外设有南京气象科技创新研究院、青岛海洋气象研究院。全院在职职工 320 人，其中正研级科研人员 100 名，副研级科研人员 108 名，有博士和硕士学位的人员分别为 224 人和 58 人；拥有一批杰出的创新领军人才和创新团队，包括中国科学院院士 2 人、中国工程院院士 3 人、国家杰出青年科学基金获得者 6 人、国家优秀青年基金获得者 3 人，拥有科技部重点领域创新团队 1 个。在基础条件平台方面，现有国家重点实验室 1 个、部门重点实验室 1 个，中国气象局野外科学试验基地 2 个。气科院是国家创新人才培养示范基地和海外高层次人才创新创业基地，作为国家首批大气科学研究生培养单位，目前在站博士后 18 人、在读博士生 118 人、硕士生 228 人。党的十八大以来，气科院获得各类科研项目 140 余项，立项金额达 8.8 亿元，其中牵头承担国家重点研发计划重点专项 13 项，作为课题负责人参加其他重点专项 12 项。牵头组织国家第二次青藏高原综合科学考察研究任务“西风—季风协同作用及其影响”并牵头承担 3 个专题。承担生态环境部大气重污染成因与治理攻关课题（总理专项基金）1 项，中国铁路总公司科技研究开发计划课题 2 项。获得国家自然科学基金项目 95 项，其中重点项目 8 项，国家杰出青年科学基金 2 项，优秀青年科学基金 3 项，并承办基金委青藏高原重大专项项目办公室。气科院积极发挥科学智库作用，依托最新科研成果，围绕国家重大战略部署、重大工程建设和重大气象服务需求组织撰写决策咨询报告。

2.2.1　聚焦关键核心技术，科技成果产出质量提升

气科院围绕国家级公益类科研院所定位，以提高气象高质量发展科技支撑能力，持续加大对灾害天气、大气成分和环境气象、生态与农业气象等优势领域基础和应用基础研究的投入，国家层面的科技竞争力明显提升，科技成果产出数量和质量明显提高。

1. 核心技术攻关能力提高

气科院从 2015 年开始承担中国气象局气象现代化核心攻关任务。瞄准国家需求，启动多尺度气象数值预报系统十年研发计划，在大气动力框架关键技术和卫星全波段模式研发方面取得了突破性进展。自主研发非结构网格大气模式，实现全球千米级稳定运行和高精度模拟，在国产计算平台实现百万核规模高效并行，是我国唯一一个完成国际全球风暴解析模式比较计划试验的模式。自主研发优于欧美性能的快速辐射传输模拟系统，成为我国风云卫星遥感定量应用的"芯片"。围绕国家"双碳"目标，建成了"自上而下"碳源汇监测核查支撑系统，形成了国家碳源汇数据集。建立了与国际现行水平相当的东亚区域大气再分析系统，研制了 2008—2017 年再分析数据和指标检验体系。在气候预测技术方面，揭示了我国重大气候事件的多尺度机理和成因，建立预测模型。

（1）多尺度气象数值预报模式

无缝隙数值预报业务和计算环境要求动力框架具备更高且更灵活的分辨率、更准确的数值求解、更好的守恒性和可扩展性。气科院瞄准未来 0 ~ 90 d 无缝隙的预报预测需求，以建立新一代多尺度气象数值预报系统为核心目标，组建团队开展了多尺度模式研发工作。目前，建立了具有完全自主知识产权的我国首个基于非结构网格的大气模式动力框架系统，框架系统涵盖从简化浅水动力模式到三维非静力动力模式的不同复杂度大气模式原型，可满足全球准均匀及变分辨率模拟。在研发过程中创新研究方法，提出层平均形式的垂直离散及高精度迎风位涡传输策略，有效地减缓了矢量不变型动量方程中易出现的虚假模态，并可合理刻画多尺度涡旋结构；发展了球面非结构网格正定保形平流算法，显示出较好的模拟效果。多项严格的动力框架标准测试显示，该框架具备高精度和良好的守恒性，能够合理准确刻画百米至百千米级的多尺度大气动力学特征，在天气、气候型积分中均展现可靠性能。框架已通过万核测试，显示出优异的并行可扩展性。

（2）卫星全波段快速辐射传输模式

在融入近年来辐射传输领域的重要科学进展基础上，研发建立了中国第一代矢量快速辐射传输模式（ARMS）的软件架构及模块功能。ARMS 发展的 FY-4A 干涉式大气直探测仪（GIIRS）大气透过率快速计算模型已提供美国卫星资料同化联合中心使用，并在 GRAPES-MESO 框架下，实现快速辐射传输模式 ARMS 在 GRAPES 系统中对各类卫星仪器数据的同化应用。显著提升了我国在辐射传输领域的国际影响力，使得 ARMS 与美国 CRTM 和欧洲 RTTOV 模式形成三足鼎立局势，共同成为支撑卫星资料数据同化及产品研发和应用的核心技术，相关成果以专辑形式发表在国际大气辐射权威期刊 *Journal of Quantitative Spectroscopy & Radiative Transfer* 上，并在 *Advances in Atmospheric Sciences* 发表封面文章。以 ARMS 的研发为依托，聚焦卫星研究与应用关键科学技术问题，建立了基于 ARMS 和一维变分反演算法的场景自适应微波遥感反演平台，完成了卫星 FY-3D 微波探测仪对台风的热力结构、台风定位定强以及降水量进行实时反演，实现了对北大西洋海域台风活动的实时监测，相关算法获得"新一代风云气象卫星科学算法创新大赛"特等奖。设计并优化适用于我国的气溶胶参数以及适用于风云卫星的地表反射率模型，并将其应用到静止及极轨卫星观测数据上，提升气溶胶产品精度，并通过机器学习的方法辅助物理机制实现风云卫星 $PM_{2.5}$ 的高精度反演。

（3）资料同化及东亚区域再分析

完成了 2008—2017 年包括中国地面 2400 余站、国际交换地面站、船舶及浮标观测的地面观测资料收集整理及质控。完成了包括我国 L 波段探空、国际交换探空观测、飞机报的高空 11 观测资料的收集整理和质控。完成了 GSI 同化系统的调试，并重点解决了地面观测资料和雷达资料同化问题，实现了全国业务雷达网资料的质控并完成同化试验。通过优选区域模式物理过程，实现了从全球再分析资料到区域再分析动力降尺度性能的优化，通过改进资料同化技术，完善了区域再分析系统。基于观测资料集及再分析系统，建立了 2008—2017 年（共 10 年）12 km 分辨率的同化地面和高空资料的东亚区域再分析资料集。检验评估表明，区域再分析资料与欧洲中期天气预报中心全球再分析资料（ERA-Interim）相比，东亚区域大气再分析偏差均有减小，尤其对地面风、比湿、地面气压的改进尤为明显。

（4）次季节至季节变化机理与预测理论

该理论揭示了西太平洋副热带高压、南亚高压和蒙古气旋三者之间的“齿轮耦合”次季节模态特征和形成机理，指出了次季节与季节循环之间的时间锁相关系，为季节尺度的次季节预测提供了理论依据。基于位涡和角动量守恒理论，从垂直环流耦合影响提出了南海夏季风爆发新的物理机制，研发了南海夏季风爆发监测和预测模型。系统研究了大气准双周振荡对移出型高原低涡的时间和路径以及日变化的影响和机理，为高原天气系统的次季节尺度预测提供了理论支撑。研究了热带海温异常影响东亚季风季节循环进而导致跨季节降水异常的物理成因，提出了跨季节降水气候预测理论。揭示了冬季北极增暖放大效应对东亚冬季“天气挥鞭”和我国极端气温“两极化”影响机理，为北京冬奥会次季节气候预测提供了理论支撑。基于大数据挖掘理论，研发了“东亚季风自动化季节预测系统”，参与国家级气候趋势预测会商，及时提供预测意见；参与 2022 年北京冬奥会气象服务保障，通过分级统计建模方法，研发了温度次季节预测模型，滚动提供赛区站点气温次季节变率预测结果；关注极端气候事件成因和发展趋势预测，及时向中国气象局和中共中央办公厅、国务院办公厅提交决策服务和建议。

（5）“自上而下”碳源汇监测核查支撑系统

建立了“自上而下”方法的碳源汇监测核查支撑系统（CCMVSv1.0）。该系统是我国第一个同化大量中国 CO_2 浓度观测数据、反演人为碳排放和自然碳交换变化、可业务运行的全球（1°×1°）、中国区域（45 km×45 km）、省（9 km×9 km）、市（5 km×5 km）四级嵌套网格碳源汇监测核查支撑系统。该系统可客观、全面和及时地监测与核查全球、全国、省、市及格点尺度人为碳排放总量变化、自然碳汇变化，为我国实现“碳达峰、碳中和”目标，开展碳源汇监测核查及国际气候变化谈判提供有力支撑。基于 CCMVSv1.0 系统，获得我国 32 个省（自治区、直辖市，包括台湾）、以及 367 个市（自治州）人为排放总量和陆地生态系统碳交换的反演结果，形成了《国家温室气体观测网及中国气象局碳源汇监测核查支撑系统 2018—2020 年报》。与 27 个省级气象局对接合作，成立了 11 个省级分中心，指导 10 多省完成《2018—2020 温室气体及碳中和监测评估年报》并上报决策咨询报告，多省获得各地省政府高度评价和地方政府支持。

2. 科研成果产出水平提升

气科院面向世界科技前沿，聚焦核心业务，强化在优势领域的基础和应用基础研究，取得诸多创新性研究成果，提升了对灾害性天气气候的机理认识。近5年来，气科院在学术期刊上共发表学术论文2962篇，其中SCI收录期刊论文2113篇、第一作者及通讯作者论文1302篇；核心期刊论文849篇，第一作者422篇。大气污染变化对未来气候变化的影响、复合型极端高温事件的检测归因及预估分析等研究被*Nature*及其子刊作为研究亮点报道，气候变化研究的3篇论文被IPCC（政府间气候变化专门委员会）特别报告引用。气科院作为第一完成单位的"台风监测预报系统关键技术"获得国家科学技术进步奖二等奖，"生态气象监测评估预警技术及其业务化"获得中国技术市场协会金桥奖，"中国大陆降水精细化过程演变的气候特征及其变化研究"和"中国不同区域反应性气体变化特征研究"等2项成果获得中国气象学会大气科学基础研究成果奖一等奖，"我国雾—霾监测与数值预报关键技术研发及业务系统建立与应用"获得中国气象学会气象科学技术进步成果奖一等奖。气科院还作为参与单位获得省部级科技进步奖6项。5年来共获实用新型专利20余项、发明专利30余项、软件著作权60余项，以第一单位完成国家标准7项，气象行业标准5项。以上成果覆盖气候诊断、雷电预警、农业气象等各个技术方向。

在灾害天气领域，台风登陆前后强度和精细化风雨演变机理及预报技术取得创新成果。在暴雨—强对流机理研究方面，研究了我国不同气候区域产生极端降水的天气背景、中小尺度动力和云微物理结构，深化了对我国极端降水对流系统触发和发展的多尺度特征和机制的认识。雷达探测新理论、技术和方法研究引领了我国气象雷达的发展趋势，推进了云探测和强对流快速探测的技术发展，处于国内领先水平和国际先进水平。

在气候与气候变化领域，揭示了复合型极端高温事件的变化特征及原因。揭示了全球不同升温幅度下极端事件的变化及影响。提出了副热带太平洋暖海温影响厄尔尼诺形成与发展的新机制。揭示了东亚夏季风次季节至季节预测的新因子。

在青藏高原与极地气象科学领域，牵头组织青藏高原大气科学实验，并在青藏高原开展陆面—边界层和云降水物理过程观测试验，研究了青藏高原陆面—边界层特征和适用于高原地区的热通量算法。青藏高原热力和动力作用及其天气气候影响研究取得新进展，较为系统地揭示出了青藏高原影响全球气候的新途径（图2.4）。通过野外观测实验和大气化学—气候耦合模式模拟，取得了对青藏高原对流层—平流层交换和相关物理化学过程的新认知，并在国际著名期刊*Atmospheric Chemistry and Physics*上出版专辑，报道有关青藏高原大气臭氧、气溶胶和辐射的研究成果。针对中巴经济走廊、川藏关键设施区，率先开展冰川灾害及其影响研究，支撑了国家重大工程规划。针对南北极冰冻圈环境，改进并研发了多种探测仪器，极大地提升了我国极地气象观测监测技术和应用水平，推进了南北极气象观测站网建设和数据共享，并出版《极地大气观测规程》。基于极地考察和科学试验数据，研究了极地气候变化和陆面物质能量交换，揭示了极地气象理论研究的一系列新认识，丰富了极地冰冻圈天气气候环境研究内涵。

第三次青藏高原大气科学试验（TPEX–III）

实现青藏高原陆面–边界层–对流层的天–地–空综合观测技术的重要突破，填补多项空白；在发展关键水循环变量遥感反演算法和模型参数化方案、揭示重要观测事实和物理过程等方面取得多项重要创新性成果；成果实现国家级、省级及国企应用转化，使风云卫星大气可降水量业务产品质量达到国际先进水平，促进了气象业务技术进步；成果入选中国科协“2020年度生态环境十大科技进展”

高原陆面—边界层—云发展综合模型图

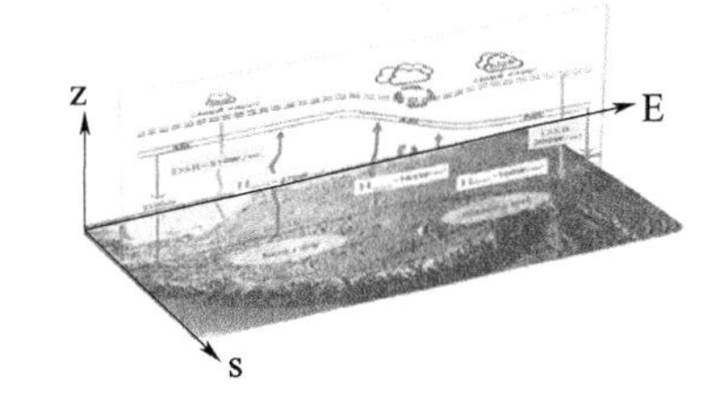

同化西部加密探空数据的高原24 h降水预报误差图

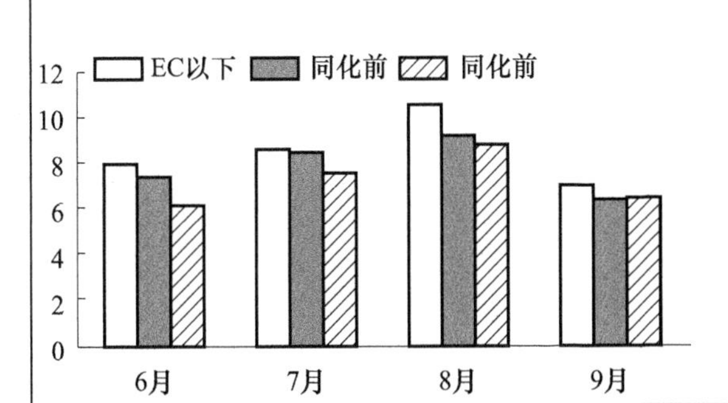

天—地—空综合观测示意图

图 2.4　第三次青藏高原大气科学实验（TIPEX-III）

在人类活动与天气和气候变化相互作用及环境气象领域，在以大气成分代表的人类活动与气候变暖相互作用方面取得国内外关注的成果。在我国大气重污染以及累积后的 $PM_{2.5}$ 爆发性增长与不利天气—气象条件“双向反馈机制”方面形成具有完整证据链的系列成果。在支撑人类活动与天气和气候变化相互作用长期观测研究方面取得被广泛认可和共享的成果（图 2.5）。

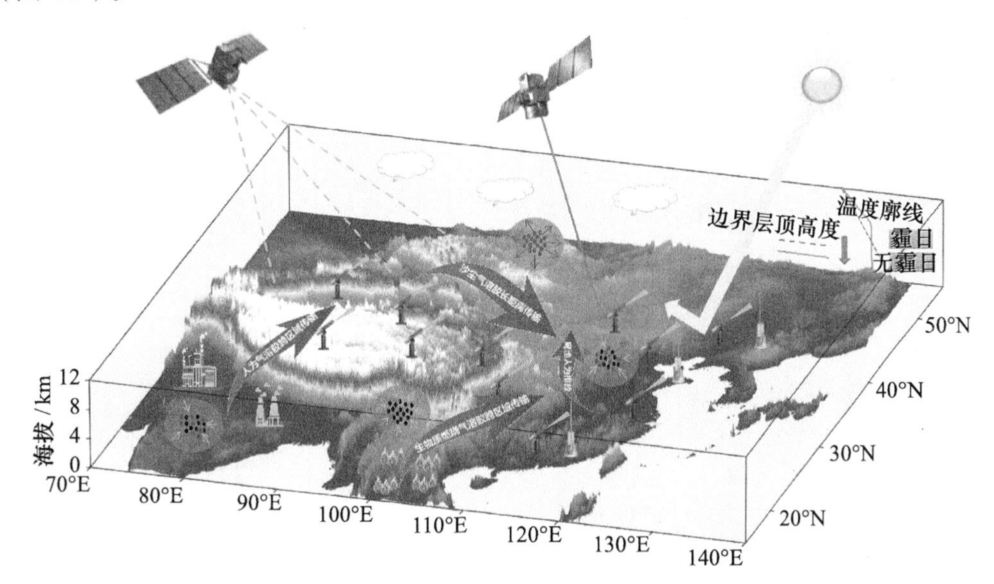

图 2.5　我国大气柱气溶胶关键光学—辐射特性地基网络化观测系统

在生态气象领域，发展了生态文明建设绩效气象条件贡献率评价理论与技术体系；建立了气候变化对植被影响的多尺度观测与评价理论技术；创建了植物干旱灾变识别及其致灾等级评价理论与方法；建立了川藏铁路气象条件及灾害特征对工程影响评估技术（图 2.6）。

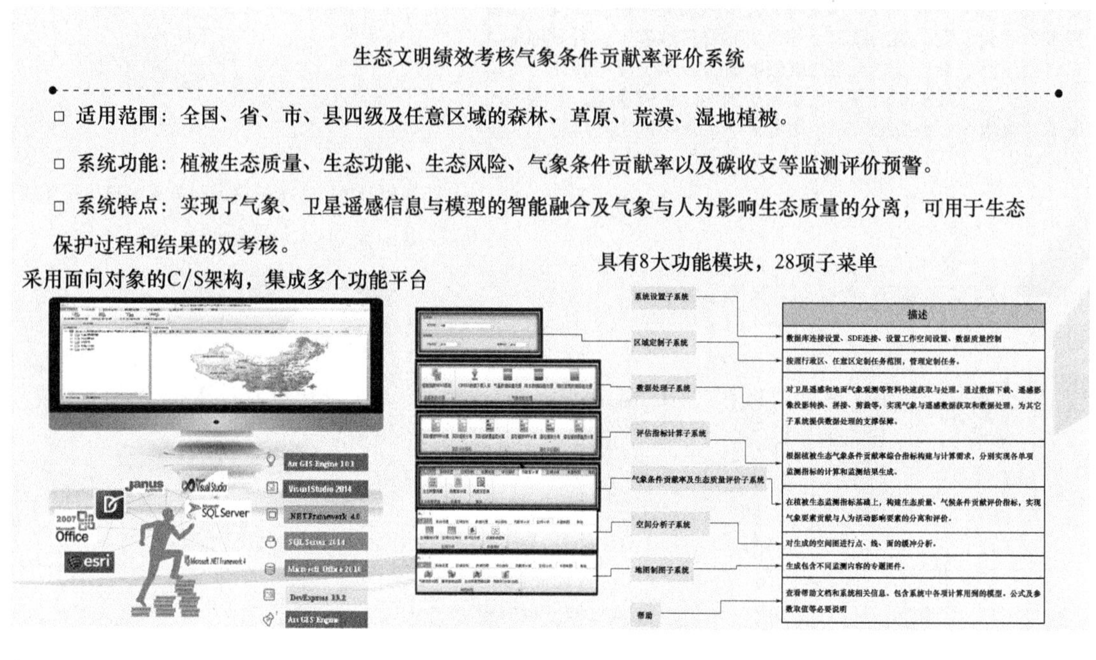

图 2.6　生态文明绩效考核气象条件贡献率评价系统

在农业气象领域，深化了对气候变化背景下农业气候资源与气候生产潜力变化特征的认识，构建了中国农业气象模式，建立了农业气象灾变识别与监测预警评估系统，研发了天—空—地基遥感与机器学习深度融合的农业干旱监测方法（图 2.7）。

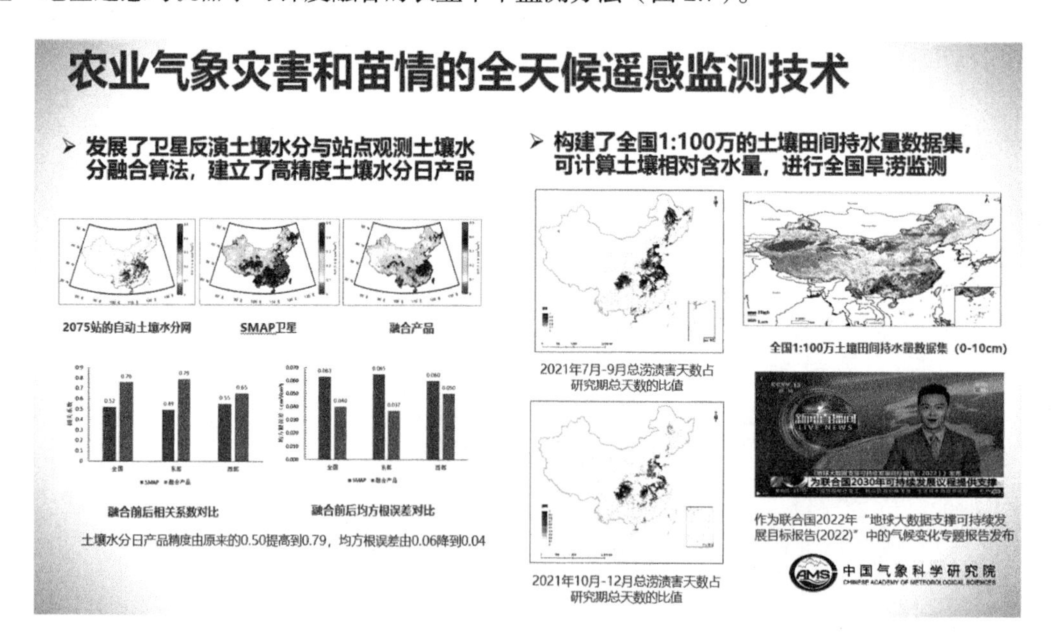

图 2.7　农业气象灾害和苗情的全天候遥感监测技术

3. 科研成果持续实现业务转化应用

气科院大力鼓励科研成果转化，制定了有利于激发科研人员创新活力和科技成果转化热情的《中国气象科学研究院促进科技成果转化管理办法》。多项科研成果在中国气象局业务中得到转化，明显提升了业务能力和水平，有力地支撑了气象高质量发展。充分发挥科技支撑作用，强化成果应用目标管理，大力挖掘科研成果转化潜能，不断推进多项核心技术成果在气象部门和相关行业的推广转化应用。党的十八大以来，7 项成果经批准在全国气象部门推广应用，10 项成果在国家级气象业务部门转化应用。“全国 $PM_{2.5}$ 气象条件评估指数业务系统”“全国臭氧气象数值预报业务系统”“区域高分辨率数值预报检验评估系统（V1.0）”“云降水显式预报系统（CPEFS_V1.0）”等多项科研成果，顺利通过业务准入评审，目前已经中国气象局减灾司、预报司等单位批准，向全国业务单位推广，有力支撑了国家级及省级业务单位的气象预报性能扩展和优化升级。“探空云结构分析技术”等成果顺利通过气象中心等单位的业务试验，成功与现有业务系统进行集成，经减灾司批准投入国家气象中心业务应用。此外，“环境气象数值预报系统 CUACE V2.0”“国家人工影响天气飞机作业技术服务”等成果已在省级业务单位进入试运行或业务运行阶段，支撑了多个省（自治区、直辖市）气象局的预报业务发展。

4. 国际影响力不断提升

国际交流互访人数呈逐年上升趋势，2015 年至今出访共 820 人次，出访国家和地区超 35 个，接待外宾 173 人次，人员互访任务频繁，人数呈逐年上升趋势。参与国际重要学术会议交流更为活跃，国际会议参与度提高，特别是五大重要国际会议（亚洲大洋洲地球科学学会（AOGS）年会、欧洲气象学会（EMS）年会、欧洲地球科学联合会（EGU）年会、美国气象学会（AMS）年会、美国地球物理联合会（AGU）年会）都活跃着大量气科院科研人员的身影。据统计，近 5 年气科院参与国际学术会议交流的人数占总出访次数的 68%。参与气象科技国际合作的能力明显增强，牵头或参与世界气象组织及其他国际知名机构的多项研究计划，包括世界气象组织（WMO）华南季风降水试验（SCMREX 计划）、城市环境气象计划（GURME）、第三极区域气候研究中心（TPRCC）、高影响天气国际协调办公室（HIWICO）、沙尘暴预警和评估系统（SDSWAS）亚洲 / 太平洋区域中心、空气质量监测分析预测国际研究计划联合办公室以及北极大学理事会等重大国际科学计划。组织筹备牵头“亚—澳—非季风科学试验及次季节研究”大科学计划；与美国、欧盟的科研机构和高校形成相对稳定的合作，22 项国际合作中包括有与 NOAA 合作气溶胶辐射特性观测联合研究，纳入中美双边合作；与芬兰气象局在与气候变化和空气质量相关的大气成分研究合作，纳入中芬双边合作；与国际空间科学研究所—北京（ISSI-BJ）合作进行高原积雪深度和雪盖面积大气再分析资料评估等。气科院还积极主动参与国际组织任职工作，现有 16 位科学家在重要国际组织中任关键职务，极大地提升了我国在气象科研领域的话语权。

2.2.2　高水平人才快速成长，创新研究团队逐步形成

气科院不断加强高层次人才、青年骨干和创新团队建设，涌现出一批在国内外有一定影响的学科带头人和专业知识扎实、有发展潜力的青年科技骨干，科研队伍的职称、年龄结构

得到优化，形成了一批在国内外有影响的创新团队。

1. 实施高层次人才培养计划

修订完善了《中国气象科学研究院高层次人才培养计划实施办法》，对高层次人才培养计划的入选条件和支持、激励措施进行了修订完善，根据实际对领军人才和科研骨干的申报年龄要求进行了调整。选拔具有突出业绩和发展潜力的优秀科技骨干，进行为期 2 个周期共 6 年的重点培养，促进重点研究和优先发展领域的科技领军人才及学科带头人的成长。通过实施高水平人才引进和高层次人才培养计划，近 3 年新增国家自然科学基金优秀青年科学基金项目资助者 2 人；3 名专家入选气象高层次科技创新人才计划杰出人才，13 人入选领军人才，1 人入选首席专家，9 人入选青年英才；3 人入选省部级青年人才计划。多名青年科研人员脱颖而出成为研究骨干，多名 40 岁以下科研人员主持重点研发计划重点专项。面向国际前沿组建了 13 个院创新团队，更加聚焦关键问题并取得显著进展。

2. 建立以团队建设促进人才发展的机制

赋予领军人才人财物自主权和技术路线决策权，团队实行首席科学家负责制，团队成员实行聘任制和动态管理，首席科学家在团队成员确定、决定技术路线、调整研究方案、相应调剂经费支出和考核等事项上享有充分的自主权。气科院明确对创新领军人才及其攻关团队在招聘人员、科技资源分配给予优先安排，根据团队的贡献予以一定的奖励，每年还通过基本科研业务费专项资金给予稳定的研究经费支持。在研究生招生计划分配中，向承担科技重大专项、重点研发计划等国家重大科研项目的优秀团队和导师倾斜。明确规定创新团队的人员组成中青年骨干的比例，对青年人才所取得的成果作为团队考核的重要指标，强化对青年人才的培养，促进学科带头人对青年人才的培养。在团队中工作成绩突出的人员，在专业技术职称申报推荐和岗位聘用时可破格推荐、使用。目前，全院拥有 1 个国家级创新团队、2 个中国气象局创新团队，13 个院级创新团队，更加聚焦关键问题并取得显著进展（图 2.8）。

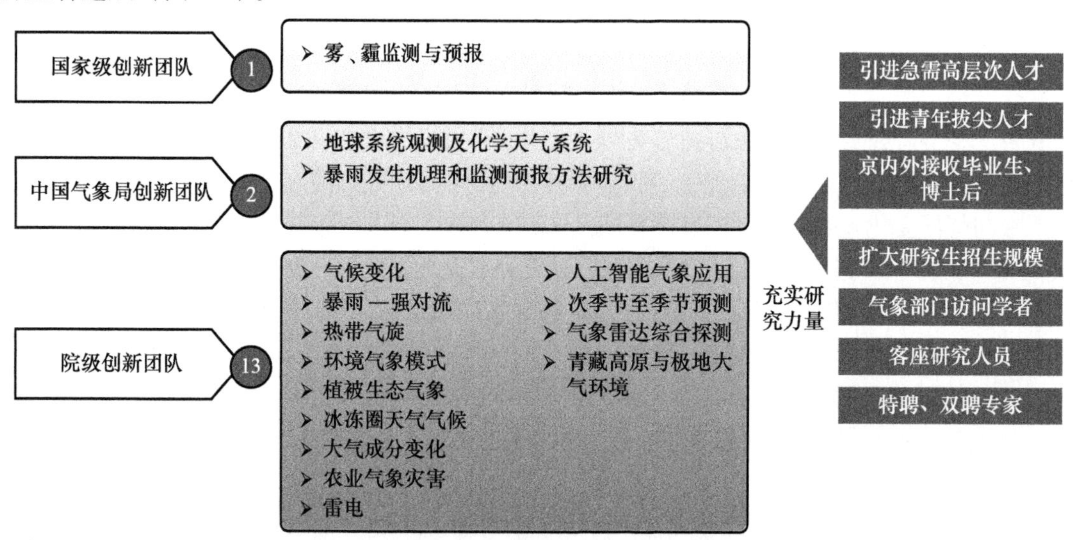

图 2.8　以学科建设为核心推进创新团队建设

3. 全面构建青年科技骨干培养体系

2014 年起，气科院实施青年人才培养计划，强化青年人才在科技研发中“挑大梁、当主角”的人才培育机制（图 2.9）。党的十八大以来，开展了 3 批高层次人才培养计划人选的遴选，6 名优秀青年科研人员入选院领军人才培养计划，建立青年科技人员独立开展科学研究的培养机制，鼓励青年科技人员定期到国家级业务单位短期工作制度和选派科技骨干到基层挂职锻炼。设立青年人才基金项目，通过承担科研项目，重点加强对年龄在 40 周岁以下青年科技人员的培养。建立加强研究生基础教育的培养机制，成立研究生院，扩大招生规模，加强对研究生培养和教学管理，围绕气象科技前沿和核心技术问题开展研究。发挥人才培养基地的作用，近年来不断推进气科院博士后科研工作站博士后科研人员流动，为国家级和省级气象科研业务单位培养输送高层次人才发挥了重要作用。

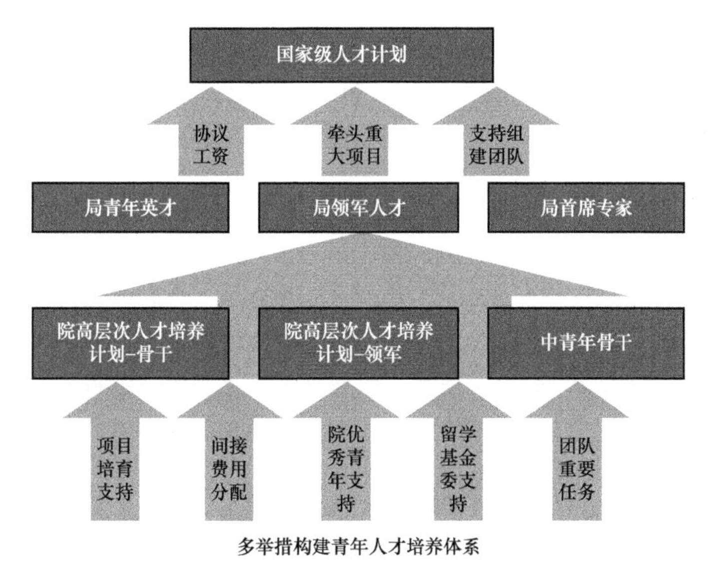

图 2.9　多举措构建青年人才培养体系

2.2.3　科研基础条件不断优化

气科院按照基础条件不断优化人员流动，为国家级和省级气象科研业务单位培养输送高层次人才发挥了重要作用。建立青年科技人员独立开展科学研究的培养机制，鼓励青年科技人员定期到国家级业务单位短期工作制度和选试，联合地方政府、高校，成立了南京气象科技创新研究院、青岛海洋气象研究院，打造气象科技体制特区。加强部门实验室建设，利用基本科研业务费支持开放合作。围绕重点和优势学科领域加大对科研基础条件的投入，固城生态与农业气象试验站和广东从化雷电野外试验基地成功申报中国气象局野外科学实验基地，华南强降水观测基地、高原试验基地、庐山云物理试验站和极地观测基地等进一步改进了试验条件，联合开展大气科学野外观测试验。积极推进仪器设备的共享，为相关科研和业务的发展提供了有力保障。

1. 协同创新格局基本形成

气科院充分发挥“一院八所”牵头作用，坚持统筹协调和分工合作并举，联合开展针对长江流域、西南区域等预报能力任务的协同攻关；牵头开展河南郑州“21 · 7”特大暴雨过程研究；成立专项基金，对预报能力提升工程中的科学问题和关键技术开展研究。探索创新国家级科研院所组织管理机制，搭建新型研发平台，联合建设南京气象科技创新研究院、青岛海洋气象研究院，组织推进青藏高原气象研究院建设，充分利用地方科技资源共同解决阻碍气象事业发展的科技问题。南京气象科技创新研究院正式运行2年来，引进35位博士后、博士和硕士，形成包含多层次人才的创新团队，获得多项国家自然科学基金、气象联合基金项目，谈哲敏院士工作站正式落户创新研究院，取得多项创新性成果并实现业务转化。落实海洋强国战略，青岛海洋气象研究院建设目前已组建5个重点方向研究团队，围绕海洋气象科学研究、观测试验、监测预报和海洋气象服务等开展核心技术攻关。打造灾害天气国家公共研究平台，强化灾害天气全国重点实验室实体和平台建设，实现气象部门院所和国家级业务单位，以及高校科研机构灾害天气研究力量在实验室平台上的聚集，牵头围绕河南郑州“21 · 7”特大暴雨组织开展联合研究；牵头组织开展“长江经济带气象服务能力提升联合攻关”；支撑国务院组织的郑州暴雨调查和白银市景泰县“5 · 22”突发事件调查。

2. 野外科学试验基地不断发展壮大

围绕重点和优势学科领域加大对科研基础条件的投入，固城生态与农业气象试验站和广东从化雷电野外试验基地成功申报中国气象局野外科学实验基地，华南强降水观测基地、高原试验基地、庐山云物理试验站和极地观测基地等进一步改进了试验条件，联合开展大气科学野外观测试验。积极推进仪器设备的共享，为相关科研和业务的发展提供了有力保障。中国气象局雷电观测基地创建了集试验、观测和防护测试为一体的先进的雷击机理和防护试验平台，为雷电及其防护的科学研究与测试提供了先进手段。中国气象局固城生态与农业气象试验站入选中国气象局国家综合气象观测试验基地，是集野外监测、研究、试验、示范、教学和科普于一体的综合支撑平台。高原和极地大气观测验基地填补了青藏高原云降水观测的空白，对认识大湾区水汽通道，云水资源、水物质输送过程、地形对降水影响有重要意义。华南强降水观测基地持续推进华南季风、暴雨、台风、雷电的综合观测和试验研究。2016年至今，气科院联合广东省气象局、中国气象局广州热带海洋气象研究所、香港天文台、南京大学、中国科学技术大学等多家单位，在华南连续开展了华南季风 / 台风强降水协同观测试验，形成了华南季风 / 台风强降水协同观测数据集，为分析华南暴雨、台风和强对流内部三维风场、热力场、水物质相态结构、放电活动等的特征奠定了基础。依托华南的系列观测基地，已经形成“基地—单位—项目”有机结合的具有国际影响力的研究平台，在台风、暴雨、雷电等研究方面取得大量科研成果。

2.2.4 深化放管服，推动科研管理提质增效

气科院以提高科技创新能力、科技支撑能力和促进人才培养为目标，持续推进深化改革，落实国家有关部委批复的扩大自主权、科研事业单位绩效评价等改革试点任务。不断完善适应

创新发展的灵活用人、考核激励、经费投入、开放合作、协同创新的运行机制，进一步优化调整学科方向和研究机构，推进岗位聘用、团队管理、绩效考核、科技成果转化等系列工作。

1. 建立依章程管理的现代院所制度

根据科技部的要求，气科院广泛地吸纳管理部门、院内外专家和广大职工的意见和智慧，于 2018 年底完成了院章程的编写，并于 2019 年获中国气象局正式批复。章程明确了院职能定位、目标和任务，厘清主管部门、单位和职工的权利和义务，进一步明确管理体制和组织架构、管理制度和考核评估，并明确了气科院具有自主设置内设研究机构、开展岗位设置和聘用、管理和处置科技成果、制定科研经费管理办法和调整项目经费等权限。气科院充分发挥学术委员会专家的咨询和指导作用，努力营造学术民主环境和积极向上的科研氛围。按照学术委员会章程有计划、有针对性地开展活动，按期组织换届工作，补选了院内外多名学术水平高、作风正派的学术委员会委员，充分发挥学术委员会专家在发展目标、规划、建设内容、科研方向、重大学术活动等的决策指导和咨询作用。

2. 优化科研管理，为科研人员松绑

建立了符合科研规律的经费管理办法，完善细化了中央和地方财政科研项目、横向委托项目、自筹资金科研项目资金内部管理办法，使科研项目预算编制过程极大简化。优化了科研项目组织管理流程，创新管理方式，建立科研项目组织过程中的院内电子化审批流程，合并办事环节，提高办事效率；完善科研项目管理系统，建立科研项目的电子档案及归档制度，完善了科研经费风险防控机制。完善了机构、人才、项目评价机制，推进中央级科研单位绩效评价试点，被科技部等三部委列为中央级科研单位绩效评价试点单位，也是两个公益类科研院所试点单位之一。完善了分配机制，突出绩效工资的导向激励作用，试行对承担国家重点项目的负责人、高层次引进人才实行年薪制或协议工资制，加大对青年科研骨干绩效分配的倾斜力度，在保障专项任务完成和间接经费总额不变的情况下，提取部分间接经费专门给予青年科研骨干绩效奖励。完善科技成果转化应用收益分配措施，形成全院支持和支撑科技创新与成果转化相互促进的激励机制和环境氛围（表 2.1）。

表 2.1 气科院科研、人才管理代表性制度

类型	代表性制度
强化人才选拔和培养	高层次人才培养计划实施办法（气院人发〔2019〕44 号） 中国气象科学研究院优秀青年奖评选办法（气院人发〔2022〕3 号） 优秀青年出国培养暂行办法
开展团队建设，优化科研组织	基本科研业务费专项资金管理办法（气科院科发〔2021〕33 号） 改善科研条件专项资金管理实施细则（气院科发〔2022〕22 号） 气象科技成果评价实施细则（试行）（气院科发〔2022〕21 号）
加大对人才的激励力度	高层次人才协议工资实施办法（试行）（气院人发〔2019〕63 号） 促进科技成果转化管理办法（气院科发〔2021〕17 号） 科研项目间接费用管理办法（气院财发〔2019〕58 号）
服务人才，赋予更大自主权	科研劳务费管理办法 合同管理办法（气院科发〔2022〕19 号） 试点科研项目经费使用“包干制”管理规定（试行）（气院发〔2022〕12 号）

2.3 薄弱环节

1. 新一轮科技革命和科学研究范式的变化带来新的机遇

新一轮科技革命和产业变革突飞猛进，科学研究范式正在发生深刻变革，学科交叉融合不断发展，科学技术和经济社会发展加速渗透融合，深空、深海、深地探测不断为人类认识自然拓展新视野，以信息技术、人工智能为代表的新兴科技快速发展，为拓展气象科技创新的深度和广度带来了新的机遇，气象科技正孕育着革命性突破。

2. 现代气象业务发展迫切需要科技创新的支撑引领

世界气象组织战略计划提出到2030年实现“更有能力抵御极端天气、气候、水及其他环境事件的社会经济影响”的远景目标。在地球系统科学框架下，建立多圈层智能化协同综合观测系统，发展多尺度一体化精准预报技术，强化基于影响和风险的智能感知气象服务，支撑引领全覆盖、无缝隙、自动化、智能型的气象现代化业务体系，是世界气象科技发展的必然趋势，也是气象科技创新的核心任务。

3. “四个面向”为气象科技创新指明了方向

气象工作关系生命安全、生产发展、生活富裕、生态良好，加快科技创新是提升气象服务保障能力，实现监测精密、预报精准、服务精细的根本途径。面向世界科技前沿，加强气象基础研究，提升气象科技原始创新能力；面向经济主战场，加强气象监测预报服务技术研究，提升气象服务保障经济社会发展的能力；面向国家重大需求，加强气象战略科技力量培育，提升支撑国家战略决策部署能力；面向人民生命健康，加强气象防灾减灾能力建设，发挥第一道防线作用。

4. 国际科技竞争增强了实现气象科技自立自强的紧迫性

当前科技创新成为国际战略博弈的主要战场，围绕科技制高点的竞争空前激烈。世界主要气象科技强国正加快部署，美国启动了下一代全球预报系统研发，欧洲中期天气预报中心提出面向2030年发展无缝隙地球系统模式和创造数字孪生地球的战略目标。必须清醒认识到，我国无缝隙气象监测预报水平与国际发达国家尚有明显差距，关键技术仍受制于人。面向“十四五”计划，气象科技攻关必须从气象强国建设的迫切需要和长远需求出发，坚持问题导向，解决业务服务发展最紧急、最紧迫的问题，提升我国气象科技的自身竞争力、风险防控力和国际影响力。

5. 面向国家和区域重大发展战略需求的前沿研究不足

重点领域前沿基础研究还有待加强，对灾害天气特别是极端天气形成机理、变化规律的科学认知还不够全面深入，青藏高原对我国乃至全球天气气候的影响机理还需深入研究，极端天气气候事件检测归因、影响评估等方面与国际先进水平差距明显，支撑国家碳中和战略实施的有效性评估系统还未完全建立，描述生态陆面过程和评价生态气象效应的指标体系还不完善。同时，面向气象事业未来发展的前沿、新兴和交叉学科，如人工智能大数据、海洋气象、气象关键仪器设备研发、军事气象等方面布局不足，研究力量有待强化。

6. 支撑全覆盖无缝隙气象监测预报服务业务存在薄弱环节

跨越天气和气候预报的屏障、建立无缝隙气象预报业务还存在需要突破的基础理论和关键技术，新型探测技术及多源数据应用技术还需进一步提高，支撑次季节至季节预测水平提升的技术方法还需加强，极地气象的监测和预报技术相对落后，精细化农业气象灾害监测预警技术有待提高，针对重点领域、重点行业、重大工程的气象应用、服务和评估技术亟待深入发展，大数据和人工智能在气象领域应用的广度和深度方面与国际先进水平还有一定差距。

7. 协同创新平台和科研基础条件建设有待完善

气科院在国家级院所围绕气象关键核心技术集中攻关中的牵头引领作用发挥不够。国家重点实验室和部门重点开放实验室聚合优势研究力量、扩大开放合作的创新平台作用还未完全发挥。面向地球系统科学多圈层布局野外科学试验基地和开展科学试验、促进学科交叉融合的机制还不完善。

8. 科研环境和人才队伍建设还需进一步优化

科研队伍总体规模不足，高层次人才的培养机制还有待进一步完善，具有国际影响的气象科技战略人才和领军人才缺乏，优秀中青年科技骨干数量不足，创新团队建设的力度还需要进一步加大。有利于激发科研人员活力的创新环境还有待进一步优化，科技资源配置机制、科技评价机制仍不健全，人才考核评价制度还需要进一步完善。

2.4　未来规划

气科院将努力满足新时代建设世界气象强国发展目标对气象科技工作的更高需求，更加突出科技型定位，坚持把科技创新作为引领气象事业发展的第一动力，围绕气象防灾减灾、应对气候变化和生态文明建设等国家需求以及大气科学发展前沿，开展应用基础研究，兼顾基础研究、应用研究和技术开发，建成学科设置合理、科技创新人才汇集的中国大气科学综合研究中心和高层次人才培养基地，成为国内一流、国际有重要影响力的大气科学研究机构，要出新理论、出新方法、出新技术，以更宽阔的视野、更开放的格局、更大的担当，努力创造气象科技发展的更大成就，以科技创新的磅礴之力驱动新时代气象高质量发展，向着全面建成世界气象强国奋勇前进。

1. 立足“四个面向”，优化学科布局

以实现气象关键核心技术高水平自立自强，为气象高质量发展，做到监测精密、预报精准、服务精细发挥科技支撑和引领作用为目标，按照“四个面向”优化气科院学科布局。面向世界科技前沿，在大气科学前沿领域以及地球系统科学发展的框架下布局引领性科技攻关任务，以提高科学认知解决关键核心技术问题为目标，牵头实施重大科学试验和重大研究计划，着眼全球和区域，开展天气、气候系统多圈层相互作用和气候变化前沿基础理论研究。面向国家重大需求，围绕国家防灾减灾、应对气候变化、碳中和、生态文明建设等重大发展战略，聚焦极端天气和人类活动影响下关键天气系统演变机理及精细化预报理论、瓶颈性核心技术开展攻关，推进碳中和行动效果评估研究，加强海洋气象、青藏高原和极地气象科学、军事气象保障等气象核心技术研发，拓展大数据、人工智能等信息技术在气象领域的应用。面向经济主战场和人民生命健康，强化气象与其他学科领域交叉融合，聚焦关键敏感区域/流域气象保障的共性科学问题，开展基于行业、区域、流域影响的天气气候风险识别技术研发；聚焦保障人民生命健康，开展生态气象、农业气象和环境气象监测预报预警关键技术研发。

2. 聚焦气象关键核心技术与前沿理论研究，全力开展攻关

围绕更高水平气象现代化建设目标，聚焦全链条气象业务关键核心技术和地球系统科学领域国际前沿，系统推进前沿基础研究、应用基础研究和关键技术研究，统筹实施野外科学试验计划。强化气象灾害监测预报预警理论和方法研究，推进气候变化及其影响与应对研究，发展无缝隙预报系统基础理论和关键技术，开展应用气象新理论新技术新方法研究，实施野外科学试验计划。强化气象灾害监测预报预警理论和方法研究，聚焦灾害天气演变机理、灾害天气精细化监测预报预警技术、次季节至季节变化机理和预测理论、气象灾害风险预估及影响评估等重点领域开展研究。推进气候变化及其影响与应对研究，聚焦极端事件检测归因、风险预估及影响评估，碳中和有效性评估，青藏高原气候变化及其影响应对，极地气候变化及影响等领域。发展无缝隙预报系统基础理论和关键技术，聚焦青藏高原及周边地区多源观测资料同化、大气成分对天气气候影响的监测评估及模拟、人工智能气象应用理论与技术、无缝隙预报检验评估理论和方法。开展应用气象新理论新技术新方法研究，聚焦生态气象监测评估预警关键技术、农业气象（灾害）监测评估预警关键技术、海洋气象灾害预警预报技术、交通气象观测及精细化预报技术、城镇宜居气候监测评估预警技术。实施野外科学试验计划，开展青藏高原科学试验、季风科学试验、登陆台风外场综合观测试验、雷电野外科学试验、“双碳”背景下大气成分变化综合试验、极地低空过程观测试验、交通气象综合试验。

3. 发挥牵头作用，打造创新合作平台

以国家重点实验室为引领打造创新高地，强化灾害天气国家重点实验室实体建设，进一步聚焦灾害性天气，开展先导性、引领性监测预报新理论、新方法研究。发挥灾害天气国家重点实验室行业科技创新平台作用，集聚部门内外创新人才，扩大开放合作，推进产学研协同攻关。积极建设气科院京外分支机构，推进南京气象科技创新研究院健康发展。面向海洋强国战略需求、面向世界海洋气象科技前沿，推进青岛海洋气象研究院建设，加快推进海洋气象监测预报服务技术研究，支撑中国气象局海洋气象业务能力提升。重组中国气象局高原研究力量，成立高原气象研究院，着力解决高原天气气候影响科学问题，打造高原气象世界一流学科，突破西南地区气象预报关键技术，提升高原地区生态文明建设气象保障能力。强化部门重点实验室开放平台作用，围绕应对气候变化以及深入打好蓝天保卫战等国家重大需求，以国家重点实验室标准打造中国气象局大气化学重点开放实验室，建立碳-14实验系统，支撑国家碳中和行动有效评估体系建设。围绕交通强国建设的总体要求，加强中国气象局交通气象重点开放实验室建设，在交通气象领域形成服务现代化综合交通体系的交叉学科创新平台。推进雷达探测、海洋气象、生态气象、农业气象、量子技术等联合实验室（研究中心）实体化建设，充分发挥学科交叉、部门联合等优势，成为具有国际国内影响力的学科创新平台。围绕科学目标建设野外科学试验基地，统筹优化我院

野外科学试验基地布局，围绕重点学科方向完善或增设试验基地，同时注重联合院外力量共建试验基地，形成科学目标明确、科学试验能力完备的野外科学试验基地群。推进国际国内气象科技合作及平台建设。

4. 强化人才培养及团队建设

创建气象战略人才高地，围绕气象强国建设，梳理重大核心技术研发任务，启动气象战略科学家高地建设计划，明确遴选标准，加强国家战略科技力量建设。发挥气科院和国家重点实验室政策平台优势集聚领军人才，制定人才梯队、科研条件、管理机制配套的特殊政策，赋予领军人才更大技术路线决定权、经费支配权、资源调度权，建立健全责任制和军令状制度，为其围绕气象核心和前沿组织协同攻关创造条件。发挥战略科学家在前沿科学研究布局、基础研究和核心技术攻关组织建设上的引领作用，牵头谋划气象国家实验室，谋划面向地球系统的大科学装置平台和国家科学计划。强化气象科技创新人才梯队建设，围绕重点研究方向，优化人才发现机制、项目团队遴选机制和科技资源匹配机制，建设战略科学家和领军人才牵头、青年骨干英才聚集、具备国际竞争力的科技人才队伍。推进院高层次人才培养计划、优秀青年选拔等工作的实施，对入选培养计划和具有较大潜力的青年人才重点跟踪培养，在重大科技项目中吸纳青年人才担任首席科学家助理和骨干，打造一流科技领军人才和创新团队。推行导师制和通过团队培养的机制，实施“走出去”培养战略；为青年科技人才提供科技资源支持，鼓励创造性地解决科技问题；加大对青年科技人才的激励和引导，稳定支持科研经费和间接费用的绩效部分分配向青年科技人才倾斜；造就高水平的青年科技人才队伍。以实验室和分院建设为抓手，建设吸引和集聚人才的平台。推进研究生院建设，提高研究生培养质量。

5. 加强党的领导，推进科研文化建设

认真贯彻落实新时代党的建设总要求，将学习宣传贯彻习近平新时代中国特色社会主义思想、党的二十大精神和习近平总书记对气象工作重要指示精神作为首要政治任务，不断提升运用党的理论指导气象科技创新改革发展的能力。以党的政治建设为统领，落实意识形态工作责任制；深入推进气科院党组织政治建设、思想建设、组织建设、作风建设、纪律建设和制度建设，为深化改革发展提供坚强的政治保证，推动主体责任全面落实。加强“四强党支部”建设，持续加强党支部标准化规范化建设，围绕中心推进党建与业务深度融合，推动基层党组织全面进步、全面过硬。深化科研文化建设，大力弘扬科学家精神和追求真理、勇攀高峰的创新精神，厚植静心笃志、严谨求实的学术风气，崇尚团结协作、甘为人梯的高尚情怀。完善各类人才服务和联系工作制度，完善科研诚信管理机制，营造潜心研究、追求卓越、风清气正、积极向上的科研环境和学术生态。

6. 完善科技管理和人才激励机制

深化科技体制改革，构建关键核心技术攻关的高效组织体系，强化战略科技力量，鼓励科技领军人才“挂帅出征”，用好科研院所自主权，创新“揭榜挂帅”机制。完善符合科研规律的经费管理办法和风险防控机制，进一步简化科研活动过程管理，保障科研人员科研时间，建立以信任为前提的科技管理和人才使用机制。“破四唯”和“立新标”并举，建立反映创新水平、业务转化应用绩效和实际贡献的科技成果评价机制。推进院高层次人才培养计划和科技创新团队建设办法的实施，继续完善科技创新人才激励机制，加大对优秀人才的激励力度。进一步树立正确的人才评价导向，完善以创新能力、质量和贡献为导向的分类评价指标体系，完善绩效评价机制，更加注重团队目标的完成，合理评价成果产出的质量和效益。坚持开放办院，建立气象部门国家级气象院所协同发展机制，发挥气科院牵头作用。建立年度院所长联席会议、院所综合学术年会交流制度，统筹协调各院所学科布局、重大科研任务部署、国家级创新团队建设、基础条件平台建设。通过联合申请重大科技项目、实施重大科学试验、共建基础条件平台等方式强化协同发展。对于专业优势明显的省级研究所，气科院要加强业务指导并通过实验室平台、项目合作、人员交流的方式进行协同发展。

第3章 北京城市气象研究院改革创新发展报告

北京城市气象研究院（以下简称“城市院”）是国家级科研院所、公益二类事业单位，前身是成立于1974年的北京市气象科学研究所。1999年，中国气象局与北京市人民政府共同组建成立北京城市气象工程技术研究中心，挂靠北京市气象科学研究所。2002年，在国家公益类科研院所改革中，中国气象局北京城市气象研究所组建成立，成为中国气象局所属的八个国家级专业气象研究所之一。2013年被科技部认定为城市气象研究国家国际科技合作基地。2018年10月26日，在中国气象局与北京市人民政府的共同支持与推动下，城市院挂牌成立。

3.1 工作沿革

3.1.1 2002年，起步远航，实现“从无到有”

21世纪初期，伴随着改革开放的蓬勃发展，我国城市化建设日新月异，随之带来了经济财富迅速增值，社会信息爆炸式增长，高科技力量及人类智慧高度集中，各种现实及未来需求不断增加；与此同时，产生的负面影响也不断凸显，城市臃肿、人口高密集、城市下垫面复杂等，使其衍生的气象自然灾害增多和强度更烈。一系列亟须解决的城市气象科学关键技术问题摆在了气象人面前。为此，中国气象局探索性地提出了创新气象科技的发展思路。

2002年，依托前身北京市气象科学研究所和北京城市气象工程技术研究中心，组建了中国气象局北京城市气象研究所，成为专门从事城市气象研究的国家级专业研究所。从此开启了我国城市气象学科领域探索新技术、新方法，科学化、集约化、系统化建设的步伐，为科技创新迅速发展打下良好基础，实现了“从无到有”。

3.1.2 2003—2012年，迅速成长，实现“从有到优”

以前瞻性思维，立足国际前沿，面向国家战略发展需求，构建以探测信息、预测技术、生态环境、气象灾害为研究领域的学科布局，整合科技资源，培养优秀人才，打造梯队团队；改变了过去分散的碎片化研究形式，研究目标更加聚焦、研究成果更加系统。

联合区域内科研业务单位，凝练关键技术，以解决区域共同面临的城市气象科学问题为目标，组织申报国家科技支撑计划重点项目并立项，研究分析了城市群高影响天气的特征和成因；同时，以首都气象业务科技支撑和北京2008年夏季奥运会和残奥会（以下简称“北京夏奥”）为契机，聚焦数值预报和临近预报关键技术，正式规模化打开国际合作交流之门，与国际数值预报领域顶尖研究机构美国国家大气研究中心合作，参加北京2008年国际天气预报示范项目（B08FDP），集中研发建立了北京自动临近预报业务系统（BJ-ANC）、快速更新循环预报系统（BJ-RUC）以及京津冀地基GPS水汽探测与应用、大气成分和气象灾害评估系统，取得了一系列国内领先的优秀科研成果，特别是短时临近客观预报系统成为奥运精细化天气预报业务的核心技术支撑，全面保障了北京夏奥气象服务。

这一阶段，城市气象从学科布局到人才培养、梯队建设以及国际合作交流均初具规模并迅速发展，为下一阶段城市气象“大科技”发展奠定了良好的基础，实现了“从有到优”。

3.1.3　2013—2017年，深入发展，实现“从优到强”

按照中国气象局推进率先基本实现气象现代化试点的指导意见，北京市气象局提出逐步形成构建一个体系、聚焦两个重点、明确三个目标、强化四力驱动、取得五大进展的城市气象“大科技”发展格局（图3.1）。进一步优化学科布局、整合科技资源，扩大研发队伍，明确发展目标，着力在城市边界层模拟、快速更新多尺度数值预报、精细化快速分析与短临预报及业务应用领域拓展思维、深入研究。同时，北京市气象局与北京大学数学科学学院、中国科学院大气物理研究所、北京大数据研究院4家单位联合签署了《共建气象大数据实验室战略合作协议》，通过多种形式开展全面合作，共同构建产学研用协同创新合作体系，实现“优势互补、互惠共赢、共同发展”的战略合作目标。

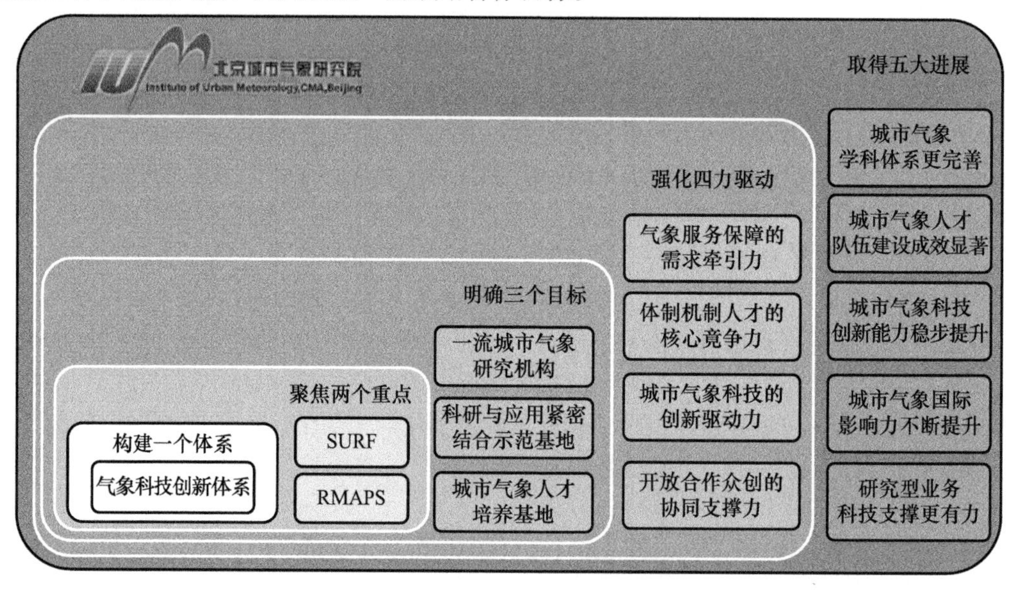

图3.1　城市气象“大科技”发展格局

围绕北京气象现代化建设总体目标及“0～12 h预报准确率提升工程”核心任务，集中力量开展快速更新多尺度分析及预报系统（睿图，RMAPS）的核心关键技术研发，建立了短时临近预报、集成系统、环境模式、城市预报等系统，全面支撑北京气象现代化建设的发展。根据中国气象局“开放、集约、统筹、协同创新发展区数值模式”的总体部署，北京市气象局联合华北、东北、西北地区等有意愿的省（区、市）气象局，组建了14家单位参加的“大北方区域数值模式体系协同创新联盟”。城市院牵头推动区域数值预报模式发展，聚焦资料同化应用、多物理陆面模式、集合预报、大气污染源排放、气溶胶理化特征及预报效果检验评估等核心任务，集中攻关、破解难题。在联盟工作机制的推动下，有效促进资源共享、优势互补，基于区域数值模式（RMAPS）体系技术框架下，共同推进了大北方区域高分辨率数值天气预报和大气环境预报模式的持续发展。

依托国际合作项目，联合美国国家大气研究中心、美国圣何塞州立大学、美国纽约城市大学、英国雷丁大学等以及国内研究机构和高校，开展“城市对降水和雾、霾影响科学试验（SURF）”，在城市强降水和雾、霾机理认识上实现了突破，研发高时空分辨率精细化数值预报系统，提升了降水和雾、霾的预报能力。该项目被纳入世界气象组织（WMO）多个工作组的联合研究示范项目（RDP）。同时，开展“山区复杂地形观测综合气象观测科学试验（MOUNTAOM）”，组织国际专家实地考察延庆小海陀北京冬奥赛区，研讨复杂地形科学问题、观测技术与研究方法，为北京冬奥气象科技提供数据支撑。

2016 年，在中国气象局党组领导、北京市气象局党组指导下，开展深化气象科技体制改革，职工人数由 44 人增加到 66 人。同年 10 月，提出申请成立“北京城市气象研究院”，旨在更加合理调配北京城市气象研究和技术开发的力量，集约科技资源，满足城市发展对气象科技业务服务的需求。这一阶段，学科布局进一步优化、创新能力明显提升、优秀人才不断涌现、人才梯队初步形成、国际合作广泛开展，城市气象学科建设得到深入发展，实现了“从优到强”。

3.1.4　2018—2022 年，引领创新，实现“从强到精”

根据首都重大活动气象服务保障要求高的特点，特别是针对 2022 年冬季奥运会和冬残奥会（以下简称“北京冬奥”）对气象要素精准化预报服务的要求，结合北京城市运行及突发事件应对以及防灾减灾对气象服务定时、定点、定量精准预报的迫切需求，北京市气象局围绕优化城市气象学科布局、扩大研发队伍、加强科研和业务紧密结合的目标，提升气象科技服务于首都“四个中心”和“国际一流和谐宜居之都”、京津冀协同发展国家战略的支撑能力，以推进深化科技体制改革为目标，通过整合全局科技和业务资源，打破研究单位与业务单位“孤岛”运行格局，积极筹备组建“北京城市气象研究院”，在科研与业务紧密结合的体制机制上大胆创新改革。2018 年 10 月，正式获得中国气象局批复成立北京城市气象研究院。北京市气象局高度重视城市院发展。一方面，统筹全局国家气象事业编制，城市院编制由 50 人增至 122 人，占全局事业编制四分之一；另一方面，在全局范围内优化人才结构、统筹配置资源、鼓励政策先行先试、加强基础条件支持，从政策、人力、物力等多方面全方位地支持城市院建设。2020 年 4 月，根据《北京市气象局关于事业单位分类及核定事业编制的通知》（京气函〔2020〕39 号），城市院被定为公益二类事业单位。2020 年 8 月，根据《北京市气象局关于调整北京气象学会秘书处支撑单位的通知》（京气发〔2020〕24 号），北京气象学会秘书处的支撑单位调整为城市院。

以习近平总书记关于气象工作重要指示精神为指引，在北京市气象局党组的领导下，迅速完成机构重组，实现人员到位、资源到位、管理到位、基础设施到位。同时，进一步明确面向世界科技前沿，面向国家政治、经济建设和社会发展需求，面向城镇化和生态文明建设需求，面向人民生命健康和防灾减灾，坚持以提升精细化客观预报预警准确率为目标打造研究型业务，构建高质量气象科技创新体系，围绕前沿关键科技问题开展应用基础研究和应用研究的职责定位，旨在引领城市气象科技创新发展，提升国际影响力，为我国城市化进程中防灾减灾气象保障、有效利用气候资源、首都重大活动气象保障及大城市气象服务保障提供科技支撑，成为国家级城市气象科研与业务紧密结合的示范基地、京津冀城市群气象科技协同创新中心、国家级城市气象研究及人才培养基地。

围绕职责定位及总体发展目标，聚焦城市边界层与环境气象、城市气象精细预报、城市气候与生态发展和成果转化中试等研发领域，着力开展 0 ~ 24 h 预报核心技术研究，全面构建“应用基础研究—模式体系研发—业务应用中试”气象科技创新体系。聚焦超大城市边界层精密观测能力提升，建成“3+N”城市气象研究立体综合观测网；研发建立了中国气象局北京快速更新循环数值预报系统（CMA-BJ），包括短期预报、临近数值预报、集成、化学、城市、云催化分析、集合预报、陆面资料同化、大涡模拟、海洋 10 个子系统；面向北京冬奥实战需求，首次开展冬季多维度气象综合观测试验，自主研发构建“百米级、分钟级”高精度客观天气预报技术体系，有效支撑北京冬奥延庆赛区 10 次赛事日程和残奥会期间 5 次赛事的调整，为实现“全项目参赛”“参赛精彩”提供了有力保障；同时，充分利用首都区位优势，不断完善城市气象学科体系，充分发挥国家级国际科技合作基地作用，聘请国际知名科学家组建“国际科学指导委员会”，成立“城市气象国际联合研究中心”和“气象大数据实验室”，积极申请并获批建立中国气象局城市气象重点开放实验室，入选首批中国气象局重点创新团队。

2022 年 8 月，根据《中共北京市气象局党组关于印发＜北京市国家气象系统事业单位改革试点实施方案＞的通知》（京气党发〔2022〕20 号），城市院在原有职责的基础上，主要增加上甸子大气本底污染监测站的基础业务和日常管理工作。在此基础上，修订机构职能编制规定及章程，调整内设机构为 11 个，包括办公室、北京气象学会秘书处共 2 个管理及服务科室，城市边界层与高影响天气机理研究室、环境气象研究室、短时临近预报研究室、区域数值天气预报研究室、城市气候研究室、城市气候变化与应对研究室、人工智能气象应用研究室、成果转化与应用研究室（成果转化中试基地）、上甸子国家大气本底站共 9 个科研业务科室（图 3.2）。

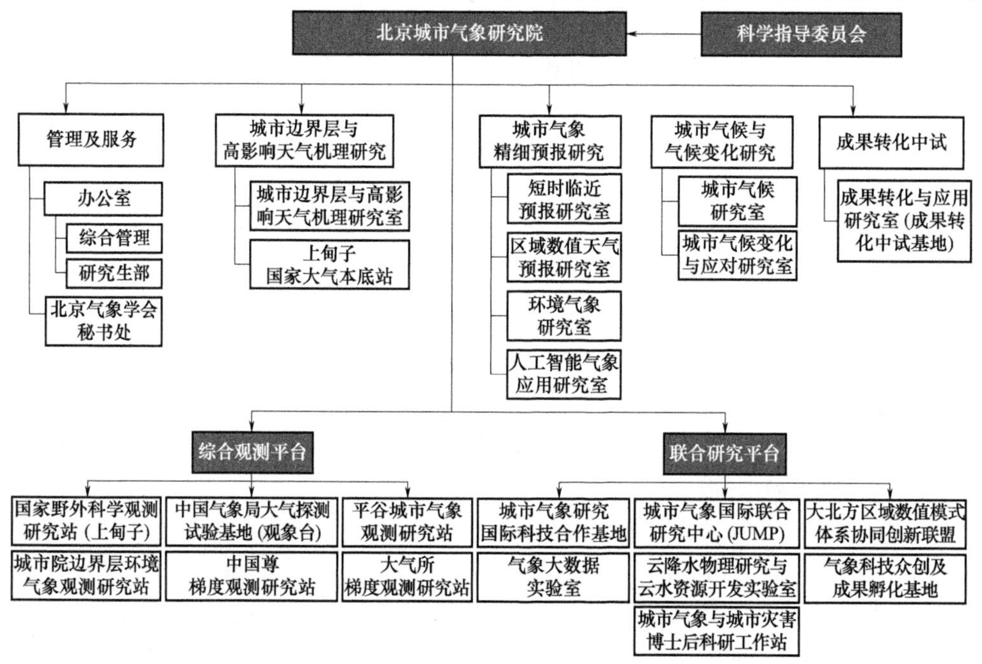

图 3.2　北京城市气象研究院组织架构图（2022 年）

这一阶段，城市院形成具有代表性的优势学科方向，在解决城市发展中的气象科学问题、气象业务服务和重大活动保障核心技术攻关，以及科技人才培养、开放合作交流、创新能力提升、文化氛围营造和党建促科研等方面均取得较好成绩，并引领城市气象科技创新高质量发展，实现了“从强到精”。

3.2　改革成效

3.2.1　科技创新成果与应用

经过多年的发展，特别是党的十八大以来，城市院在观测系统建设、观测试验及边界层机理研究、精细预报研究、城市气候等领域取得了长足的发展，涌现出了一批科技成果，并在业务应用及重大活动服务保障中得到有效应用，国际影响力显著提升。

1. 研究领域及成果

（1）观测试验及边界层机理研究

改革 20 年来，城市院以提高城市发展和运行气象服务能力为目标，以城市化与气候变化、城市湍流边界层研究、城市空气质量研究等为切入点，通过组织各类型大气科学观测试验，承担科技部重点项目、北京市科技计划重大项目、国家自然科学基金项目等多项省部级以上科技项目，在观测试验及城市边界层气象研究方面取得大量科技成果。

2002—2008 年，研发京津冀地基 GPS/MET 业务实时监测与应用平台，依托平台开展一系列科学试验，成功开展了城市地区水平对流涡旋结构特征、城市化对边界层结构三维影响及对夏季降水影响的高分辨精细模拟分析，研究成果应用于北京夏奥气象服务中，并对城市规划方案的制定和优化起到促进作用。同时，通过与美国国家大气研究中心合作，在 WRF/UCM 中加入了人为热源模拟方案，并在 3.0 版本中向全球发布。

2015 年，聚焦城市强降水、雾、霾等高影响天气以及 RMAPS 模式体系发展对城市气象观测的需求，组织国内多家单位开展了城市（群）气象观测系统适应性分析和布局方法研究。同年，联合多个国家的科研机构和高校，牵头开展了京津冀城市（群）对降水及雾、霾影响观测试验（SURF），共同开展城市观测及资料分析，获得了大量观测资料，为深入开展城市边界层和高影响天气研究以及 RMAPS 模式体系建设提供了重要的基础数据，逐步深入对边界层过程的研究。发展了城市近地层湍流相似“曲棍球理论”（HOST），阐释了城市近地面层湍流变化特征。该理论较莫宁奥布霍夫相似理论（MOST）能够更好地阐释北京城市近地面层湍流变化特征。开展城市边界层特征观测分析，基于高分辨多普勒激光雷达和 325 m 气象铁塔的观测资料，研究了北京夏季城市边界层结构的演变特征，提出了一种基于雷达风场观测的边界层高度估算的新方法（图 3.3）。

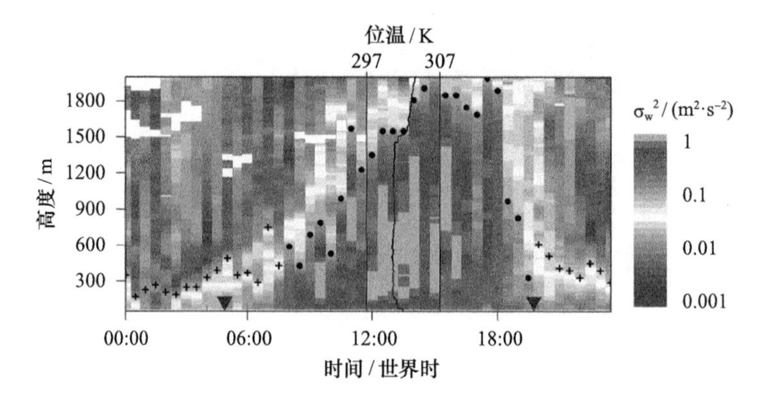

图 3.3　多普勒激光雷达 30 min 平均的垂直速度方差（2015 年 7 月 6 日）（实心圆点表示利用阈值法估算的对流边界层高度，加号表示利用比例法估算的夜间边界层高度，廓线表示利用南郊站 14 时的探空资料计算得到的位温，倒三角表示当天日出日落时间）

2018 年以后，依托“科技冬奥”国家重点研发计划项目，为提升山地气象要素预报精准度，城市院建成了冬奥海陀山三维气象观测站网，并开展中纬度山区复杂地形下多尺度冬季观测试验，获得了对张家口赛区和延庆赛区各赛场小尺度关键气象特征和影响机制的新认识，为冬奥气象精准预报和精细服务提供了重要科学依据和数据支撑（表 3.1）。

表 3.1　组织开展的城市大气科学观测试验

时间	观测试验名称	研究目的
2007—2009 年	北京城郊界层臭氧垂直分布观测试验	了解城郊边界层臭氧垂直分布特征及其与边界层结构的关系，研究臭氧的垂直和水平输送过程
2009 年 4 月—2010 年 1 月	京津冀城市（群）和区域本底气溶胶及其组分观测试验	获取京津冀重点城市气溶胶 $PM_{2.5}$ 浓度及组分以及 SO_2、O_3、NO_x 浓度等，研究不同城市和代表地区气溶胶成分特征及影响因素
2009—2010 年	环北京夏季暴雨适应性外场观测试验	建立环北京暴雨的适应性观测系统，改进暴雨预报
2009—2011 年	京津城市通量观测试验	获取京津城市群不同下垫面通量观测，研究近地层通量输送交换、辐射能量平衡以及改进城市复杂下垫面边界层参数
2010 年 7—8 月	京津冀城市（群）边界层综合观测试验	研究京津冀城市群复杂下垫面边界层结构、山谷风环流、热岛环流和海陆风环流的主要特征以及它们对城市高影响天气过程的影响机制
2010—2011 年	北京朝阳中央商务区热环境观测试验	获取更高分辨率的北京城市热环境状况

续表

时间	观测试验名称	研究目的
2011 年 6 月	北京城郊臭氧及前体物加密观测试验	对城郊不同地区开展同步的臭氧及 VOCs、NO_x、NO_y 等前体物浓度观测，研究臭氧城郊化学生成机制以及城市化的影响
2012—2013 年	臭氧污染的垂直观测试验	为研究边界层内臭氧分布以及与边界层结构的演变过程，利用系留艇悬挂臭氧分析仪和气象传感器及移动观测设备，开展了臭氧垂直观测试验
2013 年 8—9 月	雾和霾的大气环境综合观测试验	获得雾和霾天气条件下气溶胶的粒度谱分布及其前体物的垂直特征，在北京和河北进行了大气环境综合观测试验，并开展城市雾、霾过程的边界层特征观测研究，北京城市细粒子及前体物三维立体特征分析，北京细粒子理化特征研究
2015—2018 年	城市对降水及雾、霾影响观测试验	针对复杂地形环境下的城市降水和雾、霾过程开展观测试验，旨在改进城市精细数值模式，提高降水和雾、霾监测和预报能力
2019—2022 年	海陀山冬奥气象综合观测试验	多尺度、多要素、多手段、三维立体实时综合观测，获取三维精细化气象场结构，揭示冬奥赛事高影响气象要素特征，发展变化规律，凝练关键指示因子和预报指标

（2）以睿图模式为核心的精细预报研究

以提升 0 ~ 24 h 精细化客观预报预警准确率为目标，从 2002 年开始，通过与美国国家大气研究中心开展持续深度合作，研发建立了自动临近预报业务系统（BJ-ANC）及快速更新循环预报系统（BJ-RUC）。之后 10 年的时间里，在原有科研开发工作的基础上，重点推进短时数值预报子系统（RMAPS-ST）、临近数值预报子系统（RMAPS-NOW）、城市数值预报子系统（RMAPS-Urban）、客观预报集成子系统（RMAPS-IN）、空气质量数值预报子系统（RMAPS-AQ）五部分关键技术的集体攻关研发，取得了一系列关键技术的突破（图 3.4）。

2013 年，筹划研发睿图模式体系（RMAPS），包括短期、临近、集成、化学、城市、云催化互相支撑密切关联的六大子系统，为京津冀区域提供 10 min 更新、1 km 分辨率、考虑城市陆面和气溶胶等影响的多物理过程的快速更新网格化数据产品。经过多年的发展，睿图模式体系逐渐壮大并不断丰富，已形成多模式、多产品、集研究和业务应用为一体的系统化发展模式。

2016 年起，按照中国气象局聚焦区域共性关键技术、搭建区域协同创新团队、组织联合攻关、提升区域创新整体效能的总体部署，联合天津、河北、山西、内蒙古、辽宁、吉林、黑龙江、山东、河南、陕西、甘肃、青海、宁夏、新疆等省（自治区、直辖市）气象局，按照“联合研发、资源互补、成果共享、共同发展”的原则，共同组建“大北方区域数值模式体系协同创新联盟”，以推动各方技术创新和成果应用，推动我国区域数值预报技术应用，为灾害性天气短临预报和智能网格预报业务提供支撑。

2017 年 5 月，睿图模式体系 v1.0（睿图 - 短期、睿图 -IN、睿图 - 化学）在中国气象局业务准入，2021 年 6 月，睿图模式体系 v2.0（睿图 - 短期、睿图 - 睿思、睿图 - 化学）在中国气象局的业务准入，可提供 0~24 h 无缝隙、10 min 更新、1 km 分辨率网格化客观分析和预报产品。睿图模式体系的一系列业务预报产品广泛应用于京津冀地区短临天气预报预警业务服务、空气质量天气条件预报服务，为城市安全运行、防范灾害性天气政府决策指挥调度提供了高频精准的数据支撑；在“一带一路”国际合作高峰论坛、北京世界园艺博览会、中华人民共和国成立 70 周年、中国共产党成立 100 周年、北京 2022 年冬奥会和冬残奥会等一系列国家重大活动和赛事的气象服务保障中发挥重要的核心科技支撑作用。

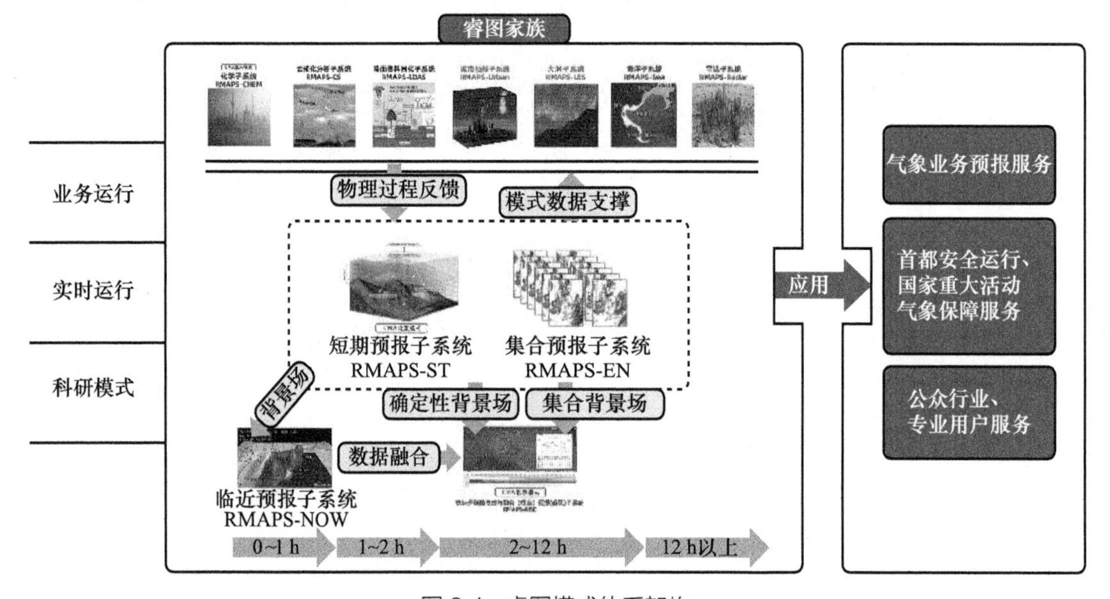

图 3.4 睿图模式体系架构

2021 年 9 月，根据《中国气象局办公室关于规范数值预报业务模式统一命名及相关工作的通知》（气办函〔2021〕171 号），RMAPS 正式更名为 CMA 北京模式（CMA-BJ）。同时，城市院积极落实、深度参与数值预报研发工作，加快开展 CMA 模式改进研发，应用本地高频多源资料开展 CMA 本地化，强化 CMA 模式系统解释应用能力，以提高首都灾害性天气数值模式精准预报能力。

（3）城市气候与生态发展研究

2002 年改革之初，围绕城市变化、城市气象要素变化与生态环境的相互作用及对城市人类活动的影响等开展科学研究。改革以来，紧跟国家和社会发展需要，在城市气候基础研究、城市化对气候影响、城市能源利用、气候资源开发以及城市宜居建设等方面开展深入的研究，研究成果应用于城市节能减排、城市规划建设等领域。

1）城市气候研究

城市气候精细空间分布特征观测分析。采用高分辨观测资料，揭示了北京城市粗糙下垫面对近地面温压湿风及降水产生的显著影响，形成了异于周围郊区的城市气候特征，分析城市热岛效应、城市干岛效应及“城市雨岛”现象等。

城市气候图系统构建方法研究。建立了集基于 GIS 的城市形态和城市气候功能分析、基于加密观测和精细数值模拟的城市气候现状分析于一体的城市气候图系统构建方法。以北京为示范案例，建立了城市气候图系统，将城市气候信息应用于北京可持续发展和生态城市建设。

京津冀城市群未来发展情景气候效应模拟。依据城市发展经典理论，设计了串珠式发展、集中式发展、均衡式发展和等级发育等 4 种京津冀城市群未来发展情景（图 3.5）。应用包含城市冠层模式的 WRF 模式，基于 Landsat TM 卫星提取的高分辨率下垫面数据集对京津冀地区 2008 年夏季进行了高分辨数值模拟试验，分析了京津冀城市群不同发展情景的气候效应及其差异。

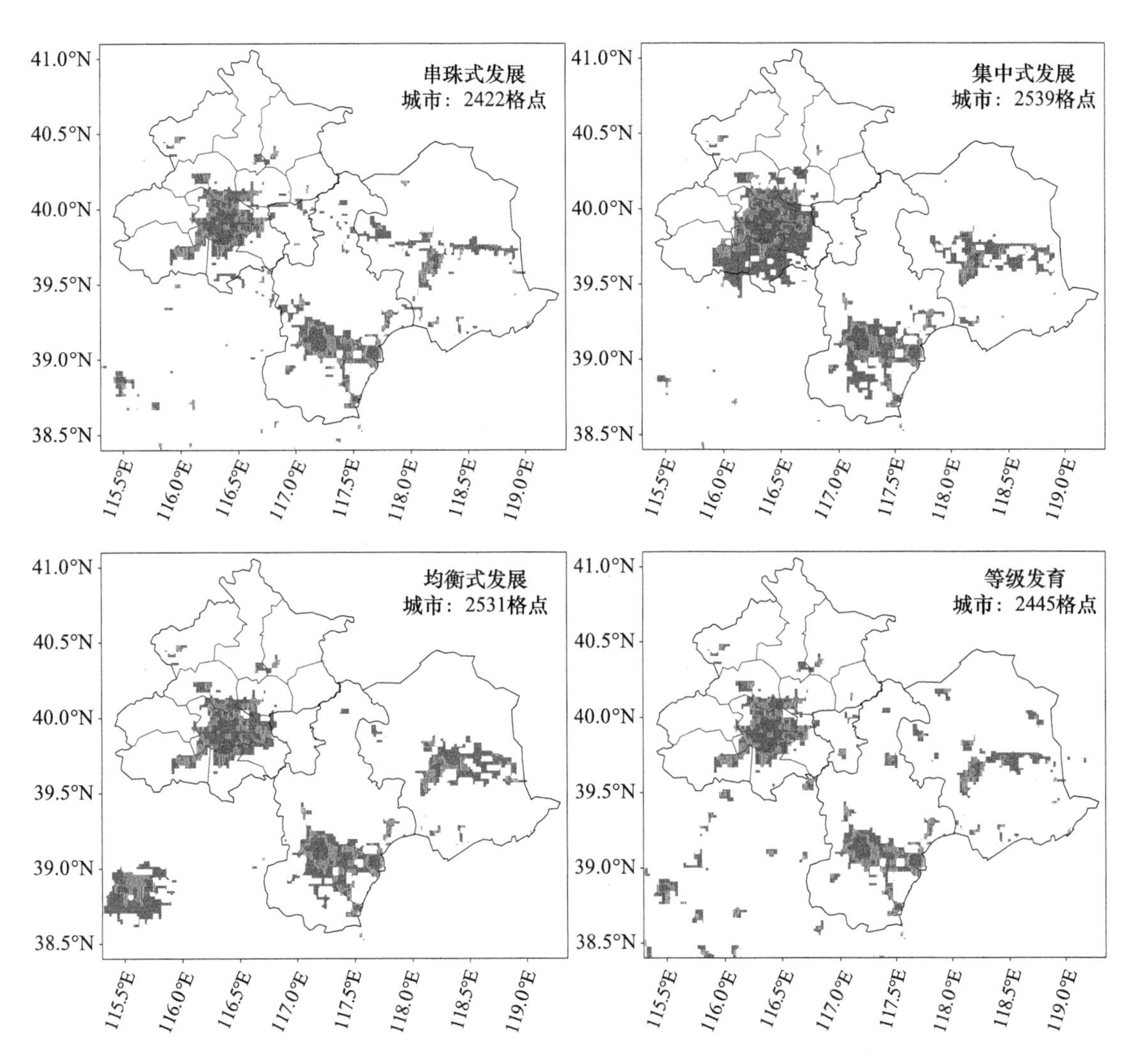

图 3.5　京津冀城市群 4 种未来发展情景

2）城市气候变化与应对研究

北京地区气候变化特征及城市化影响研究。分析了近 40 年来风场变形误差及其对北京地区降水影响，北京地区夏季极端降水事件时空变化特征及城市化影响等（图 3.6）。研究表明，在城市化发展不同阶段极端降水强度及频数均有不同的分布形态，城市化对城市不同区域极端降水影响不一样，城市对极端降水的影响还与天气过程强度有关。

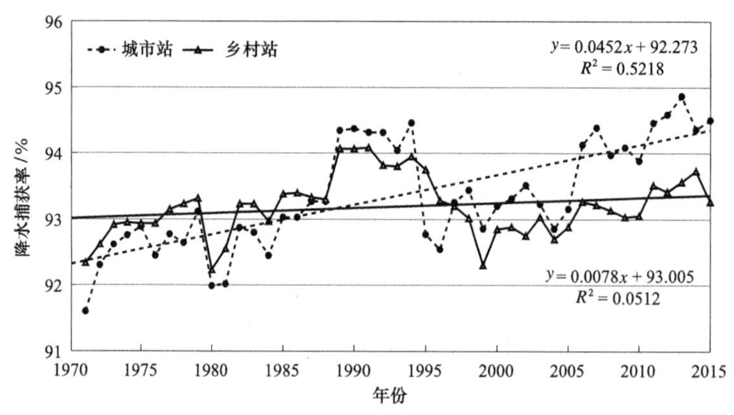

图 3.6　北京地区降水量捕获率年际变化及城乡差异

城市暴雨灾害快速风险评估及风险预警模型研究。在暴雨灾害风险评估模型开发应用基础上，结合暴雨致灾因子强度、孕灾环境敏感性、风险暴露因子等风险因子，对暴雨灾害进行快速风险评估及风险预警。评估结果可用于决策分析及灾情判别，指导灾害应急处置及灾前防御工作。

气象与人体健康研究，揭示了国务院《大气污染防治行动计划》(以下简称《大气十条》) 减排措施的实施对居民与 $PM_{2.5}$ 短期健康效应的影响。研究表明：减排后，$PM_{2.5}$ 每升高 10 μg/m³ 引起的呼吸系统疾病的超额死亡风险由减排前的 0.56%(95% CI：0.40% ~ 0.73%) 下降至减排后的 0.43%(95% CI：0.23% ~ 0.63%)，循环系统疾病的超额死亡风险由减排前的 0.44%(95% CI：0.37% ~ 0.52%) 下降至减排后的 0.29%(95% CI：0.19% ~ 0.39%)。不同性别人群的死亡风险也有所下降。

2. 科技成果产出

(1) 科技项目及奖励

围绕城市边界层与大气环境、城市精细预报、城市气候与生态等重点研究领域，城市气象科技创新能力和产出成效显著。改革 20 年来，特别是党的十八大前后，省部级以上科研经费分别达 7590 万元、20537 万元，2017—2021 年高达 13867 万元 (图 3.7)；省部级以上科研项目分别为 120 项、181 项，2017—2021 年达 118 项 (图 3.8)；获省部级以上科研奖励分别为 11 项。

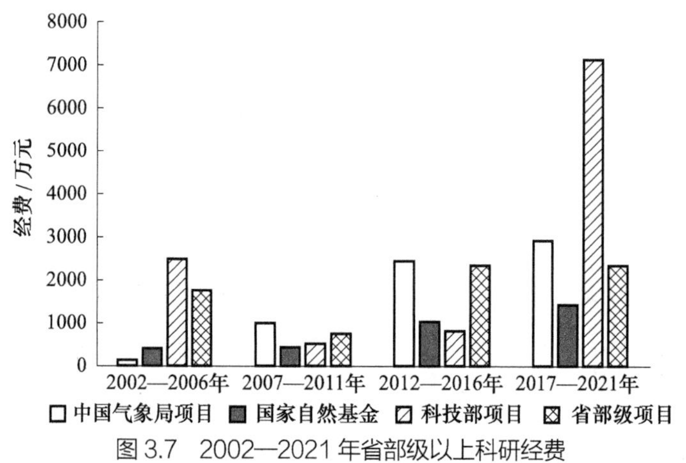

图 3.7　2002—2021 年省部级以上科研经费

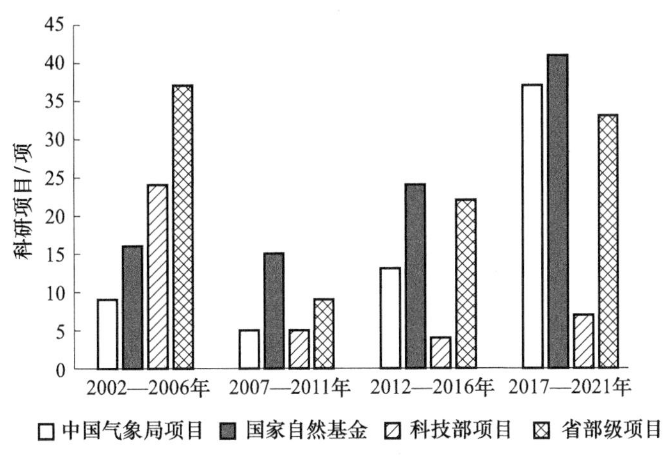

图 3.8　2002—2021 年省部级以上科研项目

（2）科技论文及发明专利、软件专著

2002 年以来，发表论文数量和质量持续增长，从初期每年 20 余篇，到目前每年 100 余篇论文，且 SCI 高水平论文持续增加（图 3.9）。1 篇论文入选“领跑者 5000——中国精品科技期刊顶尖学术论文（F5000）”，10 篇论文入选“2019 年自然指数（Nature Index）”，1 篇论文入选 2019 年欧洲地球科学联盟亮点成果；2 篇论文登上国际高水平期刊封面文章。18 篇论文获得省部级以上优秀奖励。同时，主编和参与编写并发行专著 6 部。获国家发明专利授权 10 项、软件著作权 20 余项。

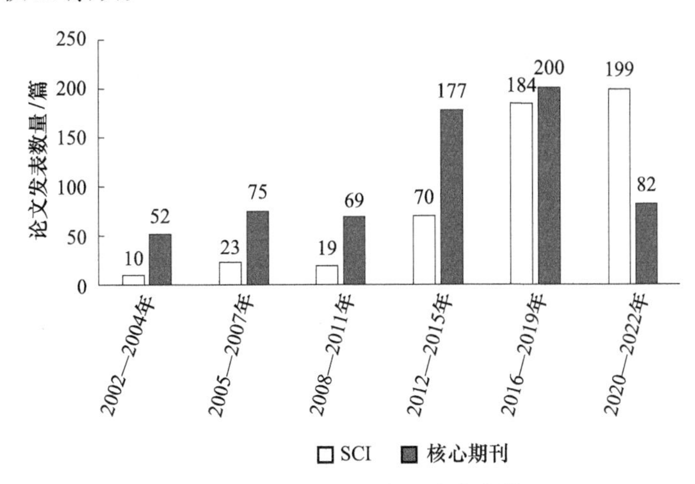

图 3.9　2002—2022 年论文发表情况

3.2.2　人才团队与条件平台建设

1. 人才队伍建设

按照“着力培养现有人才、积极引进高层次人才、充分吸纳流动人才”的人才战略，不断完善建设人才队伍制度体系。特别是党的十八大以来，通过深化科技体制改革，科研人员蕴藏的创新潜能得以释放，人才队伍整体面貌发生结构性变化，建成学科带头人负责、中青年科技人员为主的梯队式人才团队。坚持用制度建设推动人才队伍建设，不断优化激励机制及岗位考核体系。在认真解读国家、地方政府和行业的人才引进与培养政策的基础上，进一步探索和建立适应人才竞争的环境和考核评价激励机制，不拘一格选拔真才实学的创新人才，努力营造多劳多得、优绩优得的人才绩效考评体系；打破职称界限，实施动态竞争上岗制度，实现岗位能上能下、待遇能高能低，促进了优秀人才脱颖而出。

人才队伍建设实现量质齐升，人员编制从 50 人扩充到 122 人。2002 年，人员配备 32 人，编制 50 人，2016 年，在中国气象局党组领导、北京市气象局党组指导下，开展深化气象科技体制改革，人员增至 66 人。2018 年 10 月，正式获得中国气象局批复成立城市院，编制由 50 人增至 122 人。同时，人才队伍建设在数量和质量上均得到很大提升（图 3.10）。

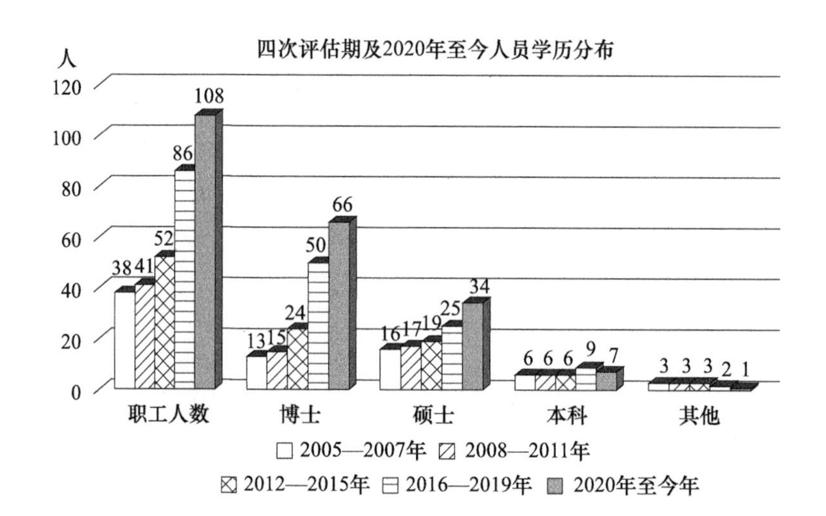

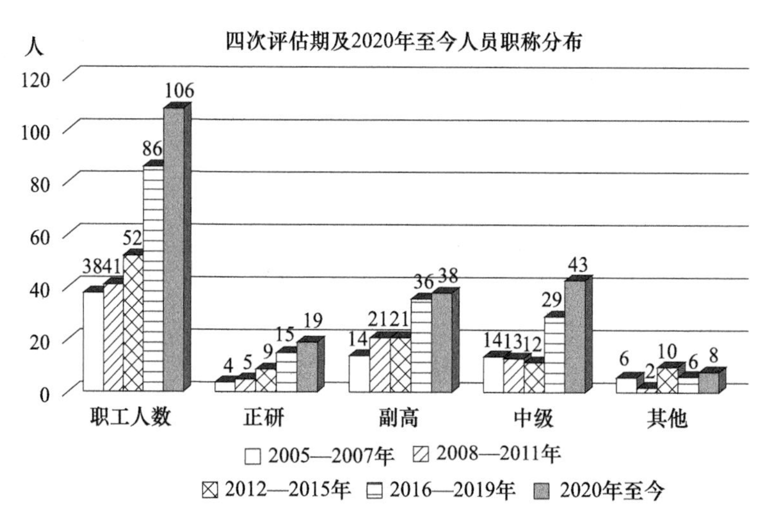

图 3.10　2005—2022 年城市院人员职称及学历分布

借脑引智，聚焦城市气象科技关键技术研发。依托国际科技合作基地，引进国际高水平专家指导科学研究。2002 年，聘请美国大学大气研究联合会（UCAR）郭英华博士担任名誉所长。2018 年，为提升城市院学科影响力和国际合作能力，成立科学指导委员会，聘任 13 位国际知名气象科学家担任委员（表 3.2），发挥各自优势，共同为城市院科学发展战略、发展目标、优先发展方向等建言献策。2021 年，全职引进国际数值预报资深科学家黄向宇博士。通过项目合作、定期访问等形式，先后引进国际资深专家 20 人担任创新团队指导科学家，为科研项目攻关提供技术咨询。

表 3.2　北京城市气象研究院科学指导委员会委员名单

职务	姓名	单位	研究方向
主任委员	陈德亮	瑞典哥德堡大学，中国科学院外籍院士，瑞典皇家科学院院士	气候
委员	Alexander BAKLANOV	世界气象组织，欧洲科学院院士	大气环境
	Robert(Bob) BORNSTEIN	美国圣何塞州立大学，教授	城市气象
	方创琳	中国科学院地理科学与资源研究所，国际欧亚科学院院士	城市地理
	Christine Susan GRIMMOND	英国雷丁大学，教授	城市气象
	Song-You HONG	韩国大气预报系统研究所，研究员	数值天气预报
	Øystein HOV	世界气象组织，教授	大气环境，气候
	郭英华	美国大学大气研究联合会，研究员	气象
	罗勇	清华大学，教授	气候
	叶谦	北京师范大学，教授	自然灾害
	张平文	北京大学，中国科学院院士，发展中国家科学院院士	数学
	张小曳	中国气象科学研究院，中国工程院院士	大气环境
	周天军	中国科学院大气物理研究所，研究员	气候

设立流动岗首席研究员，带动青年人才成长。为促进人才队伍建设，建立“开放、流动、竞争、协作”的人才使用、培养和激励机制，聘请北京市气象局业务单位正研级高级工程师 6 人为流动岗首席研究员。致力于在跨部门团队建设的基础上，开展城市气象关键领域研究，积极促进科研与业务的融合，为研究型业务高质量发展奠定了基础。

加强科技领军人才培养和人才队伍建设，有效支撑国际前沿核心技术研发。基于“人才 + 团队 + 领域”的发展模式，依托科研项目、留学计划等资助，选派具有突出业绩和发展潜力的优秀青年科研骨干到国外著名科研机构或高校进行中长期访问交流；依托国家、部门及社会上享有较高声誉的各类人才计划，不断优化人才选拔和评价方式，积极推荐骨干人才申报科研项目和各级科技奖励，激发科研骨干向科技领军人才发展的积极性。改革至今，1 人聘为美国气象学会城市环境委员会委员，担任 WMO 世界天气研究计划科学指导委员会委员；入选省部级人才计划 13 人次；研究员 / 正研级高工 21

人。承担中国气象局创新团队 1 个、北京市气象局创新团队 3 个、华北区域数值模式研发团队 1 个。

加强青年人才培养，为青年科研人员提供机会承担具有挑战性的工作。依托基本科研业务专项经费，设立青年人才基金项目，资助青年人才 60 余人次开展基础研究和应用研究；为高水平科技骨干 20 余人次配备国内外专家“一对一指导”，为优秀青年科技人员 30 余人次配备首席专家帮助其把握研究方向、掌握技术方法，指导开展研究工作。

重视研究生后备人才培养，鼓励研究员参加高校和科研机构研究生指导教师遴选。作为城市气象科技人才培养基地，城市院承担着后备人才培养的重任。依托中国气象科学研究院自主招收培养研究生，联合北京大学、北京师范大学、南京信息工程大学、成都信息工程大学、中国海洋大学以及中国科学院大气物理研究所等机构合作培养研究生（图 3.11）。党的十八大以来，1 人获中国气象科学研究院博士研究生导师资格，4 人获中国气象科学研究院硕士研究生导师资格。培养博士研究生 21 人，硕士研究生 85 人。博士后科研工作站培养研究人才 13 人。

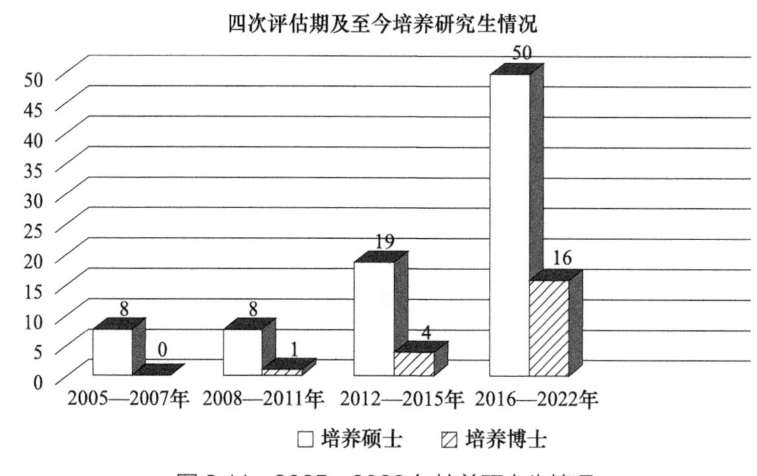

图 3.11　2005—2022 年培养研究生情况

2. 条件平台建设

（1）城市气象观测网络初具规模

2006 年以来，在中央级科学事业单位修缮购置专项的支持下，结合城市气象关键技术研究，建成了覆盖京津城市复杂下垫面的陆气通量观测网络，获取了大量珍贵的城市能量平衡观测、通量以及气象要素观测数据。城市大气水汽探测能力得到加强，为北京夏季天气预报提供上游地区早期的监测数据，并为数值天气预报模式提供重要的地面气象观测和水汽探测数据。城市雾、霾，颗粒物和气溶胶监测能力得到提高，开展了“环境气象综合观测能力系统建设”，加强了气溶胶化学组分、吸湿增长特性以及大气光化学领域观测能力建设。城市边界层结构连续监测网络初具规模，有效加强了城市近地面层湍流、梯度气象要素、城市降水微物理过程的观测能力，为相关科学研究和业务提供关键数据。科研办公和观测试验基地条件得到改善，完成了科研平台、地基 GPS（全球定位系统）水汽和通量观测基地等基础设施改造。

（2）建成“3+N”城市气象研究立体综合观测网

自党的十八大以来，为解决制约城市气象科技发展的关键技术瓶颈问题，满足国家发展战略需求和气象现代化业务系统建设需求，整合已有的科研基础条件，着力聚焦超大城市边界层精密观测能力提升，建成“3+N”城市气象研究立体综合观测网（图 3.12，图 3.13）。以城市院气象综合观测、中国尊梯度观测、平谷城市气象观测为 3 个核心超级观测站加上 N 个观测站：主要包括业务观测站网、中国科学院大气物理研究所 325 m 铁塔观测站（以下简称大气所铁塔）、中国气象局大气探测试验基地（观象台）、上甸子国家野外科学观测研究站以及北京人影飞机探测等多种观测，形成了空间到几千米、时间到几秒的“3+N”超大城市气象立体综合观测网。

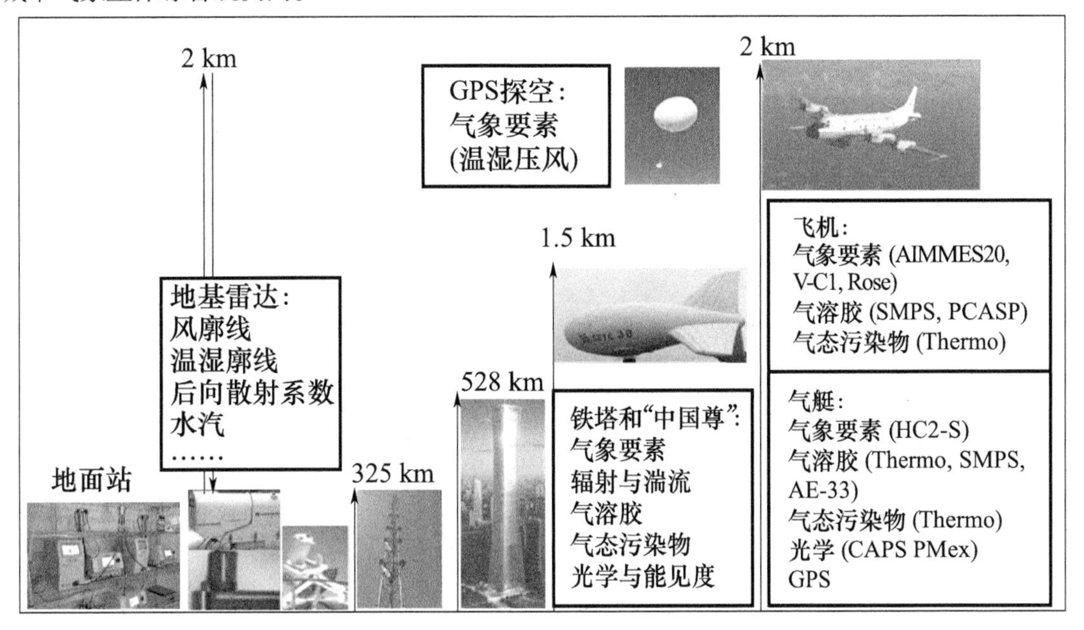

图 3.12 城市气象立体综合观测格局

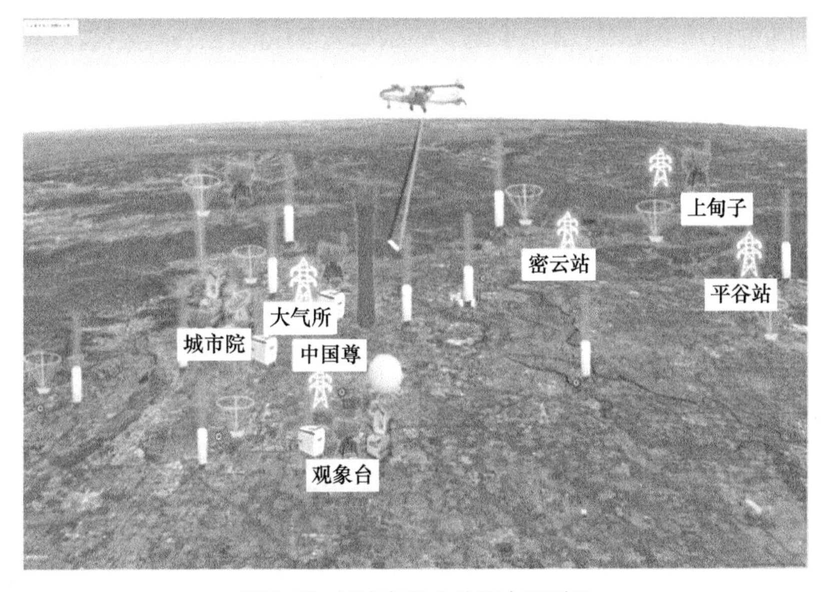

图 3.13 城市气象立体综合观测网

抓住冬奥契机，建成山地复杂地形三维气象观测网。以“科技冬奥”国家重点研发计划重点专项为契机，以提升山地气象要素预报精准度为目标，建成冬奥海陀山三维气象观测站网（图3.14），具备覆盖山谷和赛道尺度的观测能力。通过开展观测试验，认识不同天气过程下气象要素时空变化特征与影响机制，尤其是影响赛事的高影响天气，如大风、低云和雾导致的低能见度、降雪和赛道雪面温度等要素，为赛事精细化气象要素预报和高分辨率数值模式改进提供基础数据支撑。

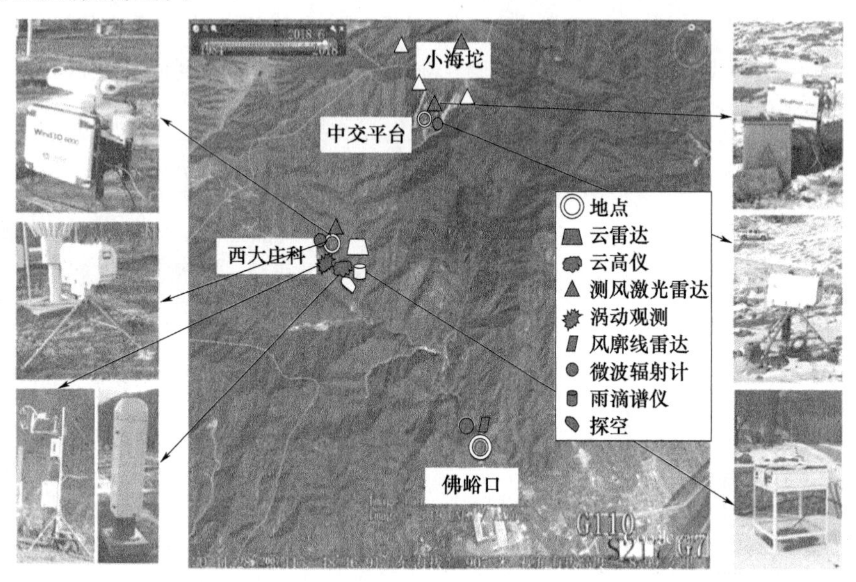

图3.14　冬奥海陀山气象三维立体综合观测站网

完善科研仪器共享机制，建成设备数据共享管理平台。落实《国务院关于国家重大科研基础设施和大型科研仪器社会开放的意见》（国发〔2014〕70号），以优化资源配置、完善管理机制、增强科技创新能力、提高科研基础设施与仪器设备的利用效率为重点，组织编制并印发了相关管理办法，组织完成城市院仪器设备在线共享服务系统建设，积极推进科研基础设施与仪器和科学数据的使用效率。目前，包括曙光高性能计算机、多普勒测风激光雷达、气溶胶激光剖面仪、L波段边界层风廓线雷达等53套仪器设备纳入国家网络管理平台，向社会公开科研设施与仪器开放制度及实施情况等信息。同时，在保障本单位科研业务需求的基础上，将相关设备对中国科学院大气物理研究所等单位开发共享。

3.2.3　科研管理机制与开放合作

1. 规章制度

完善机制、强化激励、规范管理，保障高效发展。改革初期，便重视制度化管理，建立人员聘用、绩效奖励、开放交流、理事会管理制度、职工代表大会制度等管理制度。随着城市气象科技体制改革的不断深入，基于国家、地方政府和行业出台的各项政策，逐步建立规范化的科研管理制度、激发内生动力的人才评价制度、强化业务支撑的科技成果激励机制和保障城市气象科技运行发展的综合管理体系，为城市气象科技深入发展提供制度保障（表3.3）。

表 3.3　北京城市气象研究院 2022 年章程和管理办法清单（46 项）

类别	办法名称		文号
1. 章程	1.1	北京城市气象研究院章程（修订）	京城气院函〔2020〕17 号
2. 议事规则	2.1	北京城市气象研究院工作规则	京城气院发〔2020〕17 号
	2.2	北京城市气象研究院“三重一大”事项决策制度实施办法	京城气院〔2021〕17 号
3. 党建党务	3.1	北京城市气象研究院党支部会议记录规范（试行）	京气研党发〔2020〕1 号
	3.2	北京城市气象研究院党支部纪检工作联系会议制度（试行）	京气研党发〔2021〕1 号
	3.3	北京城市气象研究院党支部纪检组织监督工作执行细则（试行）	京气研党发〔2021〕2 号
	3.4	北京城市气象研究院党支部联系群众、服务群众实施办法	京气研党发〔2021〕3 号
	3.5	北京城市气象研究院党支部谈心谈话制度（试行）	京气研党发〔2021〕4 号
	3.6	北京城市气象研究院党支部落实意识形态工作责任制实施细则	京气研党发〔2021〕5 号
4. 人才与激励	4.1	北京城市气象研究院岗位级数确定及调整办法（试行）	京城气院〔2019〕2 号
	4.2	北京城市气象研究院收入分配管理办法	京城气院〔2020〕2 号
	4.3	北京城市气象研究院岗位考核办法	京城气院〔2022〕3 号
	4.4	北京城市气象研究院导师津贴发放管理办法（试行）	京城气院〔2019〕7 号
	4.5	北京城市气象研究院流动岗位人员聘任及管理办法（试行）	京城气院〔2019〕17 号
	4.6	北京城市气象研究院外国专家管理办法（修订）	京城气院〔2022〕10 号
	4.7	北京城市气象研究院聘用人员管理办法（试行）	京城气院〔2019〕26 号
	4.8	北京城市气象研究院高层次人才协议工资实施办法（试行）	京城气院〔2020〕12 号
	4.9	北京城市气象研究院科技成果奖励管理办法	京城气院〔2022〕12 号
	4.10	北京城市气象研究院创新成果和突出贡献激励实施细则	京城气院〔2022〕13 号
	4.11	北京城市气象研究院工会会员评选激励实施办法（试行）	京城气院〔2021〕16 号
	4.12	北京城市气象研究院规范奖励性补贴考核办法	京城气院〔2021〕21 号
	4.13	北京城市气象研究院培训管理办法（试行）	京城气院〔2021〕15 号
	4.14	北京城市气象研究院研究生管理办法（试行）	京城气院〔2022〕17 号

续表

类别	办法名称		文号
5. 科研项目管理	5.1	北京城市气象研究院科研项目经费管理办法	京城气院〔2022〕7号
	5.2	北京城市气象研究院科研项目（课题）结余经费使用实施细则（试行）	京城气院〔2019〕22号
	5.3	北京城市气象研究院横向课题经费管理办法	京城气院〔2022〕5号
	5.4	北京城市气象研究院国家重点研发计划项目管理办法	京城气院〔2022〕9号
	5.5	北京城市气象研究院改革专项资金管理办法（试行）	京城气院〔2019〕13号
	5.6	北京城市气象研究院基本科研业务费专项资金实施细则（修订）	京城气院〔2022〕6号
	5.7	北京城市气象研究院改善科研条件专项资金实施细则（试行）	京城气院〔2021〕22号
	5.8	北京城市气象研究院科研经费包干制管理办法（试行）	京城气院〔2022〕8号
6. 成果转化	6.1	北京城市气象研究院科技成果转化管理办法	京城气院〔2022〕4号
7. 仪器与资料	7.1	北京城市气象研究院科学仪器设备管理细则	京城气院〔2021〕11号
	7.2	北京城市气象研究院科研资料管理办法（试行）	京城气院〔2019〕25号
	7.3	北京城市气象研究院科研仪器设备和观测数据共享及技术服务收费实施细则	京城气院〔2022〕16号
8. 财务管理	8.1	北京城市气象研究院会议费管理办法（试行）	京城气院〔2019〕11号
	8.2	北京城市气象研究院劳务费管理办法（试行）	京城气院〔2019〕15号
	8.3	北京城市气象研究院专家咨询费管理办法（试行）	京城气院〔2022〕11号
	8.4	北京城市气象研究院差旅费管理办法（修订）	京城气院〔2022〕20号
	8.5	北京城市气象研究院采购管理说明	京城气院〔2019〕24号
	8.6	北京城市气象研究院合同管理办法	京城气院〔2022〕14号
	8.7	北京城市气象研究院招投标管理办法（试行）	京城气院〔2022〕15号

续表

类别	办法名称		文号
9. 办公管理	9.1	北京城市气象研究院业务行政值班及加班管理办法（试行）	京城气院〔2019〕19 号
	9.2	北京城市气象研究院公车管理办法	京城气院〔2022〕19 号
	9.3	北京城市气象研究院办公环境卫生及安全管理细则（试行）	京城气院〔2022〕18 号
	9.4	北京城市气象研究院公务接待及非公务接待用餐管理实施细则（试行）	京城气院〔2022〕21 号

2. 开放合作

院所改革之初，根据学科定位、发展特点、科研业务支撑需求，确立了“以我为主，为我所用”“开放合作，协同创新”的开放合作发展战略。

20 年来，在国际合作方面，围绕首都经济发展和城市化发展面临的急需解决的城市气象关键技术问题，充分利用国际学术资源，积极开展高水平的国际合作研究。鼓励科研人员积极参与国际交流活动，加强对国际先进科学技术的系统性学习。先后建立“城市气象研究—北京市国际科技合作基地”“城市气象研究—国家国际科技合作基地”“城市气象国际联合研究中心（JUMP）”等国际交流与合作平台。同时，为充分利用国际前沿高水平科技力量，基于与国际高水平研究单位和专家的合作基础，与国外高校和科研院所签署合作备忘录，将科学家间的零散合作巩固为双方单位间的长效合作。

在国内合作交流方面，发挥区位优势，与部门内外、科研院所及高校合作，推进数值预报、数据质控及同化技术、高影响天气预报等核心技术的联合攻关，并在城市问题、科技发展、数据共享、人才培养等方面开展深度合作。着力建立优势领域协同创新联盟机制，牵头组织建立“大北方区域数值模式研发协同创新联盟”，同时深度融合产学研搭建科技成果转化平台（图 3.15）。2018 年与北京大学数学科学学院、中科院大气物理研究所、北京大数据研究院签署合作协议，共建气象大数据实验室，充分发挥各方优势，基于气象观测、模式数据和大数据应用、人工智能等专业技术，建立信息共享和多渠道、多层次的沟通协作机制，构建产学研用协同创新合作体系。2022 年，与中山大学大气科学学院、南京大学大气科学学院共同申请并获批建立“中国气象局城市气象重点开放实验室”，并入选中国气象局首批重点创新团队，拟依托省部级科研创新平台，聚焦城市气象关键技术研究及应用，联合多方机构与人才，为全国大城市气象服务保障提供技术支撑。

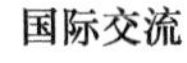

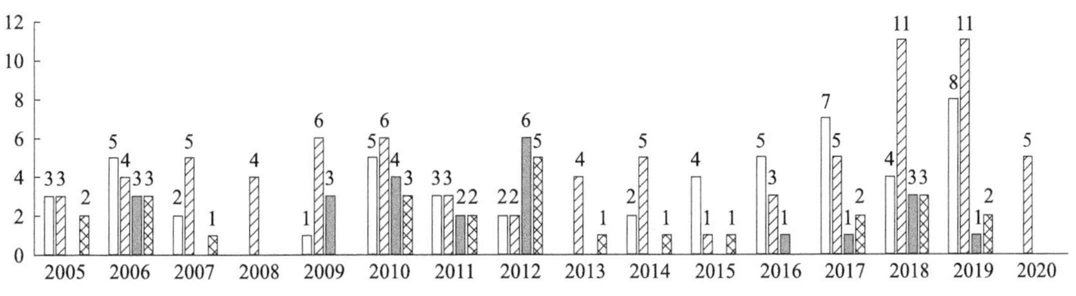

图 3.15　城市院 2005—2020 年国际合作交流情况

3.2.4 科技成果转化与科学普及

1. 科技成果转化

作为国家气象科技创新体系的主体、现代气象业务体系的主要科技支撑力量，城市院围绕城市气象防灾减灾和应对气候变化能力建设的国家需求，面向现代气象业务体系建设，通过牵头组织区域科研项目的申报、开发和成果应用，整合区域内人才力量，不断提升科研创新能力，联合业务单位，努力推进科研成果转化。

（1）加强业务应用，推进成果转化

2007年以前，面向城市环境预报业务发展的需求，重点以环境气象数值预报模式的研发与成果转化应用为主。2008—2011年，围绕北京夏奥相关科技成果，重点推广应用城市精细化天气预报系统。2012—2015年，自主研发的北京快速更新循环数值预报系统（RMAPS-ST）、产品及其关键技术在业务服务中得到广泛应用，在华北区域内实现共享，并推广到新疆、甘肃、安徽、厦门、杭州等省（自治区）、市气象部门的多家业务单位。同时，积极推动视频能见度仪核心技术实现产业化研发。2015年，依托该领域获得的2项国家发明专利，与中国航天科工二十三所就数字摄像能见度自动观测仪的产品化相关事宜正式签订了10年《技术成果唯一许可使用协议》，专利收益100万元。

（2）打造中试基地，促进科研业务融合

2016年起，为进一步完善气象科技成果转化机制，提高气象科技成果转化应用水平，依托城市院建立业务应用研发中试基地。建立"转化申请→可行性评估→测试评估→综合评审→业务平行测试→业务应用"一系列完整的精细预报科研成果业务转化标准化流程及规范。开展睿图模式体系中研究向业务转化（R2O）的应用技术研发、测试、评估。开发或应用北京气象综合显示系统（LDAD）、中国气象局智能网格预报应用分析平台、数值预报数据云平台、城市院官网及北京市气象局内网等各类平台系统多渠道支撑业务服务。发展一手紧抓实际应用、一手紧抓科技前沿的精细预报业务系统研发运维体系。建立研发团队与预报员团队的长效沟通机制，使预报员团队更好地理解数值预报产品、研发团队更好地确定模式改进的切入点。

2. 科学普及

一直以来，城市院积极组织参与全国性科普活动，主动策划推出优秀科普原创作品和科技成果科普作品，参加世界气象日、全国科技活动周等重点时段、重大科技成果、重大项目以及重大活动服务保障等科普宣传工作。围绕观测系统、科技冬奥、城市气象科研成果、数值模式研发进展、成果转化工作，大力普及本单位业务领域内的科学技术知识。推进科普场馆和基地建设，加强科普队伍建设，通过新媒体连接科研人员，建立由一线科研人员组成的科技成果宣传队伍，及时发布消息。鼓励科技人员参与科普创作，积极参加北京市青年演讲比赛。依托各类传统媒体和新媒体积极开展科普宣传，积极发布微信宣传文章、网站新闻报道，并通过传统媒体和新媒体发布各类报道。2018年获中国气象学会"全国气象科普工作先进集体"称号，2021年获"北京市科普工作先进集体"称号。

3.2.5　党建引领与精神文明建设

气象事业是科技型、基础性、先导性社会公益事业，城市院党支部始终坚持以习近平新时代中国特色社会主义思想为指导，深入把握科研院所党建工作特点和规律，不断加强政治建设，为提升科技创新能力、建设国际一流城市气象研究机构提供坚强的政治保证。

坚持党建业务深度融合，确保党建工作规范化、制度化。坚持“两手抓、两不误、两促进”，围绕城市气象关键技术研发及业务应用等工作，发挥党组织的凝聚力、战斗力，把党小组建立在科研团队和科室中，发挥党小组和党员的模范带头作用。制定《北京城市气象研究院党支部会议记录规范》《北京城市气象研究院党支部纪检工作联席会议制度》《北京城市气象研究院党支部党员积分制管理办法》等多项工作制度，进一步落实和优化“党员积分制度”建设，并在北京市气象局进行推广示范。近年来，党建和精神文明建设均取得了丰硕的成果，2008—2021 年，支部和个人获得省部级以上奖励或表彰 23 项。此外，2016 年、2021 年支部书记苗世光分别获评北京市直属机关优秀共产党员、北京市优秀基层党组织书记。

建立民主开放的议事制度，党团工会协同促进科技创新高质量发展。城市院秉承“明德，尚研、求是、创新”院训，积极建立适应城市气象科技自身发展规律的现代管理体系和运行机制，建立院务会、院领导会、首席研究员例会、职工大会、科学技术委员会议事制度，不仅为城市院的科技创新发展奠定了民主开放的议事制度，还是科研诚信建设的基础。同时，在北京市气象局机关党委和工会的指导下，城市院积极发挥群团组织的联系纽带作用，发挥党团工会的协同发展优势，积极培育科技创新发展沃土，促进科技创新的高质量发展。

党团工会协同促进科技创新高质量发展。城市院工会会员 102 人，委员 9 人，在北京市气象局机关党委和工会的指导下，城市院积极发挥群团组织的联系纽带作用，发挥党团工会的协同发展优势，积极培育科技创新发展沃土，促进科技创新的高质量发展。

各项活动有力增强团队意识。院工会通过组织运动会、羽毛球比赛、健步走、春节联欢会、摄影比赛、志愿活动等各项文体活动，帮助大家锻炼了身体，放松了心情，增进了友谊，不仅增强了团队的凝聚力和家国情怀，更让广大职工深切感受到了团结协作和充满自信的精神力量，鼓舞着大家更好地开展科技创新工作。

3.3　薄弱环节

改革 20 年来，城市院经历从无到有、到优、到强、到精的发展历程，聚焦首都气象服务需求和城市气象发展，通过深化科技体制改革，优化资源配置，加强团队建设和对外交流，强化激励机制，创建“明德、尚研、求是、创新”的科研氛围，构建科技创新新生态和研究型业务新模式，城市气象研究取得了长足发展。但是，面向国家经济建设和社会发展，面向城镇化和生态文明建设，面向人民生命健康和防灾减灾，面向气象高质量发展和新型业务技术体制改革，面向全国城市气象服务技术支撑，面向首都重大活动气象保障及大城市气象保障服务等方面的需求，城市院的创新发展仍面临着新的形势和挑战，存在一些亟待解决的问题。

1. 科研布局及创新平台建设不能满足国家对城市气象高质量发展的需求

城市院完成了从所到院的转变，但作为国家级城市气象专业科研院所，最应发挥对全国城市气象领域的牵头引领作用，需进一步针对我国新型城镇化和城乡融合发展中的气象需求，在服务好首都、服务好京津冀地区的基础上，更好地为全国大城市气象保障服务提供科技支撑。现有的科研布局及创新平台建设仍不能满足这一重大需求。

在科研布局及学科建设方面，仍需进一步基于城市气象应用基础研究、城市气象安全运行及重大气象服务保障的科研业务需求全面深化学科布局，需要重点从新观测技术及观测资料同化应用、城市系统模式研究、城市化对天气气候的影响机理、城市化对大气环境和人体健康的影响、城市水文气象气候与环境综合服务等方面开展科学研究与应用，为我国城市化、生态文明建设、防灾减灾和应对气候变化等国家需求提供科技支撑。

在创新平台建设方面，虽新获批成立中国气象局城市气象重点开放实验室、新入选中国气象局重点创新团队，且新增加上甸子国家大气本底站，但仍缺乏城市气象研究领域的野外科学试验基地，一定程度上限制了城市气象观测及基础研究的发展，综合创新能力不足。同时，如何更好地依托现有的科技创新平台聚集城市气象优秀人才、拓宽国内外合作交流，也是亟待解决的关键问题。

2. 科研队伍体量及复合型人才、高层次人才储备与培养不能满足日益增长的科技创新发展需求

目前城市院人员编制为 122 人，现有在编人数为 96 人，与中国科学院及相关高校相比，在气象科研人员方面队伍体量偏小。正高级职称占比为 14.5%，有 1 人入选青年北京学者，3 人入选中国气象局气象领军人才，3 人入选中国气象局青年气象英才，但暂未有科研人员入选国家级人才计划，高层次领军人才以及后备科技人才数量不足，外部人才竞争压力仍然较大，在研究生导师师资培养及博士后站建设方面也有待加强。

同时，随着城市气象的发展，其多学科交叉融合特征不断加强，具有前瞻性和战略性思维，熟悉大数据、人工智能、云计算等新技术的复合型人才明显不足，不能满足日益增长的科技创新发展需求。

3. 核心技术发展及自主创新能力不能满足全国“精细化、精准化”气象服务科技支撑需求

近年来，城市气象研究取得了长足的发展，在城市气象研究领域的国际影响力不断提升，但在传统及优势研究领域的科研成果以及核心技术与中国科学院、相关高校乃至国际先进水平相比仍存在较大差距，高水平科研成果偏少，尤其缺乏在国际上有影响力的成果和科技人才。如何针对我国新型城镇化和城乡融合发展中的气象需求，提高城市气象观测的精密度、预报的精准度、与行业融合应用的精细度，如何全面、系统、快速地提升核心技术，提高自主创新能力，掌握自主关键核心技术，更好地为全国大城市气象保障服务及城市气象业务高质量发展提供科技支撑，是当前面临的亟待解决的紧迫问题。

同时，气象科研业务深度融合互动不够充分。高效的科研业务融合发展机制还不够完善，研发团队与业务团队的交流不够深入，对关键科学问题和核心业务技术的联合攻关机制尚未建立，支撑提升城市精准预报预警准确率的能力有待进一步加强。

3.4　未来规划

3.4.1　发展思路及目标

以“聚焦大城市、服务京津冀，立足北京、面向全国，支撑业务、创新高效”为核心，逐步实施体制机制改革，发挥城市院对全国城市气象领域的牵头引领作用。逐步建立在中国气象局党组领导、职能司及北京市气象局党组指导、气科院统筹下的学科布局、研发分工、团队建设、考核管理体制，进一步完善全国城市气象科技创新体系，全面增强城市气象科技自主创新能力，实现城市气象关键核心技术自主可控，汇聚和培养城市气象优秀科技人才、提升国际影响力。将城市院建成国内一流、国际有重要影响的城市气象研究机构，形成学科布局合理、研究方向明确、创新活力迸发、支撑业务发展、高端人才涌现的城市气象科技创新体系，有力支撑全国城市气象领域科技发展。

3.4.2　发展举措

紧密围绕城市气象学科发展及大城市气象服务保障需求，立足首都及京津冀地区城市气象科技研发，着眼全国城市及城市群，拓展城市气象研究及应用区域，为城市安全、绿色、智能发展提供更高质量的气象保障服务。

1. 加强顶层设计，推动协同发展

立足职责使命和主责主业，加强顶层设计与统筹协调，在首都气象工作联席会议相关工作机制基础上，进一步深化气科院与城市院协同发展机制。气科院将共同参与指导城市院发展规划编制、学科布局优化、重大科研任务部署、平台团队建设、考核管理等工作。

2. 优化学科布局，面向全国发展

立足城市气象学科发展及大城市气象服务保障需求，进一步优化学科布局，加强城市气象关键技术攻关和应用研究。拟围绕城市气象精细预报与城市气候等前沿关键科技问题研究，通过城市精细化立体观测与数值预报系统的联合研发，瞄准城市边界层与高影响天气机理、城市精细化数值预报、城市气候与气候变化等与城市气象相关的关键科学领域和核心技术难题攻关，汇聚和培养城市气象优秀科技人才，服务大城市经济社会发展，以及绿色、低碳、高质量发展新道路的实现，并对全国城市气象领域科技发展提供支持。

3. 统筹资源配置，形成良性发展

在科技司、气科院、北京市气象局的统筹协调下，通过科研项目、平台基地、人才团队、资金投入、科技政策等科技资源的一体化配置，强化科技资源支撑团队发展和拔尖人才培养，形成人才团队带动项目、平台建设的良性循环。

4. 强化融合互动，促进业务发展

一方面，建立城市重大天气过程、气象灾害、城市气候事件的科研响应机制。充分利用城市精细预报服务的学科优势，对全球及我国重大天气气候事件密切关注并积极响应，组织参加城市重大天气过程复盘调查，科学分析城市极端天气气候事件和重大气象灾害过程的发生发展机理，及时提供相关分析报告和建议等。另一方面，建立健全城市院与国家级业务单位和省级气象部门定常交流和任务对接机制，建立访问学者制度，鼓励外单位科研业务人员带问题来研究，搞活城市院合作交流机制，扩大城市气象研究力量和影响力。

5. 完善管理机制，加快科学发展

优化调整岗位设置和管理，按需设岗，按岗聘任。持续增加或动态调整高级岗位数，探索建立独立的职称评审和人才计划推荐渠道。加快建立以业务需求为导向的科研立项评审机制、以业务转化为导向的科技成果评价机制、以业务贡献为导向的科研机构平台和人才团队评估机制“三评”导向机制。建立健全气象科技成果分类评价制度，组织开展气象科技成果评价，遴选优秀气象成果，发布优秀成果清单，推进成果推广共享和转化应用，逐步树立“质量、绩效和贡献”为核心的科技和人才评价导向，充分激发科研人员创新创造动力。同时，积极争取各类项目，加强人才培养。

第4章　中国气象局沈阳大气环境研究所改革创新发展报告

2002年改革以来，在中国气象局党组坚强领导下，在辽宁省气象局党组的大力支持下，中国气象局沈阳大气环境研究所（以下简称沈阳大气所）积极贯彻落实全国科技创新、国家气象科技创新体系建设及深化国家级气象研究院所改革精神，经过20年的改革发展，特别是党的十八大以来，在科技自主创新水平、科研基础条件建设、人才队伍发展、运行管理机制以及对气象高质量发展的科技支撑能力等方面都取得了跨越式发展。

4.1　工作沿革

沈阳大气所按照“聚焦核心、理顺机制、激发活力、开放合作”的发展理念，以深化“科研考核激励机制”改革为突破口，在东北亚天气与区域数值预报、生态与农业气象和环境气象三个优势研究领域持续开展科研攻关，在东北冷涡背景下强天气触发机理、雷达反射率资料冷云同化技术、低空急流和对流湍流对地面污染过程的影响、玉米多尺度多层次干旱生理生态响应机制等方面取得突破。加强多部门开放合作，强化科研成果转化，为东北区域气象业务现代化提供了科技支撑。

20年来，科研创新能力明显提升，承担国家级项目数、发表高质量论文数、出版学术专著、申请专利、制定技术标准等主要科研指标提高了3～10倍，国内外影响力显著提升。沈阳大气所人才结构和层次得到显著提升，总人数由27人增加至47人，正研级职称人员由3人增加至18人，博士学位人员由3人增加至15人。获批辽宁省农业气象灾害重点实验室和辽宁省农业气象灾害科技创新团队，组建东北区域气象中心东北冷涡研究重点开放实验室，牵头中国气象局东北冷涡科研业务能力提升攻关团队。科研基础条件不断改善，2004年开始建设东北地区生态与农业气象野外试验基地，2018年进入中国气象局首批野外科学试验基地序列，已经建成为东北地区农田、湿地、森林3类典型生态系统土壤、水、大气、陆气交换和生理生态等综合观测试验基地。

4.1.1　学科方向、科室设置和创新团队

2002年，根据科技部、财政部、中央编办《关于对水利部等四部门所属98个科研机构分类改革总体方案的批复》（国科发政字〔2001〕428号）和中国气象局《关于下发<中国气象局科研机构改革实施方案>的通知》（气发〔2001〕25号）精神，通过中国气象局专业理事会批准，组建了中国气象局沈阳大气环境研究所。通过面向全社会招聘所长与科研人员，以大气环境和生态环境为主要学科方法，组建了全球变化与陆地生态系统、生态环境气象、生态

信息与遥感、大气环境质量、天气气候、风能资源与开发利用、云水资源与开展利用7个创新组。2004年，风能资源与开发利用、云水资源与开展利用分别成立辽宁省气象局业务机构，从沈阳大气所剥离，辽宁省生态环境气象监测中心挂靠在沈阳大气所，开展省级生态气象和农业气象业务。同年组建5个内设机构，分别为办公室、生态环境室、大气环境室、数值预报室、《辽宁气象》编辑部5个科室。学科定位为区域数值预报模式及关键技术、大气环境监测评估和预测、生态与农业气象及关键技术，并承担省级生态气象、农业气象、卫星遥感、环境气象、区域数值预报等业务工作。

2006年，大气环境室对科研业务工作进行调整，保留大气环境室，同时成立了大气成分监测评价室，并与辽宁省环保局联合开展辽宁省14个城市空气质量预报服务。2009年，对生态环境室科研业务工作进行调整，保留生态环境室，成立农业气象室。2012年，农业气象业务划拨给沈阳区域气候中心，沈阳大气所从事农业气象科研工作。2014年，沈阳大气所承担的环境气象预报业务划拨到辽宁省气象台。2016年，沈阳大气所牵头建设的“高分辨率对地观测系统辽宁数据与应用中心”正式成立，标志着卫星应用进入高分阶段。

2017年，大气环境室和大气成分监测评价室合并，组建成环境气象室，将生态环境室更改为生态气象室。至此，中国气象局沈阳大气环境研究所内设机构调整为办公室、数值预报室、农业气象室、生态气象室、环境气象室和《气象与环境学报》编辑部6个科室。同时成立东北亚天气、区域数值预报、农业气象、生态气象、环境气象5个创新团队，开展全员重新竞聘上岗。学科定位为面向世界学科前沿，紧密围绕国家和地方经济建设，围绕气象防灾减灾和生态文明建设，开展生态与农业气象、东北亚天气和区域数值预报、环境气象3个研究领域相关应用基础理论和业务应用技术研究。2020年，卫星遥感业务（含高分中心）剥离到辽宁省生态气象和卫星遥感中心。至此，沈阳大气所仅承担区域数值预报和大气成分监测等业务工作。

4.1.2 科技创新平台

2002年，成立全国首家生态气象站——锦州生态气象站，2004年，在盘锦建设了首个滨海湿地通量观测站，2006年，建立小兴安岭原始红松林野外观测站，2007年，在沈阳建立城市通量观测站，2014—2015年，在三江平原、松嫩平原分别建设了稻田观测站、玉米观测站，形成东北地区生态与农业气象野外科学试验基地。2018年，试验基地被中国气象局批准为第一批野外科学试验基地，成为中国气象局野外科学试验基地。2019年，盘锦站和五营站被中国气象局批准为第一批国家气候观象台。2021年，建立红海滩观测站，以沈阳、盘锦和锦州的几个野外站为基础成立了辽宁温室气体监测网，向中国气象局业务化传输温室气体数据。

2006年，建立沈阳大气成分观测站，2009年，建立鞍山、抚顺和本溪大气成分观测站，组建成辽宁中部城市群大气成分观测网。2014—2021年，不断丰富风廓线雷达等垂直观测及大气成分观测项目，形成了大气成分综合立体观测网络。

2014年，联合辽宁省气象科学研究所、辽宁省气象台、沈阳农业大学等单位组建了辽宁省“农业气象灾害科技创新团队”，并通过省科技厅认定，获批辽宁省首批42个农业科技创新团队之一。2016年，与吉林、黑龙江和辽宁组建了东北区域数值预报业务（资料同化方向）团队。2018年，沈阳大气所牵头组建的“辽宁省农业气象灾害重点实验室”正式通过批准并开始建设，填补了辽宁省气象局省部级重点实验室的空白。2019年，东北区域气象中心依托沈阳大气所成立了东北冷涡研究重点开放实验室。2022 年，沈阳大气所牵头的中国气象局东北冷涡科研业务能力提升攻关团队成立。

2005 年，《辽宁气象》更名为《气象与环境学报》，出版周期由季刊改为双月刊。2010 年被收录为“中国科技论文源期刊”即“中国科技核心期刊”。2016 年《气象与环境学报》加入“全球变化科学数据出版系统”。2020 年《气象与环境学报》入选《我国高质量科技期刊分组目录》地学类 T2 级别。

4.2　改革成效

4.2.1　取得的科技成果

1. 科技经费和科研项目情况

改革 20 年来，沈阳大气所积极争取各类科技资源，2012 年以来获批经费约 1.65 亿元，比 2002—2011 年多 6520 万元，其中国家科技项目经费 1.43 亿元，中国气象局科技经费 993 万元，省政府科技项目经费 699 万元，省气象局科技项目经费 522 万元。

通过加强组织管理沈阳大气所科研项目申报能力得到提高。2012 年以来获得纵向科研课题项目 115 项，其中国家自然科学基金 19 项，中国气象局项目 29 项，其他省部级项目 27 项，省气象局项目 35 项。国家自然科学基金申报取得了明显的进步，由 2002—2011 年的 10 项提升到 2012—2020 年的 19 项，数量明显增多。

2. 科技成果产出情况

（1）科技成果登记

2012 年以来，沈阳大气所登记（备案）气象科技成果 48 项，其中，应用技术类成果 38 项，基础理论类成果 9 项，软科学类成果 1 项。应用技术类成果中，天气气候领域成果 6 项，农业气象领域成果 16 项，环境气象领域成果 5 项，其他领域成果 11 项。

（2）专利与计算机软件著作权

2012 年以来，沈阳大气所作为第一完成单位取得专利授权 10 项，其中发明专利 5 项，实用新型专利 5 项，实现从无到有的突破。2002—2011 年，沈阳大气所作为第一完成单位取得的计算机软件著作权共计 4 项；2012 年以来沈阳大气所作为第一完成单位取得的计算机软件著作权共计 30 项。

（3）科技论文

沈阳大气所改革带来的科研氛围变化大大促进了科研成果的发表。SCI 论文由 2002—2011 年的 28 篇提升到 2012—2021 年的 101 篇。2002 年，发表 SCI 论文 1 篇、核心期刊论文 5 篇，至 2011 年论文发表和计算机软件著作权登记数稳步提高，平均每年发表核心期刊论文 30 篇左右，SCI/EI 论文 3 篇左右。2012 年以来，论文发表质量有了较大幅度的提高。2012—2021 年，发表 SCI/EI 论文 101 篇，平均每年 10 篇左右。

（4）技术标准

2002—2011 年，发布技术标准共计 9 项，其中，地方标准 9 项，重点在农业气象领域。

2012年以来发布技术标准共计18项，其中，国家标准4项，行业标准5项，地方标准9项，其中在农业气象领域国家标准4项，行业标准4项，地方标准8项，环境气象领域地方标准1项。生态气象领域行业标准1项。

（5）科技奖励

2002—2011年，16项科研成果获厅局级及以上科技奖，其中，省部级科技奖11项，省政府科技进步二等奖5项，天气气候领域获省部级科技奖3项，农业气象领域获省部级科技奖3项。环境气象领域获省部级科技奖4项，生态气象领域获省部级科技奖1项。

2012年以来，14项成果获厅局级及以上科技奖，其中省部级科技奖4项，省政府科技进步二等奖2项，天气气候领域获省部级科技奖1项，农业气象领域省部级科技奖3项（表4.1）。

表4.1 改革前后10年科研产出进步对比

时间	国家自然科学基金/项（金额）	SCI/EI论文/篇	技术标准/项	专利/项	软件著作权/项
改革前10年	10 （320万元）	28	9	0	4
改革后10年	19 （724万元）	101	18	10	30

3.代表性科研成果

2002年以来，沈阳大气所围绕东北亚天气气候及其对粮食安全、生态环境的影响持续开展科学研究，在东北冷涡天气气候影响机理、农业与生态气象监测预报和影响评估、东北区域大气污染机理和监测评价预警等方面实现了技术突破，并在业务应用中取得了效益。

（1）东北亚天气气候

1）东北冷涡对东亚气候的影响机理

发现初夏冷涡降水量占初夏总降水量百分比在年际尺度上均呈上升趋势。20世纪60年代平均的冷涡降水量约为45 mm（约占初夏总降水量的61%），2001年以来上升到63 mm左右（约占初夏总降水量的70%），说明在全球气候变暖背景下东北冷涡对东北地区降水的影响在不断增加。得到了东北冷涡强弱变化与东亚两支高空急流的关系。发现当东北冷涡增强时，300 hPa高空风场在东亚地区的异常呈偶极子分布，分别在70°N和40°N附近有负和正两个异常中心，相对于高空急流的位置的气候平均态来说，副热带急流北侧风场增加南侧减弱，极锋急流的南侧风速增加北侧风速减弱。揭示了东北低涡、鄂霍茨克海高压与东北低温之间的联系。根据东北低涡峰值日的东北地区2 m气温分布，发现当东北低涡只有与近地面鄂霍茨克海高压和对流层中高层鄂霍茨克—雅库斯克脊匹配时才具有冷涡的属性，且具有深厚的相当正压结构。这一类低涡，其近地面高度距平具有南北向偶极子结构，与之对应，其偏东风冷平流导致东北地区的低温天气。明确了东北亚冷涡与极涡的关系。强东北亚冷涡与其南部高空槽诱导强冷空气南下影响东北甚至我国中东部地区，形成极寒天气（图4.1）。

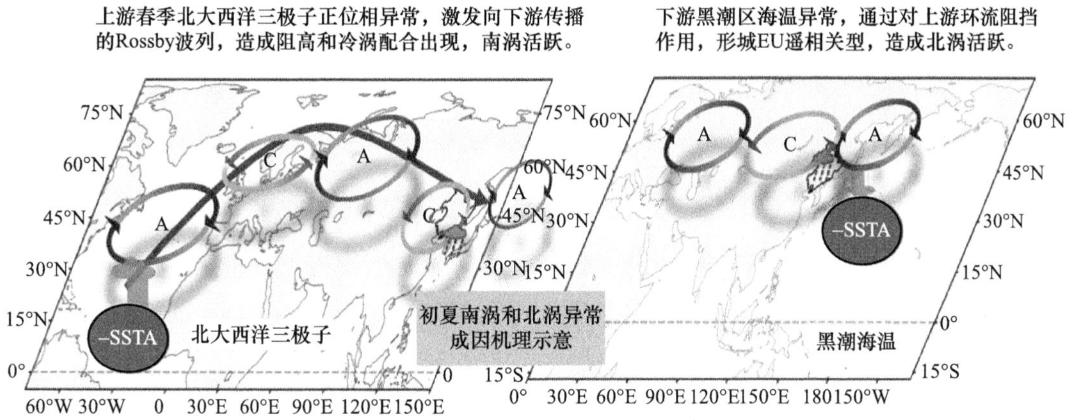

图 4.1 初夏东北冷涡异常成因机理

2）东北冷涡对我国强天气的影响

总结了典型东北冷涡影响下强天气分布特征，发现冷涡环流南部到东南部旋转高空槽和冷涡西南侧西北气流区是强风暴对流的易发区，冷涡冷空气随高度向南倾斜形成的水平和垂直温湿梯度是强风暴爆发的关键环境条件。还发现东北冷涡主要由三股气流组成，西南暖湿气流在冷涡南部低层能量锋区爬升顺转穿过中层温度锋区到对流层上部，并随高空急流向东南流出，大多时候这股气流较弱；西北干冷空气从高层冷涡后部下沉并向东南输送，控制涡的南部区域，形成深厚的冷性层结，对流发生时，该气流下沉至对流层中层后一部分与上升的暖湿气流合并，一部分继续向下至低层成东北气流流出；冷涡北部的偏东冷性气流在对流层低层向西流动，一部分并入阻塞高压，一部分流入涡后西北气流。基于冷涡结构特征对东北冷涡进行了环流分型，将东北冷涡划分为深冷型和浅薄型，深冷型环流内部以分散性对流降水为主，浅薄型可对应短时强降水。发现东北冷涡影响大范围暴雨是冷涡与西风带、副热带、热带系统相互作用的结果，总结了四带系统配置概念模型，开展了冷涡强暴雨水汽条件、高低空急流、大气层结、锋生动力和中尺度系统特征，以及动力热力机制诊断和水汽输送特征分析。

（2）北方多源观测同化技术和物理过程研究

1）北方遥感观测资料同化技术

针对目前雷达资料直接同化暖云方案不足，增加水汽、雨、云、雪、冰、霰等水物质作为控制变量，发展了包含雪和霰的冷云雷达反射率的观测算子。以 WSM6 冷云微物理过程为基础，发展了相应的切线性、伴随微物理过程，在 WRFDA 四维变分同化系统中首次加入了冷云微物理过程。发展了新一代静止卫星辐射资料同化与业务应用技术。自主发展了纯红外通道的云检测算法并应用于 WRFDA 中，于 2019 年 10 月在国内率先将“葵花”8 号静止卫星晴空辐射数据在东北区域中尺度短临和短期数值模式中同化应用。开展了我国自主研发的 FY-4AGRI 辐射数据的同化研究工作，开展了 FY-4AGRI 辐射数据的观测误差统计、偏差订正和同化试验。发展 GNSS/ZTD 资料同化中观测误差逐站诊断技术。针对目前 ZTD 资料同化方案中观测站点取相同的观测误差问题，首次提出需要对同化的 GNSS/ZTD 资料进行观测误差逐站诊断的观点。新方法得到的 ZTD 观测误差诊断值更为合理，同化分析预报效果更好（图 4.2）。

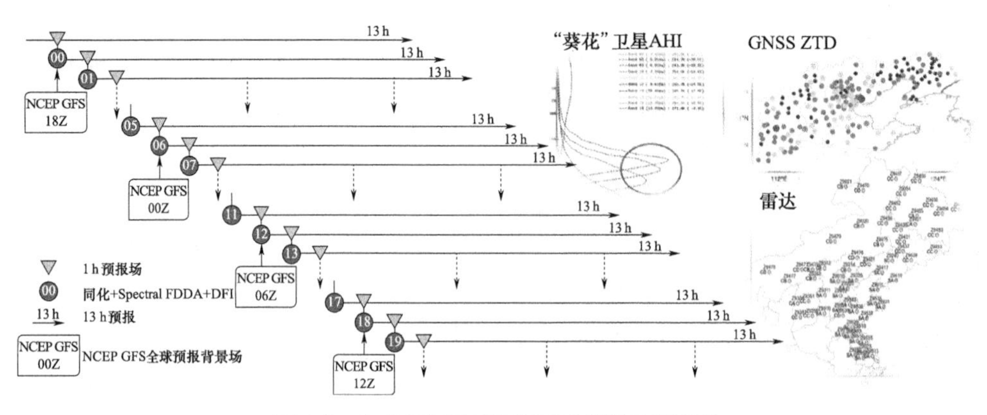

图 4.2　东北区域快速更新同化短临预报系统

2）建立了东北区域中尺度数值预报业务系统

2003 年，实现了模式资料同化、物理过程本地化，建立了水平分辨率为 10 km 的东北区域数值预报业务系统，每日 4 次更新预报产品。2010 年，建立了东北快速更新循环同化预报系统，并投入业务使用。于 2011 年 12 月通过中国气象局区域数值预报业务系统正式业务化的评审。2013 年，将东北区域数值预报业务系统分辨率升级到东北区域 3 km，在吉林、黑龙江等省的气象部门建立东北区域数值预报系统的镜像网站。2016 年，建立了东北区域短临数值预报业务系统，逐小时同化区域自动站、雷达等观测资料。2019 年，实现了“葵花”8 号静止卫星水汽通道晴空辐射数据和 GNSS/ZTD 观测数据的业务同化。在东北区域中尺度数值预报业务系统基础上，研发了降水相态预报产品、北上热带气旋路径预报系统、数值降水预报定量集成方法、海浪和风暴潮数值预报系统等。按照预报员和天气预报业务的需求，研发多时次、物理意义明确的预报产品和诊断产品。

3）改进北方湿地陆面过程模型关键参数，提高模拟精度

基于长期定位观测试验，研究揭示了北方典型湿地植被气孔导度对气象因子响应特征。构建了不同空间尺度上湿地植被气孔导度模拟模型，模拟精度达 80% 以上。改进了北方重要作物——玉米农田下垫面动力与热力参数。改变了以往陆面模型中地表粗糙度和反照率采用静态或简单季节变化赋值的做法，建立了更为合理且适用于农田的动态参数化方案，有效降低了陆面过程模拟的不确定性。构建了东北玉米根系生物量模拟模型，解决了根系生物量实时获取难的问题，基于根径和根长组合变量构建了东北玉米根系生物量的最优参数化模型，模拟精度≥ 90%，所建模型能较好地模拟根系生物量。通过实际观测试验研究，证明利用根系生物量模型结合微根管法，可以解决根系生物量实时观测难的问题。

4）道路天气预警服务、对策与气象服务效益评估

在数值预报产品的基础上，研究常规天气预报向道路气象专业服务的转化模型，最终发布大范围、多时段道路专业气象服务预报产品。建立了路面冰雪识别模型、降水预报向道路湿滑状况预报的转换模型，初步确定了风向风力等级预报向道路横风预报转换模型的研制方法。建立了“全国道路交通信息服务示范平台”，实现了定点、定时、定量发布全国任意一点国道的专业气象服务产品信息。服务产品受到公共气象服务业务部门的欢迎，在道路专业气象服务中发挥了作用，取得了较好的应用效果。

（3）农业与生态气象监测预报和影响评估

1）农田土壤含水量空间无缝隙监测预报技术

2002 年起，开展辽宁省农田土壤含水量预报技术研究，实现了农田土壤含水量常规和遥感监测，首次确立了辽宁省逐旬玉米作物系数，完成了农田土壤含水量预报技术研发，自主开发了农田土壤含水量空间无缝隙预报系统，填补了辽宁省内相关研究领域多项空白，获得了辽宁省科技进步三等奖。2005—2011 年，成果先后通过科技部农业科技成果转化资金等项目，实现了在东北三省推广应用，发布土壤水分监测公报等产品 400 多期。

2）主要农业气象灾害精细监测预报与评估关键技术

2012 年起，聚焦致灾机制、指标体系、预报预警和影响评估 4 个方面问题，系统揭示了玉米生理生态性状的干旱响应机制，优化耗水过程参数方案，提升了作物模型的干旱模拟性能；创建和发展了干旱、冷害、霜冻等灾害和涵盖春播、夏管、秋收农业生产全过程的为农服务指标体系，参与首创作物水分亏缺距平指数（CWDIa），研发了农业气象灾害预报预警技术，准确率比前 5 年平均提高了 5%；创造性引入玉米根系参数，构建多源资料融合的干旱灾损评估集成模型，创新玉米干旱过程辨识和玉米干旱灾害损失定量精细化评估技术，评估结果从千米级提高到米级，空间精度提高 3 个量级。农业气象灾害精细化预报及风险评估技术等成果实现了业务准入。

3）气候变化对农业生态的影响分析技术

2008 年起，开展东北粮食生产格局的气候变化影响与适应等研究，重点开展了光能、热量、水分资源等主要农业气候资源的变化特征及趋势分析，完成了东北地区玉米、水稻、大豆 3 大作物的主栽品种熟型的布局分析及种植带的动态变化趋势分析，确定了东北地区玉米可种植北界，开展了干旱、低温冷害、霜冻等主要农业气象灾害变化规律分析及风险区划和未来 40 年气候变化对主要作物产量的影响评估。2009 年编制的《气候变化对东北玉米生产的影响分析报告》，得到时任中国气象局领导的批示，提出东北玉米生产的四条适应对策刊登在国务院办公厅信息刊物上。揭示了气候变化背景下东北地区极端气候事件变化规律及响应特征（图 4.3）。研究了极端最高最低气温等极端大气气候事件强度、频率变化与气候变化的关系。给出冷暖干湿气候分界线的年代际波动变化状况及利弊分析，建立了气候变化对东北生态环境影响评估方法体系。采用星—地—空一体化监测技术手段，系统评估了气候变化对东北地区黑土、冻土、土地沙化、植被带移动、林火、碳收支、湿地和海平面上升等有关东北生态安全重大问题的影响。

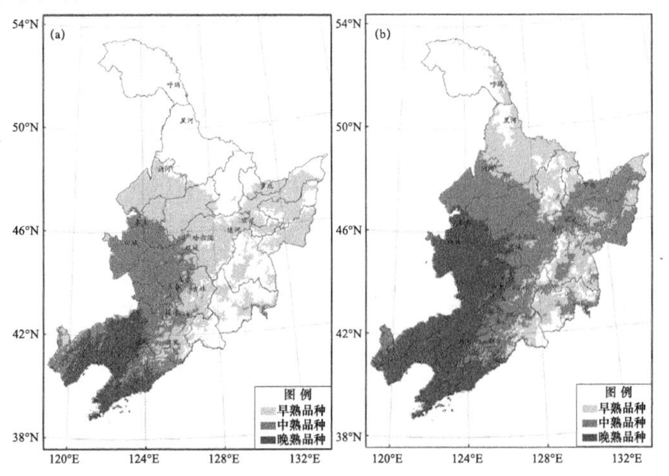

图 4.3　气候变化对东北玉米种植布局的影响
（a）1971—1980 年；（b）2011—2014 年

4）基于国产卫星的东北湿地遥感动态监测评价技术与应用

从2007年起，围绕东北湿地退化、破碎、生态功能降低及人为干扰等核心问题，利用我国风云三号（FY-3）和高分（GF）系列卫星资料，建立了由10个指标构成的湿地遥感监测评价指标体系，研制东北湿地国产卫星遥感监测评价技术；解决了FY-3卫星MERSI数据边缘畸变精定位问题，采用面向对象与FY-3/MERSI中分辨率卫星数据相结合方法，构建了大范围、多类型湿地遥感快速提取集成模型。芦苇湿地提取精度为95.1%，东北湿地总面积提取精度为86.4%，研制气候、人文要素等多因素对湿地变化影响的评价技术，揭示了气候要素和人为活动对湿地变化的贡献率；自主构建了湿地生物多样性维护功能指标（WBCI）模型；首次建成“东北湿地遥感动态监测评价业务系统”，投入应用并开展服务近10年。该成果在国家、省、市三级相关单位应用，发布决策服务产品80余期，湿地监测评价国外卫星数据替代率100%。该成果获2019年辽宁省科技进步二等奖。2021年盘锦湿地生物多样性维护功能评价技术实现了业务准入。摸清盘锦红海滩退化事实，完成《盘锦红海滩湿地退化分析报告》，向当地政府做专题汇报。首次提出的国产高分卫星互联网+湿地生态旅游调查监测综合评估结果产生广泛社会影响。

5）基于高分卫星的生态环境遥感监测与评估技术

利用高分区呈金色和多光谱数据，研究了森林覆盖、沙地、草地和陆地水体信息的提取方法。2015年起，利用高分卫星资料先后开展了植被、土地沙化、湿地、旱灾损失评估等试点工作，组织制定的4项高分行业标准已于2020年发布实施。开展辽西北森林监测评估应用工作，定量给出了精细化到乡镇的森林面积和森林覆盖率，明确了辽西北森林资源的情况，编制《2015年辽西北地区森林资源高分卫星遥感监测评估报告》，并在2017年得到了时任副省长的批示。基于高分辨率遥感技术建立了典型生态区生态恢复效果评估方法。评估精度达到80%以上，能够客观准确地评估辽河保护区生态恢复状况，成为辽河生态治理和合理开发利用的重要参考依据。基于遥感技术手段，开展典型生态区生态承载力研究。从空间和时间两个角度计算分析生态区长期生态承载力和资源环境的可持续发展能力。利用经济评价指标和生态足迹指标，定量评估了生态区自然资源利用效率，为区域生态安全定量评估提供技术支撑。自主设计研发了辽宁省生态气象业务服务系统和辽宁省水体植被及酸雨降尘评估系统，显著提升了省级生态气象业务服务能力。

6）开展温室气体监测评估科技攻关

围绕区域温室气体监测评估存在的瓶颈问题，建立了较为稳定的温室气体通量观测数据质控技术流程和温室气体浓度数据质控技术流程。显著提升了CO_2浓度和水热碳通量观测数据质量，为温室气体监测提供了可靠服务，显著提升了东北地区碳源汇监测能力。研究基于东北地区生态与农业气象长期观测试验，揭示了中国北方农田生态系统的水热通量动态变化特征，探讨分析了北方农田生态系统水热通量对气象因子的变化响应和能量平衡过程。在湿地生态系统方面，研究揭示了气候变化背景下北方湿地固碳和北方稻田甲烷排放与水热等环境影响因子间的响应机制。在森林生态系统方面，发现中国东北温带针阔混交林对全球水循环具有重要意义。相关研究增强了对北方陆地生态系统水热及碳收支动力机制的认识和理解，研究揭示了东北地区植被生长峰值变化对气候和生物因子的响应机制。引进水热互补关系原理，将潜在蒸散、作物系数和降水作为共同约束条件，实现了区域尺度实际蒸散量的有效评估，提升了服务能力（图4.4）。

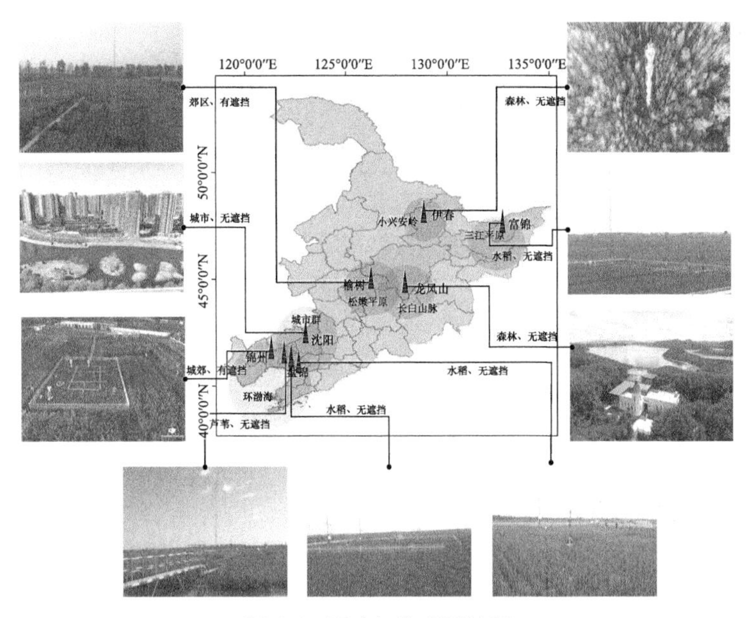

图 4.4　温室气体观测站网

（4）东北区域大气污染机理和监测评价预警

开展环境气象综合立体监测，首次揭示低空急流和对流湍流对东北污染物垂直分布演变以及近地面污染过程生消的影响作用；发现东北城市近年来大气污染由煤烟型向复合型转化特征，明确了城市群大气环境场的分布特征及城市群大气污染物的输送通道；建立了东北区域环境气象数值预报业务系统，利用源同化方法，改进了污染物浓度的预报，支撑环境气象预报业务。环境预报成果应用方面，与辽宁省环保局联合开展空气质量预报服务，并在辽宁卫视频道播出。为提高空气质量预报提供支撑，2009 年和 2011 年，辽宁省气象局在中国气象局"年度全国重点城市空气质量预报"考核中，沈阳市分别取得第三名和第一名的好成绩。基于研究成果，发布辽宁省大气成分综合评估报告和决策服务材料，为政府提供了有力的大气环境决策参考。

1）辽宁中部城市群城市间大气污染相互作用机理与调控对策

2002 年起，针对东北煤烟型大气污染特点，开展辽宁中部城市群城市间大气污染相互作用机理与调控对策研究，发展了辽宁中部城市群大气环境质量的高分辨率模式系统 models-3，应用于辽宁省空气污染预报业务服务；揭示辽宁中部城市群大气环境场的分布特征及城市群大气污染物的输送通道，指出不同季节、不同城市之间污染物的输送特征及相互影响，定量计算不同城市对城市群大气污染的贡献率；揭示了气候变暖背景下城市化加速发展导致的城市局地小气候形成的城市特有风场和温度场等对城市大气环境质量的影响机制。

2）东北霾天气大气边界层观测和成因机制

开展东北霾天气污染过程的大气边界层观测及成因机制研究，利用系留汽艇、激光雷达、小球探空等先进仪器设备开展边界层连续加密观测试验，获得霾污染天气边界层垂直观测数据，分析霾天气大气边界层内各要素的时空演变特征，揭示大气边界层结构变化对霾天气生消的影响机制；研究城市群近年来大气污染由煤烟型向复合型转化的演变特征，开展二次颗粒物的形成机制以及吸湿增长研究。

首次系统分析了东北城市群细颗粒物化学组分特征，发现东北重污染过程的主要化学组分为有机物和无机水溶性离子，且主要来自气态前体物的均相和非均相氧化过程；揭示了外来输送与本地霾的二次反应是东北重污染期间硝酸盐和硫酸盐同时爆发性增长的重要原因；发现冬季重污染期间硫酸盐的快速生成可能与高水汽压条件下的液相反应密切相关。首次揭示了低空急流和对流湍流对东北地区污染物垂直分布演变以及近地面污染过程生消的影响作用，发现了夜间低空急流可将大量的污染物从华北平原地区输送至沈阳地区上空并滞留在残余层，次日日出后受对流湍流的影响垂直混合至地面，从而导致污染发生。

4. 科技成果业务应用情况

涉及天气和气候、农业气象和环境气象等各类科技成果 55 项在业务中发挥作用，其中 13 项科技成果获得业务准入认证。准入成果中包括中尺度数值模式预报系统，降水相态、强对流等预报产品的科技成果共 7 项；农业气象干旱监测和评估以及玉米产量的科技成果 5 项；环境预报业务系统和产品科技成果 2 项。

（1）科研成果应用于预报预警业务

归纳出 15 项可用于业务预报的东北冷涡科研成果，为预报员分析诊断冷涡背景下强对流、暴雨、暴雪等提供参考。2021 年 9 月 8—9 日，辽宁出现东北冷涡极端冰雹天气，锦州义县观音堂村出现龙卷。预报员根据科研成果判断冷涡旋转高空槽前将出现强对流天气，首次成功预报出现龙卷。另外，基于前期科研成果提前 72 h 准确发布 2021 年 10 月 2—3 日东北冷涡极端对流天气预报。

通过开展区域中尺度模式中多源观测资料的同化应用提高了区域中尺度模式的预报水平。预报产品已成为预报预警业务中的重要指导产品，并纳入了业务流程，对地方汛期气象服务起到很好的科技支撑作用。经辽宁省气象台、预警中心多业务模式评分检验，东北区域数值预报业务系统对降水极值的预报优于其他模式，且漏报率最低。2019 年辽宁开原 0703EF4 级龙卷过程，仅有睿图东北短临模式提前 3 h 预报了该区域将出现强对流系统。

（2）科研成果应用于农业气象、生态和卫星遥感业务

立足农业气象灾害技术创新，为保障粮食安全，提供了一套粮食作物气象服务指标体系，集成研发了主要农业气象灾害监测预警服务系统、低温冷害动态监测预警系统、卫星遥感干旱监测系统、水稻气候适宜度日尺度评价系统、农业气象数据库系统等平台，投入气象业务与服务应用，为了农业气象业务高质量发展提供了技术支撑。2016 年起，培育“天气守望者”成为全国知名新媒体品牌，订阅用户 5.1 万，累计发布气象信息 1038 期次。2019 年以来快手总播放量超 3000 万次，直通式服务农户 26.3 万，服务辽宁乡村振兴主战场，赢得农民的信任和肯定，为种植大户、涉农企业创造可观的经济效益。

自主设计研发了辽宁省生态气象业务服务系统和辽宁省水体植被及酸雨降尘评估系统。实现了多源卫星遥感资料在同一个平台上的集成处理，植被变化归因定量评估。撰写的系列服务材料及咨询报告，为相关部门评估区域植被变化状况提供参考依据。系统评估省级及区域尺度的生态质量状况。评估结果作为决策服务材料提交给省政府，使政府和公众能第一时间了解区域生态质量状况评估的最新结果，并对区域生态环境状况有客观的认识和

理解。

科研成果应用到了辽宁省的大气成分监测评价预警业务系统和东北区域环境气象预报业务系统。2006 年 12 月与辽宁省环保局联合开展了全省 14 个城市的空气质量预报服务，取得了显著的社会效益。2014 年，建立了东北区域环境气象数值预报业务系统，可提供发布东北区域内各市县 72 h 预报时效的逐小时环境气象要素预报。

（3）科研成果应用于环境气象业务

研究成果应用到决策服务材料编写，从 2007 年 1 月开始发布辽宁省大气成分综合评估报告，分析辽宁霾气象成因及颗粒物、酸雨、降尘的分布特征等，发布决策服务材料 100 余期，其中 1 次为沈阳全运会提供服务，1 次写入辽宁省政府工作报告，3 次获辽宁省领导批示，为政府提供了有力的大气环境决策参考。建立东北核扩散气象应急服务系统，编写核应急专报 20 余期，为政府核应急提供了有力的决策依据。

4.2.2　人才队伍建设

1. 高层次人才数量明显增加

2012 年“一院八所”深化改革以来，沈阳大气所在人才制度建设、激励机制等方面一直在不断努力完善，并且已经初步取得了成效。努力培养人才，为人才培养创建好的环境。在优势专业培养科技创新团队和学科带头人，并提供必要的研究经费保障，努力在优势专业方向领域做出一流水平的成果。

目前，现有固定职工 45 人。从专业技术职务看，具有高级以上专业技术职务的 40 人，占技术岗位人数 89%，正研级以上专家 18 人；从学历上看，具有硕士学位及以上人员为 42 人，占 93%，博士 15 人，占 33%。9 人被聘为高校本科生和硕士生导师；2 人获“谢义炳青年气象科技奖”；6 人入选中国气象局气象高层次科技创新人才计划；2 人入选辽宁科技创新发展智库专家；9 人入选辽宁省气象部门新时代气象高层次科技创新人才计划。

2. 创新团队建设取得突破

2014 年，联合辽宁省生态气象和卫星遥感中心、辽宁省气象台、沈阳农业大学等单位组建辽宁省农业气象灾害科技创新团队。2018 年，辽宁省科学技术厅批准成立辽宁省农业气象灾害重点实验室，重点开展影响粮食安全、特色农业、农产品品质和种植结构等方面的重大农业气象灾害监测、影响预报与风险评估气象保障能力建设。2019 年，成立东北区域气象中心东北冷涡研究重点开放实验室，主要研究方向为东北冷涡及东北亚天气气候预报预测。2022 年，牵头中国气象局东北冷涡科研业务能力提升攻关团队。

3. 国内外交流日趋活跃

20 年来，国内外交流合作日趋活跃，与中国科学院、中国气象局、美国国家大气研究中心等国内外 80 余家科研机构、高校、业务单位和企业在东北亚天气气候、环境气象、农业气象等方面开展科研合作。建立了青年科研骨干定向培养与国内外高水平专家对接的机制，鼓励科研人员开展长短期学术交流和访问。4 年来国际交流访问人数 16 人次，国内长期访问交流 8 人次。

发挥野外科学试验基地优势，积极推介基地观测资源。2019年6月2—4日，以色列魏茨曼科学研究所Dan Yakir教授研究团队和中国气象科学研究院周广胜研究员研究团队一行12人访问沈阳大气所，就中以合作项目“中国东北样带与以色列北南降水梯度生态系统的干旱生理调节与弹性”顺利开展提供区域试验平台。

牵头沈阳航空航天大学、北京航天宏图信息技术股份有限公司、国家卫星气象中心等单位，成功申报省域产业化应用项目“高分专项辽宁省湿地遥感监测及生态旅游遥感调查产业化应用项目”，合作经费达1572万元。

2021年9月，首次成功承办了“东北亚气象科技论坛”，邀请13位国际知名专家进行学术报告，30余位东北亚地区气象部门及气象、水文相关领域高级官员和专家学者出席，1700多位气象科研技术人员通过不同形式参与论坛活动。论坛展示了中国气象和实验室的影响力，为东北亚地区气象合作建立了交流平台，树立了对外开放的良好形象。

4.2.3 科研基础条件建设

1. 东北地区生态与农业气象野外科学试验基地

沈阳大气所先后建设了辽宁锦州农田生态与农业气象试验站锦州生态气象站、辽宁盘锦芦苇/水稻湿地生态与农业气象试验站、黑龙江五营红松林森林生态与农业气象试验站、黑龙江富锦水稻生态与农业气象试验站、吉林榆树玉米生态与农业气象试验站、辽宁铁岭农田生态与农业气象试验站。20年间，沈阳大气所开展定点、长期、持续生态与农业气象野外观测，目前野外科学试验基地已经遍布东北关键气候区、生态脆弱区，有6个野外观测站10套陆气通量观测系统同时运行，野外科研设备现有数量达到268台/套（5000万元以上），获得了气象要素、热通量、水分交换、土壤参量、生物生长状况等生态与农业气象数据。

沈阳大气所多渠道经费支持东北地区生态与农业气象野外科学试验基地的发展，20年共投入经费6294万元。2018年，被中国气象局批准为第一批野外科学试验基地；2019年，盘锦站和五营站被中国气象局批准为第一批国家气候观象台；2020年，锦州站成为沈阳农业大学农学院教学实训基地；2021年，以沈阳、盘锦和锦州的几个野外站为基础成立了辽宁温室气体监测网，已向中国气象局业务化传输温室气体数据。截止到2021年，在共享平台上服务的大型科研仪器有29台（套），提供对外共享服务93次，为31家科研单位提供了数据服务，对外服务机时31.2万h，共享数据15.2 G。在2018年、2019年获得全国考核优秀和良好，2020—2021年获得辽宁省共享考核先进单位。

自主研发了作物根系参数自动识别技术和产品。突破了传统根系识别的技术瓶颈。围绕植被、土壤、水文等观测技术手段存在的问题和不足，研发了一系列具有自主创新能力的实验装置或监测设备，为保证精准、及时、有效获取野外监测数据提供了可靠保障。

2. 辽宁中部城市群大气成分监测试验基地

2006—2009年，在财政部修缮项目和辽宁省气象局的资助下，沈阳大气所陆续投入经费695万元，在辽宁中部城市群的沈阳、鞍山、抚顺和本溪4个城市建立了大气成分观测站，实现了辽宁中部城市群的大气能见度、环境空气质量以及气溶胶的在线连续观测。

2014 年起，先后共投入经费 1297 万元，建立了大气成分综合立体观测网络。在沈阳、鞍山、抚顺和本溪原有观测仪器设备的基础上，陆续增加了风廓线雷达、在线离子监测分析仪（MARGA）等环境气象监测设备，实现了对气溶胶光学厚度、大气能见度、垂直边界层、有机碳 / 元素碳、颗粒物离子元素成分、过氧乙酰基硝酸酯、反应性气体等关键大气成分要素的在线连续立体监测。

3. 高性能计算机建设

2009 年，沈阳大气所引进了 IBM Cluster1600 系统，承担东北区域中尺度 WRF 预报模式、台风模式、沙尘模式等数值天气预报模式的运算任务。2013 年，中国气象局在辽宁省气象局部署了峰值浮点运算速度达到 75 万亿次 / 秒的 IBM 高性能计算机系统，使东北区域短期数值预报系统的模式分辨率提高到 3 km，区域覆盖东北三省、华北北部以及内蒙古自治区的部分地区，并研发了逐小时循环同化的短时临近数值预报模式和东北环境气象数值预报模式。2021 年，辽宁省气象局投资建设了联想高性能计算机系统，峰值浮点运算速度达到 220 万亿次 / 秒。

4. 辽宁省农业气象灾害重点实验室

辽宁省科学技术厅于 2018 年 9 月 28 日批准成立“辽宁省农业气象灾害重点实验室”（辽科发〔2018〕30 号）。实验室成员 66 人（固定人员 44 人、流动人员 22 人）组成，重点开展影响粮食安全、特色农业、农产品品质和种植结构等方面的重大农业气象灾害监测、影响预报与风险评估气象保障能力建设，打造集农业气象灾害信息获取、理论创新、技术研发、科研成果转化推广、农业气象服务供给、学术交流与人才培养等功能的高效、智能、精细、互联一体化平台。

提升科技创新能力，主持省部级以上科研项目 27 项，设立重点实验室开放基金；发布实施国家标准 2 项、高分重大专项行业标准 2 项、气象行业标准 4 项、地方标准 5 项。实验室成员获辽宁省五一劳动奖章、辽宁省优秀科技工作者、中国气象局和辽宁省高层次人才等荣誉称号共计 18 人次。加强部门内外合作，面向社会服务，开放共享 35 台 30 万元以上大型仪器设备。

5. 东北冷涡研究重点开放实验室

2019 年，东北冷涡研究重点开放实验室成立，研究方向为“东北冷涡及东北亚天气气候预报预测”，研究领域包括东北冷涡对东亚气候的影响机理及气候异常预测方法；东北冷涡强对流天气机理及预报预警方法；东北典型灾害性天气机理及预报预警技术；中高纬度区域中尺度数值天气预报关键技术。实验室现有 67 人，其中正研级专家 12 人，形成职称和年龄结构合理的科研团队。实验室设天气气候团队和区域数值预报团队 2 个创新团队，5 个研究组，并聘请国内知名专家为咨询专家，指导科研和业务工作。

实验室成员主持或骨干参加国家级科研项目 11 项，省部级 30 项，其他项目 74 项，其中国家自然科学基金 6 项、国家重点研发计划课题 5 项，在研科研经费达 1350 万元。获得省部级奖励 3 项，厅局级奖励 4 项。6 项科研成果应用于业务，东北冷涡成果支撑东北冷涡监测公报的首次业务发布、不同级别天气会商和决策材料编写，并形成行业或地方标准，科学数据向气象行业共享。

6.《气象与环境学报》

沈阳大气所改革20年期间,《气象与环境学报》在主管单位辽宁省气象局、主办单位中国气象局沈阳大气环境研究所的领导下，不断提高政治站位，坚持正确的办刊导向，期刊质量不断提升。改革20年期间,《气象与环境学报》传承精华、守正创新，取得了可喜的成绩。2010年11月，根据中国科学技术信息研究所2010年度“中国科技核心期刊”评选认定,《气象与环境学报》经过多项学术指标综合评定及专家评议，被收录为“中国科技论文源期刊”，即“中国科技核心期刊”。2015年和2016年,《气象与环境学报》分别获2014度和2015年度非教育部主管“中国科技论文在线优秀期刊”二等奖。2015年《气象与环境学报》被国家新闻出版广电总局认定为A类学术期刊。2016年,《气象与环境学报》加入“全球变化科学数据出版系统”。2020年《气象与环境学报》入选《我国高质量科技期刊分组目录》地学类T2级别。近20年,《气象与环境学报》影响因子和国际影响力指数均呈波动上升趋势，期刊通过网络传播到英国牛津大学等多个国家和地区的大学和研究所。

4.2.4 规章制度建设

2002年以来，沈阳大气所根据最新国家要求和改革需要，不断地完善规章制度。经2017年和2022年修订和完善，形成了《中国气象局沈阳大气环境研究所章程》等34项规章制度。这些规章制度在考核激励和收入分配制度、简化预算编制、下放预算调剂权、盘活科研项目结余经费、加大科研人员激励力度、全面落实科研财务助理制度、改进财务报销管理方式、简化科研项目验收结题财务管理方面进行了完善，形成科研管理、财务管理规范，鼓励创新和成果转化、有序竞争的科研运行机制。调动了不同层次科研人员工作积极性，激发了科研人员创新活力，科研人员科研产出明显增多。

4.3 薄弱环节

沈阳大气所虽然在几个重点研究领域取得了一定的研究成果，立足新发展阶段，贯彻新发展理念，面向气象高质量发展的新要求，在下一步落实中国气象局党组、职能司和辽宁省气象局党组、中国气象科学研究院领导的一体化学科布局、一体化研发分工、一体化团队建设、一体化考核管理体制，落实新型气象科技创新体系方面，沈阳大气所的持续发展仍然存在以下问题。

1. 学科方向分散，主要研究领域整合不够，没有形成创新合力

沈阳大气所多年形成东北亚天气和区域数值预报、生态和农业气象、环境气象方面形成3个研究领域，开展农业气象、生态气象、区域数值预报、东北亚天气气候、环境气象5个研究方向，各领域科研实力相当，缺乏优势牵头学科，学科特色不突出，相互之间联系不紧密，分数到每个方向的人员少，科研力量不足，影响重大科研成果产出。科研方向与其他院所存在同质化，未形成在国内外有较大影响力的专业特色，未能很好发挥国家级科研院所的作用。

2. 科技创新人员体量小，人员结构老化

沈阳大气所现有在职人员 45 人，其中正研级 17 人，副研 18 人，博士 16 人。对应 5 个研究方向设 5 个研究团队，其中农业气象研究团队 8 人、生态气象研究团队 9 人、区域数值预报团队 8 人、东北亚天气气候研究团队 4 人，环境气象研究团队 10 人。

在职员工年龄结构方面，受编制和地方经济发展的影响，沈阳大气所录用和引进的青年科研人员少。目前，正高级和高级职称人员数占比分别为 37.8% 和 40.0%。年龄结构 40 岁以下的在职职工人数为 10 人，占比 22.2%。青年科技人才后备力量严重不足，为未来影响沈阳大气所发展的重要原因。虽然培养出了一批高层次青年人才，但是在国内的影响力以及推动重点研究领域的科研能力和推动团队发展的能力仍然有限。

3. 综合科技创新能力不足

沈阳大气所在现有 3 个定位方向虽然有很好的研究基础和人才配备，但 3 个研究领域科研实力相当，相互的交叉融合度不高，没有形成相互影响和共同提高的机制。学科带头人和团队的影响力在国内有限，与国内外学术机构的交流合作不多。

学科带头人国际视野和影响力不足，科研团队研究基础和把握科技前沿的能力不足。重点研究领域围绕国家和地方发展的重大战略规划，争取国家级的重大科研攻关项目，国家自然科学基金项目以及省部级以上的科技创新成果奖的能力不足，获得省部级以上成果奖励偏少。科技产出质量不高，有影响力的高水平成果不多，代表性研究成果关键核心技术特色不够突出，在国内外影响力不大，与国家和地方事业高质量发展需求契合度不够。

4. 科技创新平台发展不平衡

在财政部修缮购置专项和改善科研条件专项以及相关项目的共同支持下，沈阳大气所在东北建立 6 个具有代表性的生态系统观测站，但台站基础设施条件、观测仪器的维护仍然滞后，观测内容仍然不全。针对东北地区典型城市群的大气环境研究，沈阳大气所在沈阳、鞍山、抚顺和本溪建立了大气成分观测站，观测站点不足，观测内容有限，不能满足研究所开展城市群区域大气环境研究的需求。作为沈阳大气所关注的东北典型灾害性天气的三维大气观测信息，目前仍然主要依赖于常规的探空观测和多普勒雷达观测，对强天气的云的宏观参数，云的微物理水凝物粒子的定量观测仍然匮乏，对东北地区灾害性天气的深入研究支持不足。

东北地区生态与农业气象野外科学试验基地等科技创新平台潜力还未充分挖掘，观测仪器共享机制和宣传不够完善，导致部分资料仪器仅限于专业团队内部人员使用，未能充分发挥其效益。

5. 气象科研和业务融合不充分

高效的科研业务融合发展机制不够完善，未能形成科研和业务紧密互动、相互促进的机制。科研与业务结合度不高，存在内部做出的科研成果“多”、业务部门知道的成果“少”的情况，存在科研和业务“两张皮”现象。对业务服务的主动性不强，科研人员对业务需求主动收集、挖掘不多、不深，为解决业务难题开展科研的意识不强。科研与业务紧密互动、相互促进的机制不够健全。科研成果转化不足，注重前端研究，轻视成果转化，影响科研效益发挥。

4.4 未来规划

4.4.1 总体目标

将沈阳大气所建设成为以农业与生态气象为优势学科，中高纬天气气候、环境气象为特色学科的创新性研究、业务服务关键技术研发和重大气象保障科技支撑的国家级重要研究机构，打造成农业与生态气象学科方向鲜明、研究队伍精干、研发成果丰硕、运行管理高效、具有重要国际影响力的一流现代研究机构和中高纬气象特色的国家级气象科研基地、人才培养基地、科研成果转化基地，力争成为全球农业气象研究重要人才中心和创新高地。2025年，在中国气象局党组、职能司、气科院和辽宁省气象局党组的指导下，完成沈阳大气所改革，科技人员队伍不断壮大，形成农业与生态气象重点优势学科方向国家级重点创新团队，科技创新能力和支撑能力稳步提升，取得一批引领支撑农业与生态气象方向新型业务的重大成果。2035年，科技支撑能力大幅提升，力争创建农业与生态气象领域的全国重点实验室等国家级创新平台，成为具有重要国际影响力的一流现代研究机构。

4.4.2 发展思路

以完善气象国家战略科技力量体系、增强气象科技自主创新能力、实现气象关键核心技术自主可控与重大突破、不断培育高层次科技人才为目标，实施沈阳大气所科研体制机制改革，在中国气象局国家级院所一体化学科布局、一体化研发分工、一体化团队建设、一体化考核管理体制的框架下，以农业与生态气象为重点优势学科，中高纬天气气候、环境气象为特色学科，形成研发方向明确、创新活力迸发、统筹协同高效、引领业务发展、高端人才涌现的新型气象科技创新体系，通过集约气象科技资源配置和引智人才计划，做大做强科研队伍，推动青年科学家成长；通过做大开放合作平台，实施国内外人才交流计划，加强国内外学术交流，打造开放合作的科研环境；发挥国家级气象科研院所对全国的牵头引领作用，加快农业与生态气象等关键核心技术攻关，强有力支撑气象高质量发展。

4.4.3 发展举措

1. 明确学科方向

按照中国气象局总体布局，将沈阳大气所优势学科方向定位于农业与生态气象，同时将中高纬天气气候和环境气象作为特色研究学科。做强农业与生态气象团队，经费、人才、重点科研任务等资源向该团队倾斜。同时将中高纬天气气候和环境气象作为我国中高纬天气气候和环境气象的重要力量。在农业气象领域面向国内外招聘特聘科学家，充分发挥特聘科学家学术及其国内外影响力，带动学科前沿研发、重大项目申报、国内外交流合作等的快速发展。

2. 完善气象科技创新体制机制

破除“四唯”，强化有影响力的特色科研成果产出，构建以质量、贡献、绩效为核心的分类评价指标，引导科技成果向业务服务转化应用，推行突出创新质量和实际贡献的成果评价制度。年度考核和聘期考核实行定量考核和定性评估并重的考核方式，奖励绩效实行“双激励”，对创新成果和业务转化成果分别采用专家评议等综合方式进行评选。探索实行年薪制、协议工资制等分配形式。

3. 明确关键核心技术攻关任务

根据院所改革要求和辽宁省气象高质量发展需要，确定粮食安全气象保障技术研究及黑土地退化驱动机制研究、东北亚天气气候和土地利用变化对主要温室气体排放的影响机理研究、东北（亚）冷涡和中高纬天气气候研究及精准预报技术、中高纬度城市大气边界层—气溶胶相互作用及霾污染精细预报研究等 4 项关键核心技术攻关任务，争取纳入国家科技计划（专项、基金等）、联合基金等国家级科研项目指南，加大联合攻关力度，努力做到国内外领先。

4. 推进农业与生态气象学科布局和发展建设

建立全国农试站建设和科学试验联盟，发挥在全国农业气象研究的引领作用。在完善中国气象局东北地区生态与农业野外科学试验基地标准化建设的基础上，强化全国农试站资源共享共建，建立信息共享、联合科研攻关、科学试验观测、仪器设备布局、人才培养等合作机制。组建中国气象局农业气象创新团队，扩大辽宁省农业气象灾害重点实验室科研、人员和影响范围。

5. 推进东北冷涡研究重点开放实验室建设

以东北区域气象中心东北冷涡研究重点开放实验室为基础，组织国家级科研业务单位、高校以及华北、华东、华中省（市）气象局东北冷涡优势研究力量，推进中国气象局东北冷涡研究创新团队发展。建立中国气象局东北冷涡研究重点开放实验室。实验室以东北冷涡对东亚天气气候的影响机理及精准预报预测技术为研究方向，努力打造我国东北冷涡领域科学试验、科技创新、人才交流培养、科研业务融合“四个”平台，为我国东北冷涡和强对流科研业务能力提升提供科技支撑。

6. 提升中国气象局东北地区生态与农业野外科学试验基地支撑作用

建立完善规范台站运行机制，围绕农业气象学科发展需求，持续扩充科学试验能力；建立由野外站和数据中心构成的仪器和数据共享与网络管理平台，在试验基地建设与发展过程中实现多部门、多行业、多学科的共建共享、集约发展，联合开展观测试验研究，加强学术交流研讨，提升试验基地的观测能力和研究水平；加强国际合作交流，牵头或参与组织开展大型科学试验，与国外高水平高校及研究机构开展联合观测研究。

7. 建立科研业务深度融合机制

建立从业务中凝练科学问题，通过科研解决业务难题的立项机制和科研业务深度融合机制。以业务需求为导向强化科研项目立项管理，加强科研项目开发阶段与业务单位的实质性合作，研究团队要搭建业务出口，加强科研成果转化中试平台应用，加强科技成果转化项目资金投入和立项，加强科研成果凝练。加强对科研成果向业务转化的引导和激励机制建设，推动研究成果在各级业务部门的业务准入，不断在国家、区域、省级气象业务以及地方服务中得到实质性应用。

8. 打造东北亚气象科技论坛国际交流平台

将东北亚气象科技论坛打造成我国与WMO、东北亚、欧美等国家的国际学术交流精品平台，扩大国内外学术交流规模，特别是引领国内东北亚气象学术交流，推动与国际同行对话。

9. 建设东北（亚）气象科技创新研究中心

以提升东北（亚）防灾减灾、气候变化应对和生态文明建设服务能力为目标，以东北区域气象及相关部门为基础，联合东北亚国家，重点加强东北（亚）天气气候及其对东北亚粮食安全、生态安全、航运安全等影响研究。推动东北亚各国或其他国家合作开展关于东北亚大气科学方面的研究，加强东北亚国家间的数据共享和学术交流。

第5章　中国气象局上海台风研究所改革创新发展报告

中国气象局上海台风研究所（以下简称台风所）是2002年经科技部、中央编办、财政部三部委批准重组的全国唯一专门从事台风研究的国家级公益性研究机构，是中国气象局所属的八个国家级专业气象研究所之一。台风所的目标定位是：围绕台风防灾减灾的国家目标，开展台风监测资料应用技术研究、台风发展规律的应用基础研究、台风预报技术和方法以及台风减灾对策研究，建设成为专业特色突出、国内一流、具有一定国际影响的台风研究机构和预报中试中心。

5.1　工作沿革

台风所的前身是成立于1978年的上海市气象科学研究所（上海台风研究所），研究所的科室设置涵盖台风、数值天气预报、天气与海洋、农业气象、气象仪器、城市气象、卫星遥感等学科。2002年进行重组时，通过双向选择竞聘的方式，根据新的科室设置需求，从原研究所人员中选拔25位以高学历、年轻人为主的科研人员组建成新的台风所，其中正研2人，博士4人，硕士14人。

改革20年来，台风所在中国气象局和上海市气象局的领导下，不断深化科技体制改革，科技创新活力和实力得到显著增强，期间曾对科室进行过多次调整，逐步形成台风、区域数值预报和海洋气象三大优势学科领域，目前人员编制数已增至70人，固定人员62人，正研15人（占比24%），博士30人（占比48%）。入选省部级以上人才计划或奖励20人次，其中中国气象局领军人才3人，中国气象局青年英才4人，上海市领军人才2人，获国务院政府津贴2人。

5.2　改革成效

20年来，台风所在中国气象局及上海市气象局的领导和支持下，以面向国家需求、面向华东区域及上海地方需求、面向学科发展需求及面向本所自身发展需求为根本目标，紧密围绕现代气象业务发展的总体工作部署和要求，积极组织台风研究领域的各类科技攻关，努力提高优势研究领域的科技创新能力及对气象现代化的支撑能力，逐步形成了台风、区域数值预报和海洋气象三大优势学科，在科技创新、科研基础条件、人才培养及团队建设、党建及组织管理等方面都取得了显著进展。在推进科技体制改革方面探索出一条富有成效的途径。

5.2.1 科技创新能力和水平显著提升，优势学科领域创新成果丰硕

改革至今，立项的科研项目共计 391 项，总经费超过 2.7 亿元。主持承担国家级项目（课题）75 项，包括国家重点研发计划项目 2 项和课题 2 项、政府间国际创新合作重点专项 2 项、国家重点基础研究发展计划（973 计划）项目 1 项和课题 3 项、科技部公益性行业专项项目 5 项、国家自然科学基金项目 54 项，占立项总数 19.18%，合同经费总量 1.46 亿，占立项总经费的 53.80%；省部级项目 120 项，占立项总数的 30.69%。发表论文 552 篇，其中 SCI 收录论文 212 篇；提交发明专利申请 28 项，其中国际发明专利 2 项，已获授权发明专利 6 项；获软件著作权 63 项；获国家科技奖 2 项、省部级科技奖 31 项。

20 年来取得了一系列高水平科研成果，在台风边界层湍流、降水微物理过程、“灰色区域”尺度参数化等方面的成果达国际先进水平，具有尺度自适应能力的三维次网格混合参数化方案被 WRF 模式引入；区域数值预报能力全国领先，研发我国首个区域台风集合预报系统 TEDAPS 获国家级业务准入；海—气耦合模式研发、与风工程等领域的学科交叉研究取得创新进展和应用实效。

1. 台风探测技术发展

2006 年台风所迈出了我国在台风野外科考领域具有探索性的第一步。在财政部科学支出专项资金及修购专项等多方资金筹措下，建立了一套台风移动监测系统。为“上海合作组织峰会”“青岛国际帆船锦标赛暨 2008 北京奥运会帆船赛测试赛”等提供现场气象监测保障。随后在多项国家 973 计划项目和国家重点研发计划项目资助下，构建了以“一站多点”“固定和移动相结合”为主要特色的登陆台风外场综合观测体系。2019 年，中国气象局华东台风野外科学试验基地建成正式挂牌。

至今组织开展了 25 个目标台风的外场科学试验，获取了飞机、风廓线雷达、GPS 探空、微波辐射计、激光雨滴谱、激光雷达等多种新型探测数据。同时积极尝试与国内外机构开展台风联合探测试验，2014 年，发起 WMO 国际合作项目“近海强度变化科学试验”（EXOTICCA），促进了与美国国家海洋和大气管理局（NOAA）和香港天文台等机构的科研合作。2015 年 10 月，采用大型远程火箭对台风“彩虹”开展远程海上台风直接试验，在国际上属首次。

2019 年，依托国家重点研发计划项目“近海台风立体协同观测科学试验”，研制了多平台协同的台风目标观测试验方案。该方案体现了“陆—海—空—天”多平台协调观测，推动了我国台风外场科学试验的规模化、协同化和标准化发展。方案在 2019 年台风“利奇马”和 2020 年台风“浪卡”中进行实施，获取了台风登陆前后外围和内核区的高时空分辨率大气观测数据。

多源资料质控技术方面得到进展（图 5.1）。针对激光雨滴谱仪、激光测风雷达、风廓线雷达等新型遥感仪器，开展在台风条件下的观测适用性分析，获批多项资料质控新技术的国家发明专利。

图 5.1　台风所登陆台风外场综合观测体系

2. 台风机理及预报技术研究

（1）台风边界层物理过程及其数值模式参数化

利用台风野外探测资料，对登陆台风边界层从次千米级精细结构、湍流扩散、摩擦耗散、动量输送与多尺度能量相互作用等角度展开探索性研究，首次发现在台风登陆过程中边界层存在湍流能量串级与反向串级的现象；提出了台风登陆过程中湍流特征受下垫面摩擦影响的定量变化模型；揭示强风条件下摩擦风速随平均风速新的变化规律；创新性地提出了用螺旋度表征湍流活动，并作为台风边界层高度参数化的新方法；建立了新的台风风压关系和台风边界层大风致灾结构模型等。

（2）台风降水与云微物理过程

开展了台风降水非对称分布及其形成机理研究，发现登陆台风内核尺度和强度是影响降水非对称分布的重要原因；利用双偏振雷达和雨滴谱观测数据，发现登陆台风外雨带强降水主要发生在单体成熟期，冰相过程是粒子增长的主要途径。利用激光雨滴谱观测资料，发现登陆台风内外雨带动力机制差异引起降水微物理特征不同，据此建立了内外雨带不同的反射率—降水率（Z-R）关系和雨滴谱估测降水新方案。基于双偏振雷达观测和雨滴谱仪等观测，结合数值模拟发现靠近台风中心雨滴粒径大，但浓度较小；通过耦合先进的快速分档云微物理方案，使用高分辨率模式研究凝结核数浓度对台风的影响，与传统的双参数总体方案进行对比，发现新方案在模拟云动力学、微物理和降水时更精确；利用激光雨滴谱仪评估了台风“利奇马”的水平风速和风向对雨滴谱仪器探测性能的影响，分析了基于水平风调整的雨滴谱质控方法的可靠性。研发了一种适用于台风、强对流等强风条件下的激光雨滴谱数据质量控制方法，建立了双偏振雷达数据中最佳形状—斜率关系，并获国家发明专利。

（3）台风动力学研究

通过历史台风统计分析、数值模拟及理论研究等方法分析了台湾岛中央山脉对登陆“海峡地区”的台风结构变化的影响，表明台风副中心的形成存在热力和动力效应两种不同的机制。副中心的产生可导致局地出现长时间的强降水；对近 70 年中国近海突然增强台风进行统计分析，发现其多处于副热带高压脊西南部；存在温度场上被暖脊包围、有持续的水汽输入、处于高海温海域、风垂直切变弱等特征；揭示了双眼墙形成的关键物理过程，提出了双眼墙形成机制的新理论。在台风快速增强初期，边界层垂直混合过程对双眼墙形成至关重要。强垂直混合将更多表层水汽带入台风涡旋，使得螺旋雨带充分发展，有利于形成双眼墙结构。

高分辨率数值模拟分析发现，内雨带主要表现为对流耦合的涡旋 Rossby 波特征，外雨带主要沿着轴平均低层流和下沉运动造成的冷池向外非对称流矢量方向传播，使得外雨带中的对流单体在较大半径处气旋式向外运动，在较小半径处向里运动；发现台风与大尺度环境场相互作用产生的锋生作用引发远距离强降水。相比于传统的位涡、湿位涡、广义湿位涡和对流涡度矢量，引入的广义对流涡度矢量能够反映出次级环流和水平方向的湿斜压变化，对降水的诊断能力更好。

（4）台风强度和结构的客观分析关键技术

气象卫星在台风最大风速、最大风速半径、风力、风圈等台风强度和结构诊断中的应用技术得到发展。基于机器学习算法，开展台风尺度识别关键技术及其时空特征研究。反演得到一套长系列的西北太平洋热带气旋尺度数据集；发明了一种基于主被动微波传感器联合观测资料的热带气旋强风圈识别系统，可有效利用多源微波遥感数据的优势，以准确获取台风风圈结构信息。基于卫星遥感的台风风压关系改进模型已投入台风强度和风圈估计的准业务化测试。

（5）台风生成、路径、强度和降水的可预报性

在台风生成监测及其可预报性研究方面，发现台风生成过程中深对流具有明显的周期性活动特征，定量评估了目前对于台风生成的预报能力。

在台风极端降水预报对模式分辨率、雷达资料同化、初始场扰动的敏感性研究方面，发现随着分辨率的提高，台风强降水的分布由集中区向四周扩展，上升运动显著增强；雷达反射率同化可使台风环流内的水汽含量显著增加，明显改进环流结构、进而改进强降水预报；大尺度初始场的细微差异对极端降水强度和位置的模拟均产生较为明显的影响，降水强度越大，预报的不确定性越大。

发展登陆台风降水数值预报 CRA（连续区域降水法）目标检验技术，从降水中心位置、降水量、降水区域旋转、降水分布形态 4 个方面分析台风降水预报误差源，指出当前数值模式对 250 mm 以上的降水预报的误差，50% 以上来源于台风降水的分布形态。定量评估了目前模式对台风非对称降水分布可预报性，还发现双台风的距离和相对强度对 3 天以上路径误差影响较大。于模式初始场、行星边界层过程和云微物理过程的不确定性，对热带气旋强度的可预报性及其动力过程开展了研究，构造了台风强度集合预报新方案。

（6）台风气候及风险评估技术研究

开展了海陆热力差异对热带气旋能量源汇及其季节变化的调控研究，揭示出大尺度海陆热力差异对热带气旋年循环特征的决定作用，发现热带气旋年循环 5 种基本类型的转换呈现出年代际尺度的特征，揭示了年循环基本型与 ENSO 的关系。探讨了热带气旋季节降水的气候可预测问题，指出热带气旋季节降水量与大尺度因子存在明显的非线性和非对称性关系。首次提出了南北半球海温梯度对西北太平洋热带气旋活动具有重要影响，成果被应用于热带气旋短期气候预测业务。开展了 2020 年 7 月空台事件研究，指出西太平洋副热带高压异常可解释台风生成数量减少 1/3，可解释梅雨区降水异常偏多 40%。

2009 年以来台风所专家代表中国气象局参加了亚太台风委员会的热带气旋气候变化评估工作，并担任评估专家小组组长。出版多册热带气旋气候评估报告，推动了亚太台风委员会成员之间资料融合和资料比较计划的开展。编写《华东区域气候变化评估报告》作为我国第一部区域气候变化评估报告。开展了对台风灾害的精细化定量评估标准和客观评估规范研究，揭示了台风灾害与台风致灾因子、孕灾环境和承灾体特性的相互关系。建立了我国及上海台风风雨极值概率分布模型、台风灾害评估指标及预估模型。

3. 区域数值预报关键技术研究

（1）对流尺度资料同化技术研究

开展区域高分辨率模式资料同化技术研究。发展了集合卡尔曼滤波（EnKF）方法，发挥 EnKF 中随流场变化背景误差协方差的优越性；在资料同化框架下，利用集合敏感性方法开展多源观测资料对预报影响的综合评价研究，识别、剔除对预报起负作用的观测资料，优化同化系统。

开展多源观测资料在区域高分辨率模式中的协同同化，实现不同类型观测数据信息的有效利用。基于 ADAS 同化和复杂云分析技术，实现卫星、雷达、探空、自动站等多源观测资料在分析同化中的有效利用。开展区域高分辨率模式物理初始化技术研究。采用物理云初始化方案，利用雷达、卫星及地面观测构建高分辨率三维初始云场和降水粒子场，同时对云内温度、湿度进行调整，使模式初始场中云微物理量信息更加准确，缩短模式 Spin-up 时间，改进模式预报精度。针对模式预报初期降水偏强的问题，增加对流判据，并分别采用不同方案计算云冰、云水混合比，减少初始微物理量与模式微物理方案的不一致，改进云分析效果。相关成果在中国气象局上海快速更新同化数值预报系统（CMA-SH3）中实时业务应用，提升了 CMA-SH3 预报性能。

利用海峡两岸 7 部雷达数据开展资料同化及数值模拟试验，表明西南气流水汽输送导致台风尺度变大、移速变慢及强度增强，进而导致台风降水覆盖面变大，持续时间变长。我国沿海省市的雷达资料，特别是西南季风通道上的雷达资料同化对提高我国登陆台风的强降水预报有显著的作用。

开展雷达反射率资料直接同化研究。发展了一套和 Thompson 微物理方案一致的雷达反射率观测算子，实现了对雷达反射率资料和雷达径向风资料的直接同化功能。个例试验表明，反射率资料直接同化对台风强度和降水结构预报有明显正贡献。雷达径向风同化不仅可以得到更好的台风涡旋结构及环境风场，还通过集合背景误差协方差中变量之间的物理相关，对湿度场也进行了合理的改进，对风场和湿度场的一致性调整，是降水预报改善的主要原因。开展多源资料多尺度同化技术研究，针对多尺度天气系统特性，发展了基于空间滤波的多尺度资料同化方案，降低集合协方差的远距离相关噪声，能够有效连续地同化表征从天气尺度到对流尺度的不同时空尺度观测资料，获得低噪的分析增量，为高分辨率模式提供物理协调的初始条件。

（2）卫星资料反演与同化技术研究

基于混合变分同化技术，通过敏感性试验验证集合方差权重、集合样本生成对卫星微波辐射率观测资料同化的影响，为开展卫星资料在区域模式中的直接同化提供技术参考。

开展风云卫星资料在区域和台风模式中的直接同化应用研究，同化资料包括 FY-3D 微波温度计（MWTS-2）高层通道辐射率、FY-4A AGRI 水汽通道辐射率和红外高光谱探测仪辐射率资料在区域高分辨率模式中的直接同化应用研究，显著改进 2021 年台风“烟花”路径预报。

（3）模式“灰色区域”尺度物理过程参数化方案研究

针对“灰色区域”尺度下传统大气边界层参数化方案不再适用的问题，利用 50 m 超高分辨率大涡模拟的分析结果，发展了基于湍流动能的尺度自适应的三维湍流参数化方案（SMS-3DTKE），该方案突破了传统大气边界层方案只有一维方向的缺陷，将模式垂直混合统一于三维混合中，并实现模式次网格垂直混合对模式分辨率自适应的突破，实现了湍流参数化三维混合在数学物理上的一致性和尺度适应性，提高了模式对大气边界层的模拟能力和预报效果，为高分辨率数值天气预报业务提供了技术支撑。该方案产生了较大的国际影响，被美国中尺度预报模式 WRF 采用，已在 WRF4.2 版本中对外发布。

针对“灰色区域”尺度下传统对流参数化方案不再适用的问题，通过 100 m 超级单体的大涡模拟结果，指出水平分辨率为 200 m 时才可彻底放弃模式中的对流参数化。在大涡模拟分析基础上，发展了一个可反映次网格云量对次网格云效应影响的质量通量传输参数化方案，并应用于业务。该方案对降水评分有所改进，特别是对中雨和大雨量级降水改进明显。

（4）区域高分辨率模式微物理过程研究

针对华东区域模式中降水偏强以及微物理方案中对气溶胶效应考虑不足的问题，开展了对微物理过程中气溶胶效应的评估和改进工作。通过超级单体试验分析不同云物理方案中气溶胶处理对强对流的发展和降水影响，结果发现，软雹的沉降速度对微物理过程的降水以及动力上超级单体的分裂和发展有很大影响，是影响华东区域模式对降水过程偏强模拟的关键微物理过程，对软雹沉降速度的优化处理可改善模式对对流单体的过强模拟。

利用双偏振雷达观测，对 WRF 模式中 3 个双参方案模拟台风降水微物理特征的能力进行评估。结果表明，Thompson 和 Morrison 方案高估大粒子，预报的降水强度低于观测，而 WDM6 方案高估小粒子，产生更强的降水。该研究为改进数值模式降水微物理参数化奠定了观测基础。

（5）城市陆面物理参数化研究

开展城市冠层模式在区域高分辨率模式中耦合效果评估和改进，通过多模式和多参数敏感性检验，建立一组适合高密度城区的城市冠层模式（SLUCM）优化参数集。模拟发现，城市冠层模式对近地面风温场具有较大调节作用。开展陆面模式地表覆盖资料的更新及影响评估，建立上海高分辨率人为热排放数据集，并评估其对近地面要素的模拟影响。将空间异质人为热排放数据集引入模式中，并引入基于上海电力负荷数据估算的人为热排放日变化廓线，可提供对高温热浪事件模拟效果。

开展复杂下垫面对上海地区高影响天气的影响研究。结果表明，城市化效应改变了上海累计降水的空间分布特征，降水强度略有增强。采用更真实的建筑高度可以明显改进降水日变化、城市热岛效应以及城区风速减弱的特征。城市建筑高度的抬升使得地表摩擦动力作用显著增强，有利于增强降水，而对水汽通量辐合略有减弱作用。

4. 海—气相互作用及台风海—气耦合模式技术研究

（1）海—气相互作用研究

开展海洋飞沫对台风结构、强度的影响研究，在 WRF 模式中加入海洋飞沫物理过程，采用分粒径段组合方式改进海洋飞沫生成函数。海—气耦合数值模拟表明：海洋飞沫主要通过改变海表面粗糙度与热通量以影响台风的强度与结构，改进后的台风海—气耦合新方案能更好地模拟台风强度变化过程；依据改进的海洋飞沫生成函数，提出了一个新的海面拖曳系数计算方案。数值模拟表明：在台风高风速情景下，新方案与经典的计算方案差别较大，这与海洋飞沫层的形成减小了海面粗糙度有关；该新方案减弱了大气对上层海洋的动力强迫，能更好地反映台风条件下上层海洋的降温幅度、混合层加深幅度、温跃层强度减弱等上层海洋要素变化的观测特征，基于北半球数百个浮标和遥感综合观测的统计结果表明，在不同的台风强度、移速和台风半径以及初始海表面温度条件下，台风眼前降温占比在近海都高于远海，并得到数值模拟的验证。

（2）台风海—气耦合模式技术研究

自主研发了一个由中尺度台风模式、海洋环流模式和海浪模式构成的区域中尺度台风耦合模式系统，通过耦合器实现台风、大洋环流、海浪模式三者间的动力和热力信息交换。大量台风个例模拟表明：海洋模式可引起 SST 明显下降，进而影响海—气热量通量，导致台风强度减弱；而海浪模式的引入主要引起海表粗糙度的变化，改变海—气动量通量的交换。海浪的引入使海水上翻引起的混合加强，导致海表降温更加明显，进而影响台风的强度和结构。

在海—气—浪耦合模式中引入考虑风速、波龄、波陡和海洋飞沫等不同要素的海表面粗糙度（SSR）参数化方案，其敏感性试验表明，考虑波浪后的参数化方案能改进台风风压关系；总体上不同耦合方案对台风路径影响不明显，但对台风强度产生明显影响。批量准业务预报试验表明，海—气—浪耦合模式 12 ~ 72 h 预报的台风近中心最大风速，比海—气耦合和非耦合模式预报效果都好，对 48 ~ 72 h 的预报改进更为明显。

相关成果获 2018 年度上海海洋科技进步一等奖；作为第二完成单位获 2020 年度国家海洋科学技术奖特等奖；2022 年获得中国气象局气象科技成果评价良好等级。

5.2.2　围绕业务需求，提升科技支撑能力，科研成果转化成效显著

改革以来，台风所紧密围绕气象业务现代化工作和研究型业务发展的需求，实现了多项核心技术的突破，与海洋、风工程等领域的学科交叉应用研究取得创新进展；通过加强与业务单位的科研合作及人员交流，在科研成果向业务和服务转化方面持续加大推进力度。台风、区域数值预报和海洋气象三大业务系统平台稳步发展，用户数量、使用频次和效益都大幅提升。其中，区域数值预报产品在全国早会商的应用率逐年提升，并实现了向缅甸的国际推广（图 5.2）；海洋模式产品在多地业务应用，促进温州岛际通航率提高 65%；西北太平洋热带气旋检索系统的专业用户机构数达 70 余家，较 2015 年增长近一倍；台风资料共享网站用户分布于全球 79 个国家和地区，四年间标注引用文献数 300 余篇；台风灾害风险评估系统在多级气象部门和电力运输、风力发电等行业得到应用，并在越南开展了推广应用；台风预报检验评估报告被亚太台风委员会作为重要技术报告采用，并支撑了 WMO 热带气旋预报检验中心建设。

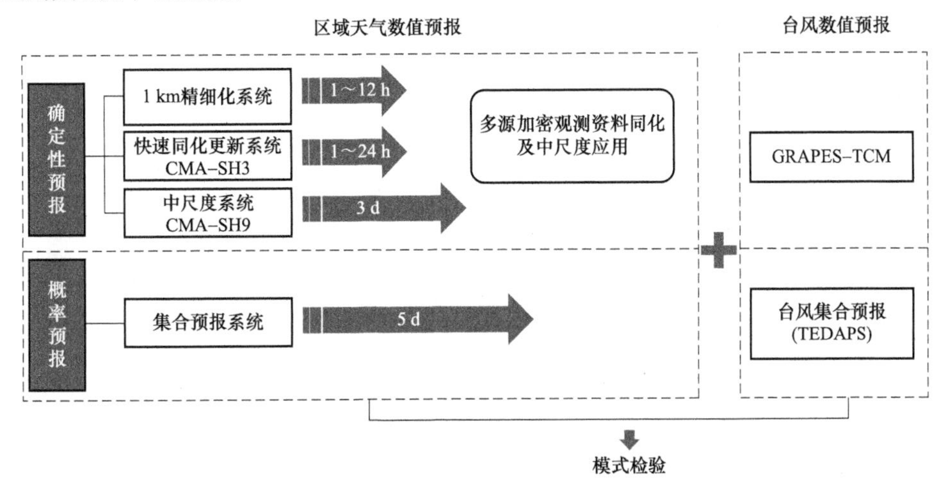

图 5.2　华东区域数值预报业务体系

1. 台风预报业务

台风分析预报客观产品有效支撑了全国台风业务，客观预报方法性能在全国名列前茅，上海台风模式、GRAPES-TCM两个确定性台风模式和TEDAPS台风集合预报系统，以及SSTC、CONS、SSAV和TCSP、WIPS等台风路径强度客观预报方法均参加全国台风发报，台风短期气候预测已成为全国、华东地区和上海市汛期预测材料的重要组成部分。

（1）GRAPES区域台风模式（GRAPES_TCM）

台风所研发的GRAPE_TCM作为我国第一套多尺度通用台风数值预报模式系统，2010年投入业务运行，并完成多次升级，在资料同化、台风涡旋初始化、GRAPES模式动力框架和物理过程等方面解决了一系列关键技术。

1）以GSI同化系统为基础，建立了3DVAR-EnKF混合的资料同化系统。以全球模式集合预报作为背景场引入“随流型”的信息，从而在背景误差协方差矩阵中增加了台风环流流型的特征。系统可直接同化AMSU、AIRS等卫星辐射率观测资料。通过云分析系统可直接使用中国新一代S波段雷达反射率资料，构造云初始信息，改进同化效果。

2）采用改进的涡旋初始化方案调整初始涡旋的尺度、结构和强度，使其与观测更为接近。该方案基于模式动力约束，较好地解决了台风环流与模式的协调性。

3）修改动力框架以满足高分辨率模式计算精度要求。并行计算框架更新引入二阶精度的稳定时间外插方案计算上游点，引入新半隐式半拉格朗日时间积分方案，引入基于PETSC新的Helmholtz解算方案。

4）整体引入GFS物理过程包，考虑物理过程中各分量的协调性，增加了对流参数化中新的触发机制，改进了对台风的强度和降水预报。

据统计，GRAPES-TCM在台风强度预报上表现优于全球模式。

（2）上海高分辨率区域台风模式（SH-THRAPS）

为了满足更多的业务需求，2014年台风所研发了基于WRF中尺度模式和GSI同化系统的上海高分辨率区域台风模式（SH-THRAPS），它主要由前处理、GSI同化、涡旋初始化、WRF大气模式、后处理及GFDL涡旋定位和检验等模块组成。采用自动单向移动嵌套方式，水平分辨率为9 km和3 km。同化包含卫星辐射率在内的多源观测资料，预报时效为120 h。除台风路径、强度、大风、降水等常规产品外，还提供雷达反射率分布、风切变以及内区域的轴对称径向风、切向风、温度距平分布等产品。

（3）台风集合预报系统TEDAPS

台风集合预报系统（TEDAPS）是我国首个全国业务发报的台风集合预报系统。它通过混合资料同化方法同化常规观测、MSLP、卫星等多源观测资料，采用初值扰动结合模式多物理参数化方案组合方式。该系统产品在上海市气象局一体化业务预报平台共享，应用于台风会商、台风专报中，取得良好的业务应用效果，从2020年6月起，TEDAPS系统已通过国家级台风业务准入，正式参加气象广播。通过对TEDAPS系统的历史预报检验与综合评估，结果表明TEDAPS路径预报误差与美国NCEP-GEFS相当，强度预报性能则明显优于美国GEFS。

（4）台风路径概率椭圆集合预报

发展了基于二元正态分布假设的台风路径概率椭圆集合预报方法，以区别传统的概率圆形表达。这些椭圆根据集合成员的离散程度给出更接近真实的台风路径不确定信息。其业务产品广受台风预报员的欢迎，在全国会商中经常使用。研究还发现集合预报类似“随机试验”，其临近误差和长远误差无关，成员筛选仅能改进 48 h 内的路径预报。

（5）西北太平洋台风生成预报系统

台风生成预报是当今台风业务的难点。基于国内外全球模式预报资料，建立了未来 5 d 内西北太平洋台风生成及后期路径预测方法，并投入业务试运行。

（6）台风短期气候预测系统

建立了集台风季节活动的统计预测技术、混合动力—统计预测技术和动力降尺度预测技术于一体的台风短期气候预测系统。系统产品包括西北太平洋和影响我国各区域台风生成年频数、登陆我国的台风年频数，对我国及华东、华南造成明显风雨影响的台风年频数等。每年 3 月、6 月和 9 月发布台风短期气候预测专报，发送给全国气象部门，并参加由国家气候中心和上海区域气候中心组织的汛期会商。预测准确率与国际主要机构同类产品相当。

2. 区域数值预报业务

建立了高低分辨率搭配、长短时效兼顾、确定性与概率预报相结合的华东区域数值预报业务体系，包含华东区域中尺度模式系统、快速更新同化系统、中尺度集合预报系统等多时空尺度的精细化数值预报系统及台风等专业预报模式。模式产品除为华东区域提供支撑外，还通过数值预报云、数值预报网站等向全国气象部门提供包括格点资料在内的各种产品。产品已被广泛应用于华东和全国短期预报服务中，在国家级数值预报业务系统的数值预报云上订阅数列全国排名第一。提供的格点产品也作为大气化学扩散模式、海洋模式的气象场条件。

（1）中国气象局上海数值预报模式系统（CMA-SH9）

系统于 2007 年建成，2009 年投入业务运行，2015 年正式通过中国气象局预报与网络司的业务准入，并经多次升级。在晴雨预报上较其他全球和区域模式有明显优势，对大雨以上量级的预报优于 ECWMF 精细化模式，目前已被国家气象中心、华东区域及区域外多省用于日常天气预报业务，是目前国家气象中心作为重要参考依据的区域数值预报产品之一。2021 年，中国气象局统一命名该系统为 CMA-SH9。

CMA-SH9 系统支撑了多项全国重大社会活动的气象服务保障工作。为 2008 年青岛奥帆赛、2011 年上海世游赛、2016 年 G20 杭州峰会、2017 年厦门金砖国家会议、2018 年青岛上合峰会和 2019 年上海进口博览会、2021 年西安全运会提供了精细化数值预报产品。数值预报团队荣获中国气象局“先进集体”称号。

（2）中国气象局上海快速更新同化数值预报系统（CMA-SH3）

该系统于 2010 年业务试运行，2018 年通过中国气象局预报与网络司的业务准入评审，并参加中国气象局组织的第三方业务区域模式统一检验评估，是首个获得业务化准入的快速更新同化系统。CMA-SH3 基于 WRF 和 ADAS 资料同化系统建立，主要针对短时临近天气预报而研发，水平分辨率为 3 km，系统每小时启动一次进行 24 h 预报。

以 CMA-SH3 为基础研发的华东 1 km 精细化模式系统，作为“上海多尺度一体化高分辨率数值模式体系”的新成员，于 2021 年秋季开始准业务测试。以此为基础研发了冬奥 1 km 精细化预报系统，产品入选 2022 年冬奥气象服务保障，第三方评估结果显示，上海冬奥模式在强风、能见度、地面温度预报中表现优秀。

（3）华东中尺度集合预报系统

该系统基于华东区域中尺度模式构建而成，于 2009 年建成，历经几次优化后性能得到显著提升，各量级的降水预报均有大幅度改善，其中有无降水的预报评分提高最为显著。系统可提供120 h时效的概率预报产品。

3. 海洋气象业务

20年来，上海台风研究所海洋气象数值预报系统经历了从无到有并不断改进的发展历程。已建立起从全球0.2°经纬度分辨率到区域、河口到米级分辨率、预报时效从48 h到240 h等满足不同业务需求的海洋气象数值预报业务系统。包括海浪数值预报系统、风暴潮数值预报系统、全球海洋环流数值预报系统、黄浦江水文数值预报系统和海雾预报系统等（图5.3）。

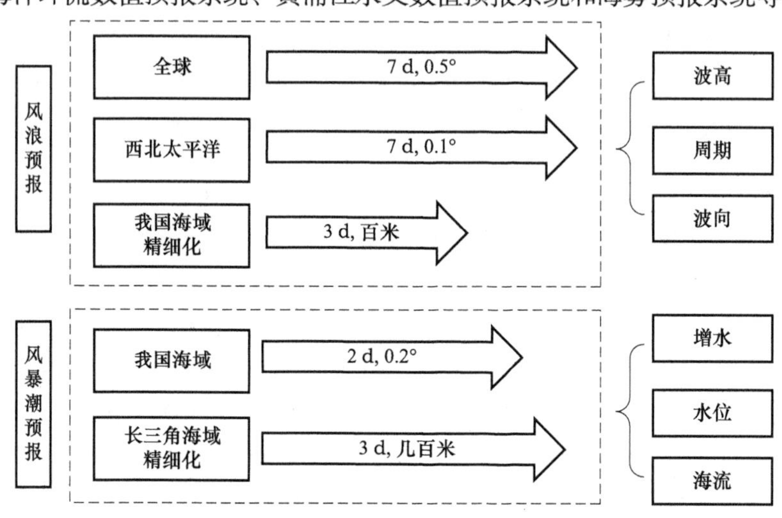

图5.3　台风所海洋数值预报业务体系

（1）海浪数值预报系统

2003—2007年，开发了以“新型混合型海浪模板”和以第3代海浪模型为基础的“西北太平洋及中国海海浪数值预报系统”。2005年，中国气象局预测减灾司向沿海各省（自治区、直辖市）气象局下发其产品使用说明，先后在上海、天津、宁波、厦门、深圳、大连、青岛、温州等地气象台等得到推广应用，受到广泛好评。2015年，模式分辨率提高到0.1°经纬度。

2012年，基于无结构网格和SWAN海浪模型开发了“长三角精细化风浪数值预报业务系统”，对重点关注海域进行网格加密，上海洋山国际深水港海域最高分辨率达20 m，2017年，对系统进行升级，优化了模式参数设计，建立了“我国海域精细化风浪数值预报业务系统”，模式范围拓展至整个中国海域。提高了对我国近海海浪数值预报准确率。成果在区域内得到广泛应用，通过与温州海洋气象业务平台对接，应用于温州沿海海洋气象专业服务，使温州沿海岛际船舶通航率提高了65%。

2015年，为满足远洋导航等业务需求，建立了“全球海洋风浪数值预报业务系统”。模式分辨率为0.2° 经纬度，预报时效为240 h；通过与上海海洋中心气象台的远洋导航服务平台对接，服务于近百艘船舶，包括服务于气象保障。

（2）风暴潮数值预报系统

2006年，基于POM模式建立了“我国风暴潮数值预报业务系统”，提供48 h内风暴水位与海流预报，系统沿用至今。2015年，基于无结构网格和FVCOM模式，开发建立了最高分辨率达百米级的“我国海域精细化风暴潮数值预报业务系统”，产品在上海海洋中心气象台的日常责任海区预报业务、台风会商、台风活动专报等方面得到广泛应用。

（3）全球海洋环流数值预报系统

该系统基于MOM5全球海洋环流模式，于2020年建成。系统可提供全球1.0°经纬度分辨率的海流、海温、盐度等要素产品，已初步应用于气象导航服务。

（4）黄浦江水文数值预报业务系统

该系统是为满足上海世博会对世博园区黄浦江水位及周边水域内潮流预报需求而开发，采用ECOM海岸河口环流模式及非均匀正交网格，分辨率为百米左右，取得了一定的服务效果。

（5）海雾预报系统

2010年，利用东部沿海海岛和沿岸气象站的地面观测资料，分析了不同级别雾的天气气候特征。建立了海雾等级的模式输出统计预报方程，可提供黄海和东海格点化分级海雾预报产品，在上海中心气象台和海洋气象台得到应用。

4. 登陆台风灾害风险评估

现代气象业务发展的一个重要任务是逐步实现从天气预报向天气影响预报的转变。在国家973计划、亚太台风委员会优先计划项目等的支持下，台风所发展了以学科交叉为特色的精细化登陆台风灾害风险预估技术和预警系统平台，积极助力台风防御从“台风预报”向“台风影响预估”的转变。

为满足台风灾害风险预估的精细化需求，开展了一系列与风工程、地质、水文、海洋、社会科学等的交叉学科研究工作，发展了以高空间分辨率（千米级—百米级—米级）为特色的台风灾害风险评估物理模型。采用计算流体力学（CFD）技术并结合风洞试验，开展了分辨率达米级的高层建筑群风环境评估和预估研究；以福建省宁德市三沙镇的台风综合观测基地为研究对象，开展了台风“利奇马”影响期间中尺度耦合微尺度CFD模式的局地风环境研究，发展了台风极端风况下中尺度模式与CFD大涡模拟耦合的局地风场动力降尺度数值模拟方法；通过对复杂地形进行高度简化，并提取其关键气动参数，建立了我国沿海复杂地形条件下台风风场动力降尺度模型，分辨率达百米级，提高了台风风场动力降尺度计算效率和准确率，并在国家电网、上海市气象局、宁波市气象局等多个部门实现了业务应用；基于层次分析法和改进后工程台风模型，确定了风电机组台风风险评估的关键因子及其算法，构建了风电机组台风风险概率评估模型，并在中船重工、龙源电力等多家大型央企进行了推广应用。

发展了台风灾害综合影响评估技术和基于自动站、数值模式、智能网格预报的台风灾害致灾危险性（预）评估技术；研制了适用于台风巨灾风险评估的暴雨模型、城市积涝风险评估模型（最高水平分辨率为5 m）、滑坡泥石流灾害风险评估模型（最高水平分辨率为30 m）、风暴潮灾害风险评估模型，成果应用于再保险行业巨灾风险评估、国家电网防台预警、海上风电场选址评估等，成果在亚太台风委员会区域开展了推广应用。

5. 台风预报检验技术

建立了涵盖确定性和概率预报的台风预报检验技术指标体系，发展了台风预报的实时和季后检验系统。开展了台风预报不确定性及其表征方法的研究。基于台风路径预报不同时效误差之间的相关性，制定了基于短时效偏差订正和成员筛选的多集合预报系统超级集成方案，创新性地发展出描述台风路径预报不确定性的概率椭圆分析方法；基于历史台风数据，综合考虑台风位置、强度及其变化信息，提出了描述台风强度预报不确定性的气候相似分析方法；将台风路径综合预报和经验风场模型相结合，发展了空间分辨率达2 km的台风大风预报不确定性快速分析技术；综合应用降水分布概率模型订正、集合成员筛选和邻域法，提出了台风极端降水预报不确定性分析方法。

自20世纪90年代起至今，台风所每年向中国气象局台风和海洋气象专家工作组提交《热带气旋定位和预报精度评定报告》，作为审定台风预报方法是否参加业务广播的主要依据。自2013年起，每年向亚太台风委员会提交《西北太平洋海域台风预报检验评估报告》，成为其确定工作计划和发展战略的重要参考。2017年，台风所和WMO东京台风中心同时向世界气象组织提交了成立全球热带气旋预报检验中心（LC-TCFV）的申请，并获准联合筹建。2019年建成了全球热带气旋实时预报数据库、发布了首份全球热带气旋预报检验评估报告。该项工作进展意味着我国台风预报检验技术指标体系得到了国际学术界的正式认可，打破了日本在WMO亚太区域台风事务中一枝独秀的局面。2020年，完成“全球热带气旋预报与检验”网站开发，该网站集全球热带气旋位置、强度实时监测、路径和强度等预报效果实时检验、路径和强度预报效果季后检验与分析、模式诊断产品展示等功能于一体。

以上工作均是由台风所牵头组织实施的“WMO登陆台风预报示范项目（TLFDP）”的重要组成部分。因成果丰硕，成效显著，已获批延续三次，标志着我国在亚太区域台风预报新技术应用和检验评估工作中的引领地位。

5.2.3 提升人才队伍素质，加强科技创新团队建设

1. 人才队伍健康发展

2002年重组初期，台风所有固定科研人员25人，其中正研2人，博士4人；目前固定人员62人，其中正研15人，博士30人。20年来，共培养入选省部级以上人才计划或奖励20人次，其中中国气象局领军人才3人，中国气象局青年英才4人，上海市领军人才2人，获政府津贴2人，上海市各类其他人才9人次。国际组织任职3人，入选WMO专家库7人。博士生导师4人，硕士生导师11人。

2. 持续加强对外交流合作，内培外联，多措并举

成立由国内外顶尖科学家组成的学术委员会。2003年，成立了台风所第一届学术委员会，主任由台风学界泰斗陈联寿院士担任。目前台风所已成立第三届学术咨询委员会，由6位两院院士和10位资深教授级科学家组成。数值预报创新团队聘请了10位国内外知名数值预报专家作为国际咨询委员会委员，主席由MM5主要研发者、美国国家大气研究中心（NCAR）Jimy Dudhia博士担任。台风科技创新团队学术咨询委员会主任由美国夏威夷大学李天明教授担任，成员来自国内外多所知名高校、中科院以及国家和区域级业务部门，充分体现了科研与业务相结合的导向。

与海内外多个知名研究及业务机构建立了合作联系。国际机构包括美国国家大气研究中心（NCAR）、美国大西洋海洋气象实验室飓风研究部（HRD）、美国夏威夷大学、韩国国家

台风中心、澳大利亚气象局、德国慕尼黑大学以及欧洲中期天气预报中心（ECMWF）等。国内机构包括中国气象科学研究院、国家气象中心、中国科学院大气物理研究所、南京大学、南京信息工程大学、复旦大学、华东师范大学等。

支持在职人员继续攻读学位。20 年来，共计有 20 名在职人员攻读博士学位，其中 14 人已取得学位。

设立博士后科研工作站。2006 年，台风所正式获批成立博士后科研工作站，至今培养博士后 24 名，其中 8 名出站后正式入职台风所。台风所科研人员培养了 35 名硕士、博士研究生。

2003 年，上海市气象局建立了“上海台风研究基金”，由台风所具体实施。这在国内气象专业研究基金方面属于首创。2003—2011 年共资助课题 92 项，随后由于经费原因暂停，2019 年起重新恢复，用于资助台风所三大重点学科领域、研究型业务领域、华东区域协同发展领域等的研究，还设立了青年科技骨干专项。2019—2021 年，共资助 57 项课题。进一步为国内台风研究的开展培养和输送人才。

5.2.4　加强科研基础条件建设，推进仪器数据开放共享

1. 科技创新平台

（1）国际层面

2019 年 2 月，中国气象局在亚太台风委员会届会上提出在中国上海建立亚太台风研究中心。同年 7 月，中国气象局和上海市政府第七次部市合作会议明确提出，在亚太台风委员会框架下，借助上海政策优势，依托台风所建设亚太台风研究中心。2021 年 12 月，亚太台风研究中心正式揭牌成立，中心位于中国上海临港新片区的国际创新协同区，是目前全球唯一的国际性台风联合科研专业机构。研究中心将针对台风监测预报的重点技术难题，与全球相关科研业务机构开展联合研究，提升区域防灾减灾能力。

随着全球热带气旋业务综合实力的提升，热带气旋预报检验业务的需求也不断提升。台风所基于前期工作基础，在 2017 年向 WMO 提交成立热带气旋预报检验中心（LC-TCFV）的申请，同时提交申请的还有东京台风中心。WMO 审核后认为双方都具备相关综合实力，建议联合建设 LC-TCFV，以便充分发挥各自的优势。该项工作正在稳步推进。

（2）省部级层面

2005 年，中国气象局台风预报技术开放实验室正式获批成立，以热带气旋领域的预报业务应用技术研究为主、热带气旋业务发展的应用基础研究为辅为工作方向，进一步完善台风数值预报业务系统。2013 年，经中国气象局科技司批准，实验室改名为中国气象局台风数值预报重点实验室，研究主要集中在台风资料同化、海—气—浪耦合模式技术等方面，2019 年对团队结构进行了优化，将聚焦提升台风风雨精细预报能力。

2011 年，台风所申报的“国家级华东登陆台风综合观测基地建设”基建项目经中国气象局批准正式立项，确定在福建省三沙镇建立我国首个国家级登陆台风综合观测基地，并纳入了中国气象局大气探测总体规划，经过 9 年建设，2019 年 12 月基地正式挂牌。至今，以“一站多点”“固定和移动相结合”为主要特色的我国登陆台风外场综合观测体系已初步建成，包

括一个主站和三个副站，主站即中国气象局华东台风野外科学试验基地；三个副站分别位于浙江台州大陈岛、温州平阳和海南万宁。

2016年，以台风所李泓研究员名字命名的“李泓资料同化工作室”经上海市级机关工委授予成立，是上海市气象局唯一的劳模工作室。创设以来，工作室在科研、业务、人才孵化培养等方面取得令人瞩目的成绩，获批科研经费800多万元，多项成果业务化。

2018年，以台风所为依托单位的中国气象局—复旦大学海洋气象灾害联合实验室正式成立。实验室从机理、监测和预测三方面开展海洋气象灾害方面的研究，培养海洋气象灾害理论研究和应用服务等优秀科技人才。

（3）长江经济带层面

2018年，按照中国气象局集中研发区域高分辨率数值预报模式的总体部署要求，以上海区域高分辨率数值预报创新中心研发团队为核心，联合长江经济带沿线的华中、西南区域气象中心参与区域模式集中研发和协同发展，组建长江经济带数值预报联盟。联盟凝聚长江流域各省（自治区、直辖市）从事数值预报研发和应用的人才资源，共享观测资料和模式技术，探索构建开放合作、交流互鉴的区域高分辨率模式研发和应用平台。

（4）华东区域层面

2016年，台风所与温州市气象局联合成立台风预报技术应用联合实验室。实验室成立以来，通过业务科研技术交流、培训、联合申报项目等方式，推动了多项台风和海洋气象科研成果在温州的本地化应用，服务效益显著，促进了业务与科研的有效结合。

2019年，上海市气象局和福建省气象局联合成立台风探测新技术应用联合实验室，双方依托单位分别是台风所与福建省气象科学研究所，实验室建设目标是共同推进中国气象局华东台风野外科学试验基地建设，培养台风观测技术和研究应用人才。

（5）上海市气象局层面

2015年，区域高分辨率数值预报创新中心成立，台风所作为创新中心的依托单位，聚焦高分辨率数值预报模式，开展核心技术攻关，取得了具有国际一流水平的创新进展。

2016年，上海市气象局台风科技创新团队正式成立，台风所作为依托单位，团队成员分别来自台风所、上海中心气象台、上海市气象科学研究所、上海海洋气象台、浙江省气象台、宁波市气象局。团队以突破台风研究和预报业务瓶颈为牵引，增强台风业务的科技支撑能力。

2. 科学数据

受中国气象局委托，上海台风研究所自1972年起开始承担西北太平洋及南海台风最佳资料整编和台风年鉴出版工作，已整编了1949—2020年共72年长时序台风资料，并出版逐年台风年鉴，成为我国拥有最完整和最具权威台风基本资料的机构。2002年起，台风所代表中国承担亚太经社组织（ESCAP）/世界气象组织（WMO）台风委员会的西北太平洋台风最佳资料的融合整编工作。

为提升台风年鉴的科技水平整编效率，多渠道聘请国内资深预报员、防台一线专家以及国际专家共同参与到该项工作中。开发了新型风压关系模型、自动定位定强技术、尺度分析技术等一系列具有自主知识产权的台风资料整编新技术，同时研发了“台风年鉴辅助系统”“台风年鉴相关资料定时智能化收集系统”等业务系统。

台风所每10年整编出版一本《台风气候图集》，至今已出版了4册，成为世界上唯一系统性出版的台风专题系列图集。其中 2017 年出版的《西北太平洋及南海热带气旋气候图集（1981—2010）》，荣获 2018 年中国测绘学会优秀地图作品裴秀奖银奖、英国地图制图学会年度大奖、John Bartholomew 专题地图奖、Stanfords 印制地图优质奖等多项奖励。

持续推进台风多源数据库的建设，目前已形成了包含西北太平洋（含南海）所有台风的最佳路径、台风风雨、台风尺度、中国台风极端降水、中国登陆台风灾害、“追风”观测、台风预报、台风预报评估、台风遥感和全球常规观测和全球再分析等较为全面的台风多源科学数据库或数据集。与国际同类资料库相比，该数据库兼具完整性和权威性，又具有时间序列长、覆盖范围广、资料要素多等特点。台风最佳路径资料集被 WMO 官方全球热带气旋资料库 IBTrACS 收录，同时参加 UNESCAP/WMO 台风委员会的国际资料交换和比较计划。完成“中国气象局热带气旋资料中心”网站并实现了台风数据全球共享（http：//tcdata.typhoon.org.cn），访问用户遍及世界 79 个国家和地区。

建立西北太平洋热带气旋检索系统。该系统整合了台风多源数据库中全面综合的多源、多尺度、多层次的海量数据资料；通过数据融合及关联组合，获得对台风更为精细、精确、多角度的描述；提出基于 GIS 技术设计空间相似算法，实现相似台风路径查询检索。为我国沿海气象局、台、站业务人员开通访问服务，为汛期台风业务预报提供了丰富的参考信息，反响良好，成为汛期台风来临时预报员必用的参考工具之一。自 2003 年系统正式发布后，经历了多次升级，目前最新的 V5.0 版本已于 2021 年正式对外发布，实现了移动终端可访问以及实时卫星云图叠加、实时台风影响降水叠加、登陆台风气候特征统计及依据风雨影响反查台风等多项功能，在全国 200 多家单位拥有 300 多专业用户，在防台减灾前沿发挥着重要作用。2019 年推出了便于用户访问的微信程序版“台风检索系统”。

3. 大型科研仪器

2006 年以来，台风所依托“修购专项”，先后购置了台风移动观测车、微波辐射计、车载风廓线雷达、GPS 探空、全域观天仪、大口径闪烁仪、涡动通量仪、激光雨滴谱、超声风温仪、自动气象站和强风观测仪等多种探测设备，初步构建起开展登陆台风固定观测与移动观测相结合的小型立体观测网。目前大型科学仪器设备共有 55 套，为使相关科研仪器管理和使用规范化，充分发挥大型科研仪器的价值，制订了《中国气象局上海台风研究所大型科学仪器设备资源共享管理暂行办法》和《中国气象局上海台风研究所科研仪器设备开放共享管理说明》，在 2018—2022 年中央级高校和科研院所等单位重大科研基础设施和大型科研仪器开放共享评价考核中获得 1 次“优秀”、3 次“良好”。与福建、海南、温州、台州等省市气象局等多家单位达成了观测仪器与观测数据共享合作协议，促进了气象科技资源的共享和推广应用。

4. 学术期刊及文献资源

2012 年 2 月由亚太经社会 / 世界气象组织（ESCAP/WMO）台风委员会和台风所联合主办的季刊 *Tropical Cyclone Research and Review*（TCRR，国际标准连续出版物编号：ISSN 2225-6032）创刊，编委会由来自亚太 14 个台风委员会成员的 40 余位知名台风专家组成，国际编委占 85%。TCRR 的出版填补了国际上缺少专门针对热带气旋学术期刊的空白，促进了国际台风学科领域的学术交流，提高了中国在国际台风领域的影响力。目前该期刊国际化程度和国际影响力显著提升，稿源国数量已达 20 个，拥有近 130 个国家和地区的读者。期刊被 SD、

DOAJ、中国知网等知名全文数据库收录。2017年被 *Web of Science* 核心合集收录为ESCI期刊，2023年起将拥有期刊影响因子。全文下载量稳步增加，从创刊初期的年均12000余次，发展到2021年，仅SD平台就超过10万次。

5. 高性能计算能力

2002—2008年首次采用自建集群的方式提升高性能计算能力。2008年，为迎接世博会顺利召开，建设了一套IBM高性能计算资源，计算能力理论峰值达到4万亿次/秒，满足了高分辨率数值预报模式的业务化稳定运行。2015—2017年高性能计算资源的计算能力理论峰值已经扩展至230万亿次/秒，存储达1 PB。满足了3 km分辨率的模式系统和海洋、短临多套数值预报业务系统的科研与业务计算需要。2019年，依托部市合作项目“区域高分辨率数值预报模式系统建设”，“上海超算中心”提供了计算能力理论峰值达700万亿次/秒的专用高性能计算资源。台风所拥有可用高性能计算资源的计算能力理论峰值总和达到了1.65千万亿次/秒，容量达到9.2 PB。采用100 GEDR直连网络架构，计算效率与存储读写能存储力得到了显著提升。

5.2.5 加强党建引领发展，稳步推进科技体制改革

1. 坚持党建引领，提升单位凝聚力

台风所认真学习贯彻习近平新时代中国特色社会主义思想和党的十八大、十九大精神，深入学习习近平总书记关于气象工作和科技创新工作的重要指示精神，按照中央及中国气象局党组关于加强部门党建工作的部署要求，落实全面从严治党主体责任，以高质量党建保障事业高质量发展。以“五型模范机关建设”活动为抓手，以“围绕业务抓党建、抓好党建促业务”为核心目标，不断创新工作方法和完善工作机制。

始终坚持“厚德勤学、研精究实”的所训，以创建全国文明单位工作为契机，营造积极向上、健康文明的科研氛围。通过组织职工参加爱国观影、探寻红色足迹等各类活动，丰富了广大职工的文化生活。利用创全简报、台风所网站、台风所微信公众号等多种载体，宣传所内各类活动及典型事迹。

2. 积极推进科技体制改革，强化制度建设

2002—2005年改革初期，台风所实行课题制、首席科学家负责制。成立四个重点方向研究组，研究组长决定组内研究人员的绩效津贴，完善管理规章制度，后出台了有关科技资源共享管理办法、职工代表大会制度、职工在职学习管理办法、科研成果业务转化奖管理办法等制度，

2006—2011年，按照实施科教兴气象战略、加强科技创新、推进研究型业务快速发展的要求，启动新一轮改革，对人员机构进行合理调整。

2012—2016年，制定国家科技专项经费绩效支出发放管理规定，修订财务结算管理办法、出差管理规定、请休假制度、岗位设置及聘任办法、课题目标管理办法等多项管理办法，对保障资金安全和提高资金使用效益起到了积极作用。

2017—2022年，根据《中国气象局上海台风研究所深化科技体制改革实施方案》，上海

市气象局指导和支持台风所完成了机构重组，给予了配套的绩效和评价等科技创新保障政策支持。同时台风所陆续出台了各类科研和人才政策，持续加大激励力度，为科研人员放权松绑，鼓励科研人员潜心科研。2018 年，根据《关于中央级科研事业单位章程制定工作的指导意见》的要求，制定了台风所章程，修订了绩效考核和绩效工资分配办法；建立科研财务助理制度和科室负责人任期制，为科室负责人配备行政助理。

3. 发挥专业优势，加强气象科普，提升社会责任履职能力

积极参加气象科普宣传是台风所服务社会的一大亮点。台风所学术带头人带领台风所科普宣传团队积极投身于气象科普，走进学校、企事业、社区宣讲气象防灾减灾知识，形成了独具特色的“上海气象科普”品牌，创办“台风监测”微信公众号，发布原创性台风科普短文，公众号订阅人数超过 20 万。科普工作多次获得中国气象局和上海市表彰。

组建了“追风者也”志愿服务队。以每年的“3 · 5”学雷锋日、“3 · 23”世界气象日、上海科技节等活动为契机，广泛组织开展台风气象科普宣传活动。远赴安徽岳西希望小学开展科普讲座，捐赠图书资料及计算机。积极探索基层党建工作与业务工作的融合途径，与居委街道结对共建文明社区。

5.3　薄弱环节

20 年来，在中国气象局和上海市气象局的正确领导和大力支持下，台风所通过深化科技体制改革，加强党建引领和开放合作，在台风、区域数值预报、海洋气象三大优势领域的科技创新能力明显提升，对现代气象业务发展的科技支撑贡献表现优异，人才队伍建设有序推进，科研基础条件得到大幅度改善，整体国际影响力和竞争力进一步提升。然而，对照科研院所三个面向的总体要求，在培养高层次人才、优化评价激励机制和融入经济社会发展等方面还有待提高。

1. 优势领域发展的前瞻性和系统性不足

缺乏对前瞻性科学技术问题的探索能力，存在跟跑国际前沿的研究现状问题，原创能力欠缺。台风监测信息获取仍以传统常规手段为主，缺乏飞机飞艇、海气界面、海洋响应和云内过程的监测技术，缺乏进一步提高台风强度和风雨预报准确性的途径。目前上海区域数值天气预报的空间分辨率为 3 ~ 9 km，而国际上以建立千米 / 次千米级的天气模式系统为发展方向。海洋气象研究涵盖的要素和区域仍非常有限，缺乏支撑区域海洋气象业务和远洋气象导航服务所必需的海雾、海上大风、海冰等监测预报技术。

2. 优势领域核心科技的自主创新能力不足

目前已建立的台风、数值天气预报和海洋气象业务系统，其模式动力框架、主要物理过程、初始场形成技术等仍主要沿用国外已有的成熟技术，气象卫星和雷达等先进、海量观测资料在模式中的应用仍显不足，技术缺乏自主创新，科研成果转化为业务能力的效率有待提高，与国际领先水平还存在较大差距。

3. 面向气象强国建设需求的科技供给能力不足

在台风资料整编和应用、台风预报及检验评估、区域和海洋气象数值预报业务等方面主要聚焦在传统的气象要素本身，交叉学科领域的研究和应用欠缺；台风研究区域主要局限在西北太平洋海域，缺乏全球视野；与气象强国建设的实际需求结合不紧密，国家级气象科研院所的定位没有充分体现。

4. 人才队伍的核心竞争力和创新积极性需进一步加强

过去20年，台风所在三大优势学科领域取得了长足进步，在台风观测和精细结构理论研究、区域数值预报核心技术、海洋气象模式技术应用等方面已具备一定的国际竞争力，并为中国气象局、上海市气象局和国内知名高校培养和输送了若干相关领域的高端人才。优势学科领域人才高地已基本形成，但是对标国际领先的同类研究机构，如美国飓风研究部（HRD），具有核心竞争力的人才高峰仍显不足，需进一步优化人才队伍结构，构建高峰人才培养和遴选机制。同时，给科研骨干人员最大限度地放权松绑，从而发挥更大的活力和创造力。

5. 运行管理机制不够顺畅。科研管理机制不畅

目前台风所以科室为主的管理体制难以跟上现代科学研究大规模化以及学科交叉的综合性研究发展趋势。此外，台风所科研人员同时承担核心技术研究、技术转化、甚至成果展示等不同类别工作，专心科研的氛围营造的不够。科研与业务结合机制不够通畅。目前台风所由科研人员个人分散管理众多业务模式系统，真正意义上的业务中试并未开展。同时台风和海洋气象数值预报工作与上海市气象局中试平台联系不够紧密，未能形成科技成果转化合力。人才选拔和培养机制有待改进。台风所对于学科带头人和科室负责人的选拔基本上以学术水平和职称作为主要考量，对于发展潜力和组织管理能力的考虑相对较少，不利于年轻干部的脱颖而出。青年科技人才是突破核心技术的主力军，但台风所尚未建立专门的青年人才培养机制；而在领军人才和学术带头人的培养上主要还是依托中国气象局和上海市气象局的重大培养项目，台风所目前尚未有政策支撑。缺少稳定的收入增长机制，面对上海的高生活成本压力，人才流失挑战严峻。考核评价机制不够完善。目前台风所尚未建立科研考核评价分类制度，主要用同一标准评价不同学科不同类型的科研和业务工作，严重阻碍了关键核心技术突破。此外，台风所优势领域与上海局现代化气象业务的深度交叉和融合度不够，部分关系也不是很清楚，如何通过深化改革，健全台风所与各业务单位之间的联合机制，最终为上海更高水平气象现代化建设做好重大支撑是目前亟须解决的难题。

5.4 未来规划

5.4.1 发展思路

未来5～10年，台风所将围绕国家防灾减灾和建设海洋强国的战略需求，瞄准世界气象科技先进水平，强化全链条覆盖的台风研究体系、全国领先的区域数值天气预报和海洋气象

精细预报科技支撑能力等特色优势。实现多平台协同台风科学试验、千米—次千米级数值天气预报和海洋气象预报核心技术突破，切实提升三大优势学科领域的应用基础研究水平和自主可控科技支撑能力。建立与现代科研院所发展相适应的科技创新制度体系，持续推动亚太台风研究中心建设，力争成为面向国际的国家级气象科技创新策源地。

5.4.2　具体措施

1. 坚持党建引领，持续推进党建与业务深度融合

以习近平新时代中国特色社会主义思想为指导，深入贯彻党的路线方针政策，全面加强党对气象科技工作的领导。立足气象事业关系生命安全、生产发展、生活富裕、生态良好，全力以赴落实习近平总书记关于气象工作指示精神和交办上海的各项任务和要求，推进党建与业务深度融合，切实发挥党支部的战斗堡垒作用和党员先锋模范作用，为台风所各项事业高质量发展提供坚强的政治保障。

大力弘扬“厚德勤学、研精究实”的所训精神，努力践行社会主义核心价值观。大力弘扬胸怀祖国、服务人民的爱国精神；勇攀高峰、敢为人先的创新精神；追求真理、严谨治学的求实精神；淡泊名利、潜心研究的奉献精神；集智攻关、团结协作的协同精神；甘为人梯、奖掖后学的育人精神。加强科研诚信管理，营造良好向上的科研氛围和风清气正的科研环境。

2. 加强优势学科建设，提升关键核心技术自主创新能力

（1）建设国家级台风科学试验体系，开展国际台风外场科学试验

建设天基、空基、地基和海基相互协同的国家级台风科学试验体系。研发观测新装备与新技术。发展基于人工智能和图像识别的新型观测技术；开展台风科学试验与台风模式全过程互动研究。开展适应性观测研究，优化观测方案。

深入开展国际联合台风科学试验。依托 WMO 和亚太台风委员会国际合作项目“近海台风强度变化科学试验（EXOTICCA）”，针对台风强度和结构突变、台风边界层精细特征演变及云物理过程等关键科学问题，开展国际联合台风科学试验，建立和完善适合当前我国特点的标准化、规范化的台风科学试验流程和观测方案。

（2）研发对流尺度多源资料融合技术，建设台风再分析资料集

发展智能化台风结构遥感反演技术。研发遥感反演新技术，积极推进我国风云系列卫星资料和地基雷达资料在台风结构遥感反演中的应用，构建台风结构遥感反演数据集。

发展千米尺度分辨率云分析和模式初始化技术，开展新型高分辨率遥感观测资料在区域模式中的同化应用，发展雷达、卫星辐射率资料直接同化技术。

发展多源异构数据智能分析技术，建立台风再分析资料集，加强风云系列卫星资料、雷达资料在台风定位定强中的应用，进一步做好我国台风最佳路径资料整编出版工作。

（3）研究极端登陆台风事件，揭示台风精细结构演变机制

研究登陆台风极端降水产生机制及近海致灾性大风演变过程，研究复杂下垫面对登陆台风精细结构的影响机理及致灾性结构产生机制，研究台风极端风雨过程的可预报性。

研究台风形成过程对流活动特征及其对台风形成的影响机制，建立台风边界层多尺度物理模型，构建台风降水的三维微物理结构模型，开展大气物理化学过程、海洋等对台风的响

应特征研究。

（4）推进国省统筹机制下数值预报转型发展，实现关键核心技术自主可控

开展适合高分辨率模式的物理过程研发。依托中国气象局数值预报国省统筹机制，继续对标国际最先进水平，开展适用于对流尺度和次千米尺度的模式物理过程研究和高时空密度多源探测资料同化方法研究。

建立第三代上海天气和风险模式系统。深度融入地球系统数值预报中心统一技术框架，开展高分辨率台风—海洋（集合）预报系统建设和面向超大城市百米级快速更新同化系统研发，实现上海数值预报业务的平稳过渡和转型发展，围绕台风、海洋、超大城市等业务应用需求，发展有上海特色的数值预报业务。

（5）开展多尺度模式评估和应用研究，发展台风影响评估系统

开展全球热带气旋预报检验评估，开发全球海域热带气旋预报、区域快速更新同化系统、集合预报系统等的检验和后处理平台。

研发基于台风动力学的台风智能诊断和预报分析技术，着力完善台风天气气候一体化多尺度客观预报预测技术体系。

发展台风巨灾风险评估技术，发展网格化台风影响实时评估技术，逐步形成以台风灾害预警功能为主导、同时具备台风灾害综合风险评估、台风灾害风险会商研判、台风影响态势智能分析的台风影响评估系统。

3. 深化科技体制改革，优化科技创新资源配置

（1）依托亚太台风研究中心建设，打造高水平国际气象科技创新平台

牵头发起西北太平洋台风科学试验国际大科学计划，建成全球台风大数据中心和全球台风数值预报中心，确保研究中心台风科技水平处于国际领先地位，定期发布权威性台风科学报告。搭建台风防御技术创新平台。注重跨行业跨学科跨国别合作，建设面向亚太区域的天基—空基—地基—海基一体化台风科学监测体系，建立区域—台风—海洋一体化数值预报系统。

完善台风—海洋气象数据国际共享标准和技术规范，发展工程—天气—气候一体化防灾减灾关键技术体系，推动我国台风数据标准和技术规范进入亚太各国，构建亚太区域防台减灾科技支撑体系并在全球形成引领示范。

汇聚全球顶尖科技人才，打造上海防台减灾科技国际论坛，建立面向亚太各国的防台减灾科技人才培训机制，做大做强全球唯一的台风专业学术期刊，定期发布亚太区域台风灾害防御科技白皮书，建设国际台风巨灾应对策略智库。

落实中国气象局“气象科技力量倍增计划”，发挥新型研发机构体制机制优势，把政府、市场、社会有机结合起来，通过机制创新集聚国内外科研人才和投入。

（2）创新转化机制，实现科研成果在业务化和产业化应用的更多突破

围绕气象高质量发展和业务技术现代化，加快建立以业务需求为导向的科研立项评审机制、以业务转化为导向的科技成果评价机制、以业务贡献为导向的科研机构平台和人才团队评估机制“三评”导向机制。强化创新质量和实际贡献的评价导向，将解决关键核心科技问题和科技成果的业务转化情况、服务一线的实际效果作为科技评价的重要考核依据。

主动融入上海科创中心建设，推进产学研用联合共建，拓展台风数值模式、台风灾害影响评估等核心研发业务及市场化服务，探索融入气象及相关产业发展，多元强化对气象业务

现代化支撑。

（3）改革人才培养机制，形成具有国际影响力的台风科研人才高地

打造复合型多层次人才培养体系。建立专职和客座相结合的学科带头人聘任制，依托博士后工作站、客座硕博士导师制、上海台风研究基金，建立国内外高级研究人员引进和青年科技人才培养新机制，逐步形成优势领域的国际人才高峰。设立研究型业务首席，培养科研成果转化专业队伍。建立专家导师挂牌制、所技术总师制、科研辅助岗制，建设层次清晰、分工明确的科研团队。建立所内外人员的柔性流动机制，建设高素质管理干部队伍，大力培养和选拔优秀年轻干部，动态实施优秀年轻干部培养锻炼计划。

完善评价激励机制。健全以创新能力、质量、实效、贡献为导向的人才评价体系，以提高预报预测质量、解决气象业务科研关键技术问题和科技创新能力等为导向开展人才评价。完善以知识价值为导向的绩效分配机制，优化多维度绩效考核政策，加大差异化绩效分配力度。

第 6 章　中国气象局武汉暴雨研究所改革创新发展报告

2002 年，中国气象局武暴雨研究所（以下简称“暴雨所”）作为“一院八所”之一被确定为国家级气象科研院所后，按照中国气象局总体要求和统一部署，在中国气象局科技司和湖北省气象局（以下简称“省局”）坚强领导下，积极稳妥地推进了科技体制改革，经过 20 年的改革发展，尤其是党的十八大以来，在习近平新时代中国特色社会主义思想和习近平总书记对气象工作重要指示精神指导下，暴雨所在科技自主创新水平、科研基础条件建设、人才队伍发展、运行管理机制以及对气象高质量发展的科技支撑能力都取得了明显提升。现将 20 年来的改革总结如下。

6.1　工作沿革

6.1.1　第一阶段（2002—2012 年）：改革发展初期

暴雨所前身是湖北省气象科学研究所。2002 年 2 月 8 日，中国气象局正式批复暴雨所改革实施方案。7 月 4 日，湖北省气象局党组任命崔春光同志为常务副所长。7 月 14 日，暴雨所兼职所长招聘答辩会在中国气象局召开，时任中科院大气物理研究所大气科学和地球流体力学数值模拟国家重点实验室副主任、博士生导师宇如聪研究员参加答辩并最终获聘。10 月 11 日，在暴雨所揭牌仪式上，首届学术委员会宣告成立，中国科学院资深院士陶诗言先生任主任。11 月 1 日起，暴雨所正式按照新的机构、人员和机制开始独立运行，是国内唯一专门从事暴雨研究的国家级气象科研院所。所内设置暴雨应用基础研究室、暴雨监测技术研究室、暴雨信息应用研究室、多普勒雷达应用开发开放实验室和综合办公室，全所职工 23 人，平均年龄 36 岁。2003 年 10 月 29 日，多普勒雷达应用开发开放实验室揭牌仪式在武汉市举行，全国首个从事新一代天气雷达应用开发研究的实验室正式宣告成立。2006 年，暴雨所核定编制 50 名，所长 1 人，副所长 1 人，内设机构科级领导职数 10 名，下设 6 个科级内设机构：综合办公室、暴雨数值预报研究室、暴雨机理研究室、暴雨监测预警研究室（多普勒天气雷达应用开发开放实验室）、暴雨应用研究室、《暴雨灾害》编辑部，长江中游暴雨监测外场试验基地建设工作正式启动。2007 年 1 月，经国家新闻出版总署批复，《暴雨灾害》面向国内外公开出版发行。2008 年 6 月 18 日，省局聘任崔春光研究员为暴雨所所长。2011 年 2 月 16 日，暴雨所高性能计算机计算峰值由 3 万亿次 / 秒提升至 12.14 万亿次 / 秒。2 月 18 日，《暴雨年鉴（2008）》在北京通过了专家评审，标志着我国首个针对暴雨编撰的专业性年鉴问世。11 月

12 日，“暴雨监测预警湖北省重点实验室”成功获批。经过 10 年的改革发展，暴雨所学科布局逐步形成：观测上跟踪水汽传输—云的发展—降水形成—强降水演变的过程；理论上探究高原影响—上游系统生成—移动和向下游传播—梅雨锋雨带形成—流域水情、汛情等的深入认识；方法上发展暴雨监测、分析、预报到洪水预警等系列关键技术；最终提高定量降水预报质量和洪涝灾害预警水平。

6.1.2　第二阶段（2013—2022 年）：改革发展加速期

党的十八大以来，在习近平新时代中国特色社会主义思想和习近平总书记对气象工作重要指示精神指导下，暴雨所的改革发展进入快速期。在此期间，内设机构和人员编制明显优化：2017 年，暴雨所启动了专项人才招聘工作，面向全国选聘优秀人才，成功招聘 8 名科研人员。2018 年，暴雨应用研究室调整为水文气象研究室，新增设系统开发研究室。2020 年，暴雨所核定为公益二类事业单位，核减国家气象系统事业编制 5 名。调整后设定国家气象系统事业编制共 60 名；领导职数 4 名，其中所长 1 名，副职 3 名（含党委副书记 1 名）。2021 年，暴雨所核增二类事业编制 4 名，调整后事业编制为 64 名。办公环境和科研基础条件明显改善：2014 年，暴雨所由湖北省气象局预警中心大楼搬迁至湖北省暴雨监测预警中心大楼。《暴雨灾害》先后成功入选“中国科技论文统计源期刊”（中国科技核心期刊）和中国科协地学领域高质量科技期刊分级目录 T2 级，2019 年，第 5 期出版了《纪念新中国成立 70 周年》专刊，2022 年，《暴雨年鉴》启动了全国重大暴雨天气过程征集及十大暴雨事件遴选活动。2018 年，长江中游暴雨监测野外科学试验基地成功入选了首批中国气象局野外科学试验基地，组织实施了 2018 年、2020 年长江中下游梅雨锋地—空—星基联合观测试验，2022 年，西藏山南、江西临川纳入基地管理，随州大洪山基地正式揭牌。2019 年 3 月、2021 年 5 月在武汉举办了两届“暴雨东湖论坛”。科研竞争力明显增强：“灾害性天气资料同化与临近预报系统开发”“地基、空基联合观测的梅雨锋降水云分析和微物理研究”“夏季青藏高原东移云团引发长江流域暴雨的研究”“西部山地突发性暴雨形成机理及预报理论方法研究”“基于跟踪观测的长江流域梅雨期极端降水触发和维持机制研究”等一批国家重点科研项目获批，GNSS 大气水汽解算系统、强对流综合识别和临近预警系统、中尺度数值模式及快速循环预报系统、多源资料融合分析系统以及流域水文气象实时预报系统支撑了流域区域和湖北省的暴雨强对流预警预报业务。经过 10 年的快速发展，围绕暴雨灾害及强对流天气的监测探测、机理机制和预报技术研发，暴雨所优化了中国气象局长江中游暴雨监测野外科学试验基地建设，加强了致洪暴雨预报方法研究和数值预报模式应用能力建设，推进了开放协同的气象创新组织体系和科技成果业务应用平台。2022 年 4 月 6 日，国务院印发的《气象高质量发展纲要（2022—2035 年）》使暴雨所进一步明确了改革发展方向，瞄准暴雨防灾减灾国家目标和业务服务需求，坚持创新驱动发展、需求牵引发展、多方协同发展，以“一个科学试验体系、两本权威专业期刊、三个高端创新平台、四个优势学科方向、五个全域支撑系统”为抓手，持续优化学科布局，进一步优化和集成力量，增强科研能力和国际竞争力。

6.2 改革成效

6.2.1 党建引领

1. 强化理论武装，凝聚奋进力量和思想共识

认真贯彻落实上级各项决策部署和习近平总书记关于气象工作的重要指示精神，不断提高政治判断力、政治领悟力、政治执行力，切实增强“四个意识”、坚定“四个自信”、做到“两个维护”。深入学习贯彻党的十九大和十九届历次全会精神，扎实开展“不忘初心、牢记使命”主题教育、党史学习教育等活动，教育引导党员干部牢记初心使命，强化责任担当，拓展党史学习教育成果，筑牢理想信念根基，为气象高质量发展凝聚奋进力量和思想共识。

2. 强化作风学风建设，营造风清气正的科研氛围

大力弘扬“爱国、创新、求实、奉献、协同、育人”的新时代科学家精神、“准确、及时、创新、奉献”的气象精神和“锐意创新、精益求精、爱岗敬业”的工匠精神，培育突出能力贡献、淡泊名利得失的良好学风，为科研人员脚踏实地、潜心研究提供更多更好的平台，营造风清气正的良好科研生态。

6.2.2 科技成果

1. 创新能力显著增强

一是国家级项目申报取得重大突破。2002—2022 年，争取各类科研项目经费 3 亿多元，其中主持国家级、省部级项目 50 余项。二是科研成果得到广泛应用。通过国家重大项目的实施与技术攻关，取得了一大批具有较强应用价值的创新成果，并服务于汛期气象业务服务。三是高水平论文逐年增多。在各类学术刊物发表学术论文 600 多篇，其中 100 余篇被 SCI（E）和 EI 收录，300 多篇发表在核心期刊上，发表了国际高端学术期刊 JGR“IMFRE”专刊，获得软件著作权近 50 项。四是项目成果得到高度认可。科研项目成果获国家科学技术进步二等奖 1 项，省部级科技奖励一等奖 3 项、二等奖 16 项、三等奖 4 项（图 6.1）。

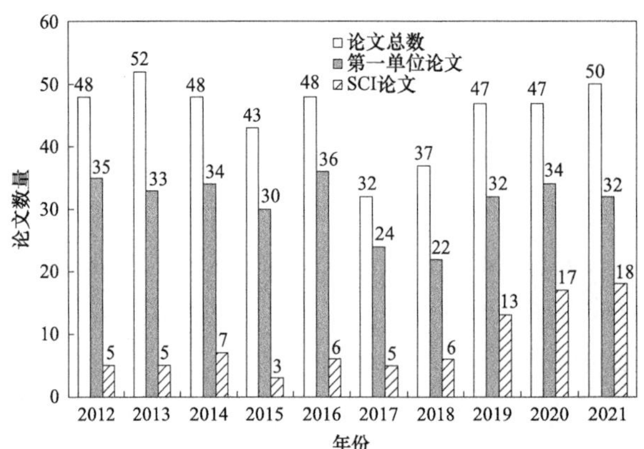

图 6.1　2012—2021 年暴雨所发表文章数（左）和 AAS 杂志封面介绍暴雨试验成果（右）

2. 学科方向重点突破

（1）暴雨监测预警技术有了新发现

一是构建了贯穿长江流域的暴雨科学试验体系，持续开展外场科学试验，支撑了云降水微物理研究取得新认识。构建的从高原水汽和系统源头到长江中下游的梅雨锋暴雨科学试验体系初具规模，连续 5 年开展藏东南水汽通道、四川甘孜东移云团、长江中下游梅雨锋暴雨等多地综合观测科学试验。国内首次实现飞机对梅雨锋降水云内部结构的探测，获得暖云降水粒子垂直演变的观测事实；综合飞机、地基雷达和卫星数据，揭示了暖云降水以雨滴碰并增长为主的微物理特征以及不同类型降水的微物理结构差异等新认识。二是在强对流灾害天气快速识别预警和短临预报关键技术上实现了一系列突破。建立了灾害性天气 0 ~ 12 h 临近预报系统，其中包括国内从无到有的龙卷、下击暴流（雷暴大风）、冰雹和短时强降水等强对流天气分类识别预警系统，显著提高了强对流灾害天气的预警预报能力，其中龙卷和下击暴流识别命中分别为 80% 和 86%，平均预警提前时间分别为 26 min 和 39 min。构建了高效实用的双偏振雷达观测新算子，平均运算效率较旧算子提高了几十倍，并有效提高了模式初始场水凝物的准确度及其降水预报效果。解决了天气雷达资料在强对流灾害天气识别、数值天气预报中定量应用的一系列"卡脖子"技术问题。研究成果成为两个国家级强对流天气短临预报业务平台（SWAN 和 ROSE 等）的核心技术，在中央气象台等国、省、市、县业务应用。三是自主研发了一系列新型探测技术和系统，取得显著应用效益。研发的多普勒天气雷达全自动径向速度退模糊算法，将业务算法正确率从 52.8% 提高到 99.5%。建立了一套北斗大气水汽自动解算反演与显示系统，成为中国气象局北斗气象应用示范区。国内首次定量给出风廓线组网观测对预报误差的贡献，结果用于中国气象局《风廓线雷达及应用业务发展规划（2013—2020）》，为业务组网提供重要参考。在国内首次采用斜天顶观测方法改善雨天下微波辐射计的反演质量，相关成果产品由厂家在全国推广应用。开发了西部山地精细化定量降水估计算法，提升了业务 QPE 在山地复杂观测环境下的精度。基于 5 套边界层、2 套对流层风廓线雷达、81 站地基 GNSS 水汽监测网和 4 台微波辐射计的常年连续监测，暴雨所加强了长江中游梅雨锋暴雨的风场和水汽结构组网探测技术与应用技术研发。上述新型探测技术成果获得省部级一等奖 1 项、二等奖 2 项，三等奖 2 项。

（2）中尺度暴雨机理研究有了新认识

一是长江流域梅雨锋暴雨上下游效应机理取得了新认识。针对梅雨锋上的波串现象和波列上下游之间此消彼长的调整现象，在虚拟高度坐标中设计了积云对流加热廓线并得到了解析解，提出了与低层湿度锋相联系的 CISK 惯性重力波理论，解释了与低层湿度锋相关联的 CISK 惯性重力波的能量频散可能是暖切变型梅雨锋上出现上下游效应的一种机理。同时针对水平风切变强度分布不均匀现象，也从理论上得到了解析解，阐释了在积云对流潜热参与下的弱稳定层结大气中，水平风切变强度不均匀对不稳定贡献最大的区域是梅雨锋南侧的急流轴附近。阐释了非绝热加热对梅雨锋锋生的作用和梅雨锋上次天气尺度系统低空急流与湿度锋耦合的相互作用过程，揭示了梅雨期双急流观测事实及其对极端降水的影响机制。二是对我国南方暴雨系统进行系统性的研究，提出了有事实和理论根据的暴雨多尺度物理模型，并搭建了持续性暴雨预报技术平台。对影响梅雨锋暴雨的中尺度对流系统（MCSs）和我国南方暴雨开展了环境条件、组织分类、三维结构、影响因子、中尺度地形等方面的研究。国内率先利用区域雷达拼图，基于连续3年的379个大样本完成了MCSs组织类型系统性分类，提出了镶嵌线状MCS和长带型层状MCS两类新类型，凝练了不同类型MCS的物理概念模型（图6.2）。统计了我国南方53年的309个持续性暴雨个例，提炼出量化的多波动型和多涡旋型等8类多尺度物理模型。发展了我国南方持续性暴雨预报新技术，建立了基于Logistic回归模型的客观预报系统，预报准确率较ECMWF模式提高20%以上。三是首次研究并揭示了青藏高原东移云团引发长江流域暴雨的形成机理。揭示了引发长江流域暴雨的高原云团东移路径上活动特征及不同强度降水沿30°N附近的分布和日变化、向东传特征，对比了高原云团东移和不东移引发长江流域暴雨的环流条件和水汽输送差异，诊断了高原云团东移过程能量上下游传播和转换机制，阐释了高原MCS对西南涡及下游降水的影响机理，解析了两类高原涡与高原东移MCS的相互作用机制，建立了高原东侧山谷风环流模型及其与西南涡的联系，最后凝练了高原MCS、高原涡、西南涡及其梅雨锋系统相互作用的物理概念模型。提出了高原涡与西南涡高精度的识别算法。四是剖析了梅雨锋降水云微物理结构和地面降水的关系。揭示了梅雨锋降水云中水含物存在双峰结构及其动力和热力机构特征，阐明了梅雨锋降水云微物理结构和地面降水的关系：梅雨锋降水发展阶段以冰粒子增长为主；强降水阶段，冰晶粒子含量中心所在高度下沉，雪粒子和雨滴含量达到极大值，云滴增长峰值出现在强降水峰值之后。个例数值模拟发现强弱降水冷云过程均起主导作用，与弱降水中雪融化过程占主导不同，强降水霰融化占主导（发展阶段）或至少与雪的融化相当（消亡阶段），从而造成冷云降水更强。首次提出了与垂直运动有关的扭转过程在锋生和锋消阶段都加速了锋面演变，并随着对流特征的加强，扭转项可能会变成最重要的一项。

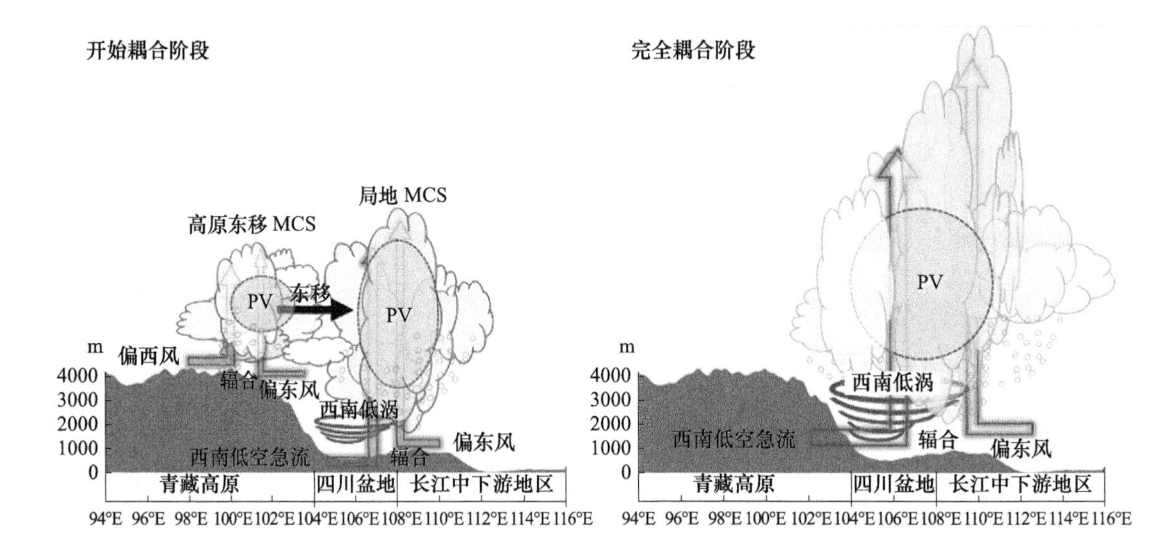

图6.2　高原东移MCS与西南低涡作用的物理模型

（3）区域数值预报模式及关键技术有了新发展

一是AREM模式及其关键技术。基于我国自主发展的适合东亚地形气候特点的AREM模式，建立了集资料同化、快速更新循环、确定性预报、集合预报于一体的完善的区域中尺度数值预报体系；自主发展了暖云方案和复杂混合相冷云微物理方案，解决了国际先进模式中物理过程对我国降水估计不足的难题，改进和发展了国际主流的 MYJ 边界层参数化方案，明显提高了模式云和降水的预报能力。围绕以上 AREM 模式及其关键技术开展研发，成果分别获得湖北省科技进步一等奖（2005 年），二等奖（2012 年）和三等奖（2014 年）各一次（图 6.3）。二是时空多尺度多源资料融合分析系统（ALAPS）及其关键技术。在我国风廓线雷达业务组网预研中，发展了基于逐步订正的风廓线雷达资料融合模型，减小风场分析误差，提升数值模式对中小尺度系统的分辨能力。该项成果获得 2017 年中国气象学会科学技术进步成果二等奖。基于发展的新型观测资料融合方法，构建了目前国内融合新型观测类型最多的资料融合分析系统，该系统是针对我国的业务天气雷达、地面自动站、探空观测等本地探测数据的有效融合。“基于预报成因分析的多源资料融合应用系统”，并主导其业务转化测试评估应用，通过中国气象局天气预报科技成果转化认证，在中央气象台业务运行。该成果获得 2018 年度国家气象中心科技工作成果应用二等奖。相关成果已推广应用至中央气象台等 10 多家气象业务。三是中尺度数值模式及其关键技术。基于美国 NCAR 发展的 WRF 模式，分别搭建了华中区域中尺度数值天气预报系统（WHMM，三重嵌套，27 km × 9 km × 3 km）、华中区域高分辨率快速同化循环更新预报系统（包含两个子系统：WHRAP 和 WHHRRR，前者为后者提供初始场和边界条件，分辨率分别为 13 km 和 3 km）、华中区域环境气象数值预报系统（WHENV，分辨率 9 km）和湖北省短临数值预报试验系统（武汉 RUC，分辨率为 1.5 km）。

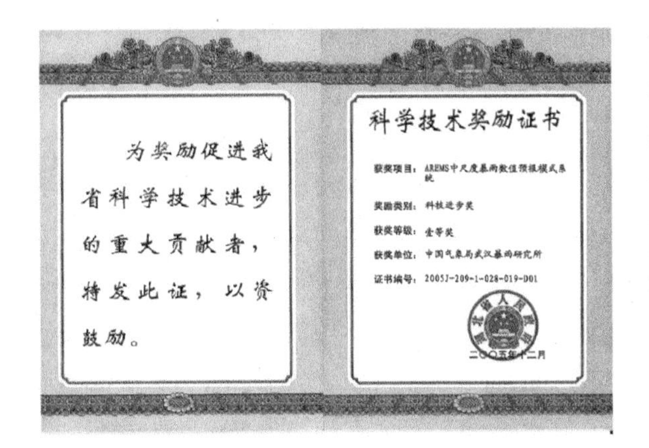
为奖励促进我省科学技术进步的重大贡献者，特发此证，以资鼓励。

科学技术奖励证书

获奖项目：AREMS中尺度暴雨数值预报模式系统

奖励类别：科技进步奖

获奖等级：壹等奖

获奖单位：中国气象局武汉暴雨研究所

证书编号：2005J-209-1-028-019-D01

二〇〇五年十二月

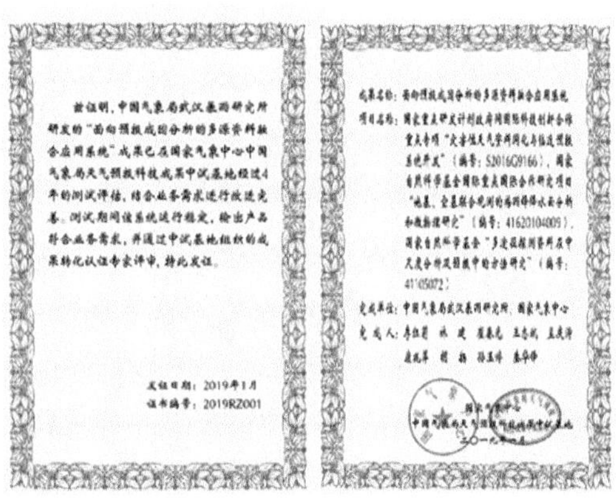
兹证明，中国气象局武汉暴雨研究所研发的“面向预报成因分析的多源资料融合应用系统”成果已在国家气象中心中国气象局天气预报科技成果中试基地经过4年的测试评估，结合业务需求进行改进完善。测试期间该系统运行稳定，输出产品符合业务需求，并通过中试基地组织的成果转化认证专家评审，特此发证。

发证日期：2019年1月

证书编号：2019RZ001

图 6.3 AREM 模式获 2005 年湖北省科技进步一等奖（左）、多源资料融合分析系统 2019 年通过国家气象中心业务化评审（右）

（4）水文气象耦合的流域洪水预报技术有了新贡献

一是在流域水文气象耦合预报技术方面，基于 QPE 校正、水文模拟、降水降尺度等技术，通过设计开展系列 QPE/QPF 产品对洪水预报的影响试验，定量评估了 QPE/QPF 产品对水文模拟的影响，并将降水集合预报产品引入水文预报领域，发展了水文不确定性预报，拓展了水文概率预报新方法。该技术方法在湖北漳河、石门等中小河流域精细化预报服务中取得了较好效果，并协助兴山县气象科技服务中心中标湖北兴发集团“能源管理平台建设项目古洞口电站水雨情遥测及水库防洪调度系统”的招标任务，取得了明显的经济效益。二是在流域水文气象实时预报系统方面，针对水文气象专业服务的需求，研发了集实时水文气象监测、预报于一体的多源水文气象产品（流域实况降水、流域估算降水、流域模式预报降水以及洪峰流量、峰现时间、来水量等水电服务产品），提升了长江流域气象中心水文气象专业服务能力，并实现了系统与气象信息综合分析处理系统（MICAPS）、湖北省气象业务一体化平台有机融合，该系统在湖北、重庆、贵州、安徽等省市水文气象部门推广应用，已成为长江流域气象中心主要支撑系统之一，为长江流域气象中心开展三峡梯调中心水文气象专业服务提供了重要参考。三是在水文模型的临界面雨量计算技术及其在中小河流洪水和山洪地质灾害气象风险预警服务应用方面，设计了应用水文模型计算临界面雨量的技术流程及方法，基于不同时间尺度强降水标准，计算分析了不同时间尺度强降水分布特征，利用水文模型推算不同时间尺度下的临界面雨量，并参与完成了湖北省 52 条中小河流不同时间尺度的临界面雨量的计算工作，该方法被写入《暴雨诱发的中小河流洪水风险预警服务业务技术指南》并在气象部门推广应用。四是在协同发展的水文气象科研业务服务新模式方面，融入长江流域气象中心业务建设和服务需要，组建了流域水文气象服务团队，实现了数据实时同步、平台双方共用、科研业务融合。共同开展服务，敏锐地把握住了历次洪水过程，助力长江防总、三峡集团及时开展防汛调度和应急抢险，三峡发电屡创新高，社会经济效益突出，多次获得各部门肯定，相关成果获得湖北省、中国气象学会科学技术进步二等奖（2015 年）、贵州省科技进步三等奖（2019 年）、第二届全国智慧气象服务创新大赛气象服务应用创新类三等奖。

6.2.3 业务支撑

1. 紧跟业务需求，组建科研业务团队

一是组建了实况业务研发团队，暴雨所联合湖北省气象信息与技术保障中心，基于 LAPS 系统构建华中区域资料融合分析系统，开展实况融合业务研发。二是组建了预报检验评估团队，暴雨所联合武汉中心气象台，发挥各自特长，开展预报业务产品检验的全覆盖，形成“模式输出产品—检验评估反馈—模式优化完善”的技术反馈机制。三是组建了 0 ~ 12 h 短临预报预警团队。暴雨所联合武汉中心气象台，建立 0 ~ 12 h 快速循环同化系统，解决智能网格短临预报预警的数值模式支撑问题，开展模式在短临预报预警业务中的应用。四是组建了流域水文气象业务团队。暴雨所联合武汉中心气象台和武汉区域气候中心，构建涵盖短时、短期、延伸期、中长期的流域水文气象服务业务技术支撑体系。

2. 搭建预报系统，提高业务支撑能力

（1）GNSS/MET 大气水汽解算系统

系统完善了北斗斜路径大气水汽总湿延迟解算算法，建立了一套北斗斜路径大气水汽总量的算法，提供了北斗三维层析水汽密度参数，开展了鄂东地区大气水汽监测网的加密升级，提升了同时接收北斗、GPS、伽利略等多种卫星导航系统数据的能力，完成了地基北斗水汽反演系统和质控，完成了 GPS 水汽三维水汽反演技术和实时图形化显示系统开发，加强了对中小尺度系统大气水汽演变的监测能力。

（2）多源资料融合分析系统

系统融合了业务天气雷达、风云二号和四号卫星、风廓线雷达、GPS/ 北斗反演水汽、微波辐射计、卫星云导风、探空、地面等高频多源观测数据，提供接近实况的高时空分辨率中尺度再分析场，产品包括高度、温度、湿度、风、雷达回波、对流有效位能、K 指数、抬升凝结高度、整层水汽含量等基本要素及诊断物理量，以及云量、云水、云冰、云分类等云分析产品。目前，已在全国十多家气象部门推广，基于该成果研发的“面向预报成因分析的多源资料融合应用系统”在中央气象台业务运行，能够提供 33 种覆盖全国范围逐小时 5 km 分辨率的实时分析产品（图 6.4）。

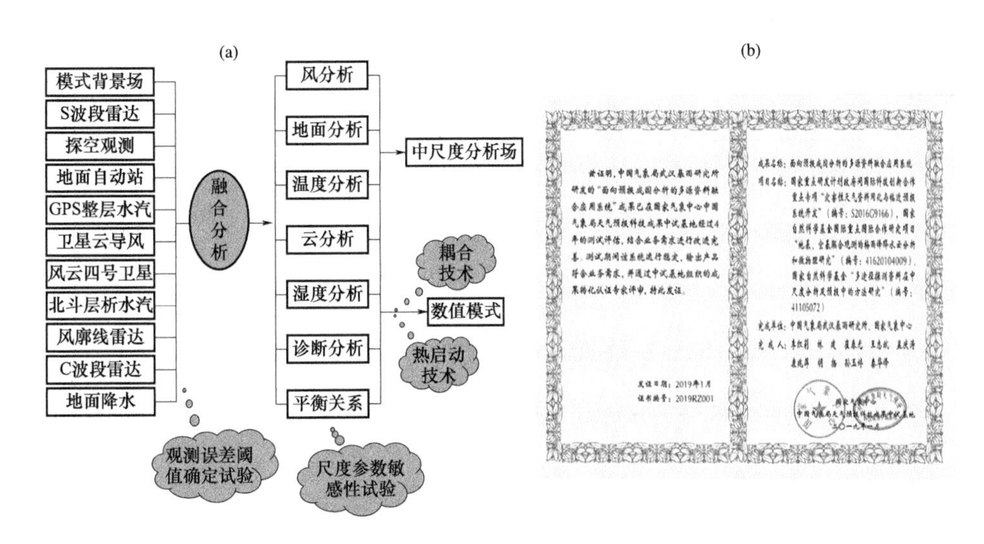

兹证明，中国气象局武汉暴雨研究所研发的“面向预报成因分析的多源资料融合应用系统”成果已在国家气象中心中国气象局天气预报科技成果中试基地经过4年的测试评估，结合业务需求进行改进完善。测试期间该系统运行稳定，输出产品符合业务需求，并通过中试基地组织的成果转化认证专家评审，特此发证。

发证日期：2019年1月
证书编号：2019RZ001

成果名称：面向预报成因分析的多源资料融合应用系统
项目名称：国家重点研发计划政府间国际科技创新合作重点专项“灾害性天气资料同化与临近预报系统开发”（编号：S2016G9166），国家自然科学基金国际重点国际合作研究项目“地基、空基联合观测的梅雨锋降水云分析和微物理研究”（编号：41620104009），国家自然科学基金“多途径探测资料在中尺度分析及预报中的方法研究”（编号：41105072）
完成单位：中国气象局武汉暴雨研究所、国家气象中心

图 6.4　融合分析工作流程（a）和成果中试转化认证证书（b）

（3）湖北省高分辨率数值预报系统

1）华中区域中尺度数值预报系统（WHMM），能够提供 9 km 水平分辨率的 1 日 2 次、未来 0 ~ 3 d 的预报产品，主要为降水和高空形势场。

2）华中区域高分辨率快速更新循环同化预报系统（WHRUCv1.0），能够提供 3 km 水平分辨率、逐时更新预报、0 ~ 24 h 的 5 大类 60 种预报产品。

3）湖北省短临数值预报试验系统（WHRUCv2.0），能够提供 1.5 km 水平分辨率、逐时（逐步实现 15 min）更新预报、0 ~ 15 h（0 ~ 3 h）的短临数值预报产品，主要包括降水、雷达回波、风场、涡度、上升螺旋度等强对流指示变量（图 6.5）。

（4）灾害性天气分类识别及预警系统

基于新一代天气雷达、探空等观测数据实现了冰雹、下击暴流、龙卷和短时强降水 4 类强对流灾害性天气的自动识别及智能预警，系统 2019 年投入业务试运行，能够提供时间分辨率为 6 min，有效识别出风暴单体的经纬度位置，移动方向和速度，下击暴流概率、有无和经纬度位置，龙卷有无和经纬度位置，冰雹有无及其概率，风暴的其他雷达特征参量。目前该识别技术在国家气象中心集成，并在江苏省气象台等单位开展业务试用，改进成熟的算法将在新版 SWAN 系统中应用，为强对流天气短临预警业务提供支撑。

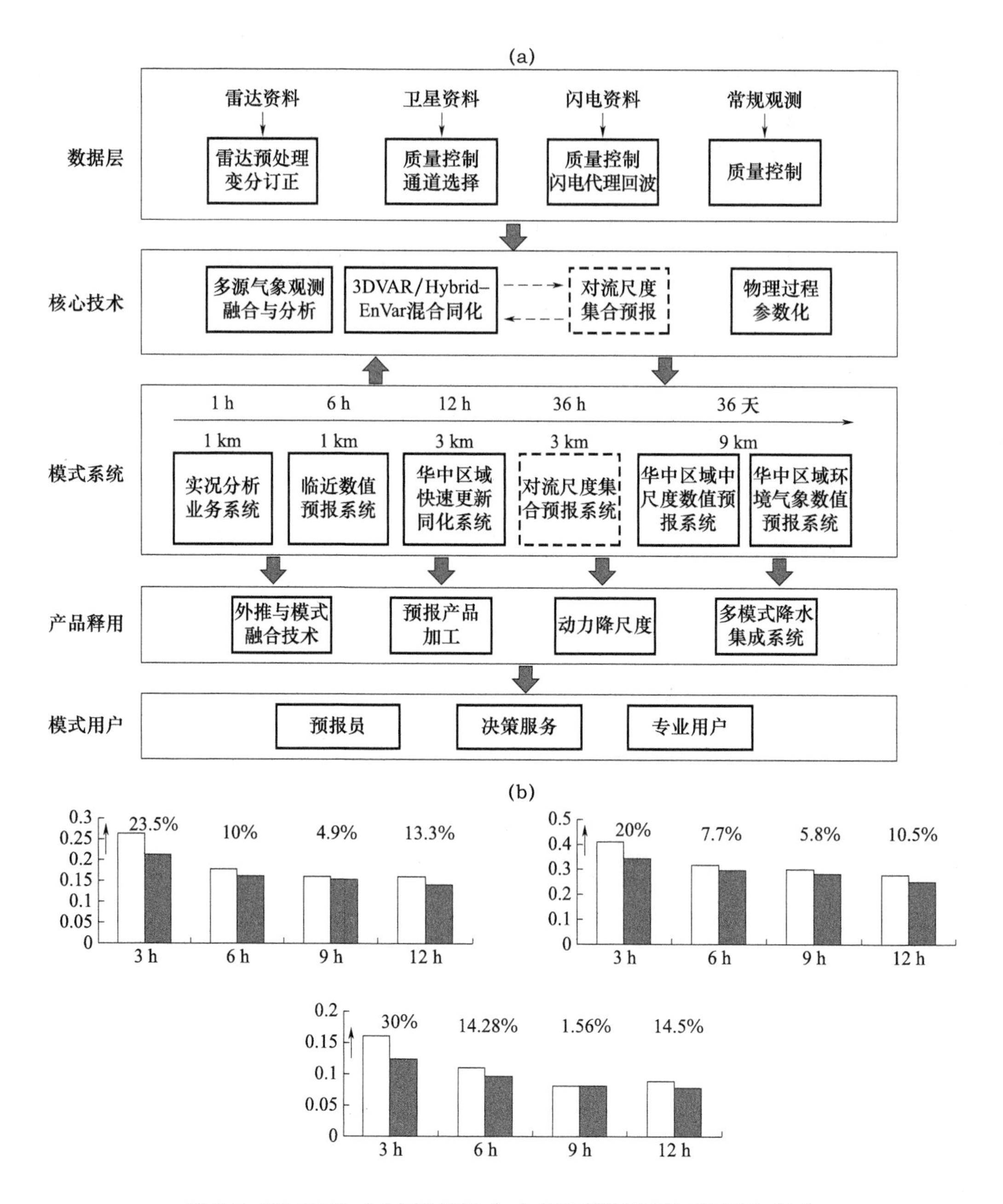

图 6.5 WHRUCv2.0 工作流程（a）和汛期批量试验 TS 评分（b）

（5）流域水文气象实时预报系统

针对水文气象专业服务需求，基于实时水文气象监测网、定量降雨估算、定量降水预报、洪水预报等技术，构建了覆盖长江中上游地区的流域水文气象实时预报系统，系统能很好展现流域水文气象监测、预报等产品，能及时有效地预报流域发生的暴雨洪水过程，对于开展中小河流、水库水文气象专业服务具有很好的支持作用。目前该系统已成为长江流域气象中心主要支撑系统之一，为长江流域气象中心开展三峡梯调中心水文气象专业服务提供了重要参考，2020 年入选科技部防汛救灾科研成果清单（图 6.6）。

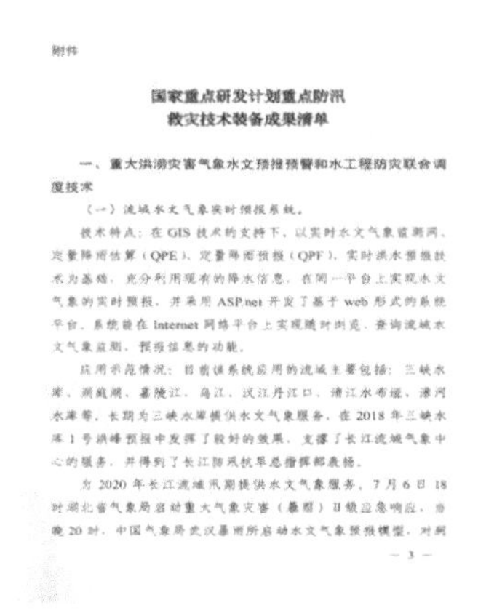

附件

国家重点研发计划重点防汛救灾技术装备成果清单

一、重大洪涝灾害气象水文预报预警和水工程防灾联合调度技术

（一）流域水文气象实时预报系统。

技术特点：在 GIS 技术的支持下，以实时水文气象监测网、定量降雨估算（QPE）、定量降雨预报（QPF）、实时洪水预报技术为基础，充分利用现有的降水信息，在同一平台上实现水文气象的实时预报，并采用 ASP.net 开发了基于 web 形式的系统平台，系统能在 Internet 网络平台上实现随时浏览、查询流域水文气象监测、预报信息的功能。

应用示范情况：目前该系统应用的流域主要包括：三峡水库、洞庭湖、嘉陵江、乌江、汉江丹江口、清江水布垭、漳河水库等，长期为三峡水库提供水文气象服务，在 2018 年三峡水库 1 号洪峰预报中发挥了较好的效果，支撑了长江流域气象中心的服务，并得到了长江防汛抗旱总指挥部表扬。

为 2020 年长江流域汛期提供水文气象服务，7 月 6 日 18 时湖北省气象局启动重大气象灾害（暴雨）Ⅱ级应急响应，当晚 20 时，中国气象局武汉暴雨所启动水文气象预报模型，对洞

— 3 —

图 6.6　水文系统入选科技部支撑防汛救灾科研成果

（6）区域环境数值模式预报系统

基于 WRF/Chem 空气质量模式建立了华中区域环境气象数值预报业务系统，能够提供华中区域 5 km 分辨率、未来 1 ~ 7 d 逐小时 6 种污染物（$PM_{2.5}$、PM_{10}、SO_2、NO_2、CO、O_3）浓度、AQI 及能见度数值预报产品。同时开展了以 WRF/Chem 实时预报驱动 FLEXPRAT 扩散模式，能够提供湖北省 17 个地市日常及突发事件中的污染物扩散浓度和轨迹、潜在源区解析等应用产品研究。基于模式系统，开展了气象条件与减排贡献评估、区域传输与溯源分析等研究型业务，支撑了区域环境气象技术发展。

6.2.4　人才队伍

暴雨所将人才培养工作贯穿于改革发展的始终，注重培养能够承担国家重大项目、重点工程的高层次人才和科研骨干，采取多种办法改善了科研队伍的学历结构和专业结构。

1. 壮大人才队伍，优化人才结构

通过专项人才与应届生招聘，暴雨所固定岗位研究人员由改革初的 23 人扩大到目前的 62 人，学历结构、职称结构及年龄结构均大幅度改善，基本形成规模适中、结构合理、专业性强的中青年研究群体。固定岗位人员中具有硕士以上学位的 54 人，占职工总数的 87.1%（其中博士 14 人，占 22.6%）；具有高级技术职称的共 45 人，占 72.6%（其中具有正高职称 15 人，占 24.2%）；年龄在 40 岁以下的 38 人，占 61.3%；专业为天气、大气探测的共 54 人，占 88.6%。我所副高级职称以上岗位达到 33 个，正高级职称岗位达到 17 个，解决了正高级人员的聘用问题（图 6.7）。

2. 强化团队建设，培养领军人才

以“区域中尺度数值模式发展”“新一代天气雷达应用技术开发”“长江梅雨锋暴雨机理研究”“GNSS/MET 大气水汽监测技术开发”“流域水文气象耦合关键技术研发”五个创新团队为依托，不断加强学科带头人、核心骨干人才与后备人才的人才梯队建设，实行考核激励与竞争淘汰并举，促进团队人才结构优化与创新能力发展。同时，通过国家级项目研发、中国气象局长江中游暴雨监测野外科学试验基地以及暴雨监测预警湖北省重点实验室的建设为

暴雨所的创新人才培养提供强有力的科技与平台资源保障，促进了优秀科技人才的快速成长。改革以来，暴雨所有 1 人获评为“中国气象局领军人才”，3 人获评为“中国气象局青年英才”，1 人获评为“全国气象部门先进个人”，3 人获评湖北省“荆楚工匠”，有 16 人晋升为正高级职称，多人获得湖北省气象局“气象领军人才”和“科技拔尖人才”称号（图 6.8）。

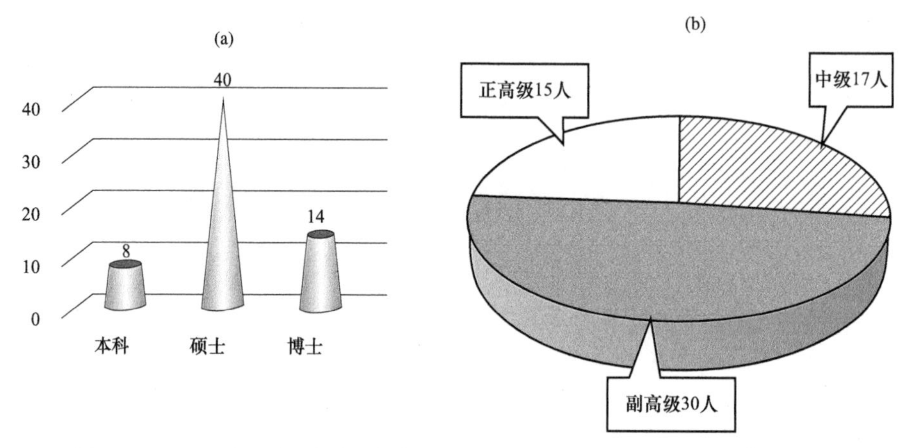

图 6.7　暴雨所人员学历结构（a）和职称结构（b）（截止到 2022 年 11 月）

图 6.8　暴雨所气象领军人才（左）和 2019 年“荆楚工匠”（右）证书

3. 重视青年人才，加强政策扶持

依托重大工程科技项目培养青年科技人才，在跨学科集成、跨部门协作的重大项目中吸收更多青年科技人才参加，帮助青年科研人员夯实科研创新能力。在暴雨开放基金中设立了多项青年基金项目，鼓励青年科研人员积极申报。依托科研团队促进青年人才快速成长，由团队学科带头人具体对团队内青年科研人员科学研究、发表文章、申报职称等提供指导。2018 年制定了《中国气象局武汉暴雨研究所“优秀青年科技人才”培养计划实施办法》，选拔了一批优秀青年科技人才，充分利用所内外优势资源实行跟踪培养，为青年人才的成长创造良好的条件。

4. 创新用人方式，加强联合培养

坚持固定 + 流动的用人方式，外聘美国亚利桑那大学董希泉教授、美国佐治亚理工学院邓毅教授、中国气象局许小峰研究员、中国科学技术大学傅云飞教授作为暴雨所兼职专家，承担科技研发任务与指导所内科研人员，促进了人才队伍结构更加多元化。依托博士后工作站为平台，吸引优秀博士研究人员进所工作，分别与南京信息工程大学、中国科学院大气物理研究所联合培养博士后和博士研究生。鼓励所外人才、海外人才参与科技计划，积极开展访问交流。在暴雨所承担的科技项目中有 50% 以上吸收了所外人员（含海外人员）参加，有的甚至担任项目主持人。先后向美国俄克拉何马州立大学、亚利桑那大学、佐治亚理工学院等国外一流业务、科研机构与大学派出访问学者。

6.2.5　科研基础条件

1. 中国气象局长江中游暴雨监测野外科学试验基地

2018 年暴雨所野外科学试验基地成功入选首批中国气象局长江中游暴雨监测野外科学试验基地。目前该基地在湖北省建成了咸宁、武汉、荆州、随州 4 个探测中心站，并在全省范围内布设地基 GPS / MET 水汽站、风廓线雷达、微波辐射计、激光雨滴谱仪等观测点，还在湖南省建成高山梯度气象观测系统，初步形成了点面相结合的观测布局。基地大型观测设备纳入了国家重大科研基础设施和大型科研仪器在线共享平台，在共享评价考核工作中，暴雨所仪器开放共享工作 2018 年获评为优秀，2019—2021 年获评为合格。

2. 暴雨监测预警湖北省重点实验室

2011 年获批建设的暴雨监测预警湖北省重点实验室始终遵循“开放、流动、联合、竞争”的运行机制，将实验室建设与暴雨监测野外科学试验基地建设结合起来，走“项目 + 基地 + 人才”的发展思路，加大科研投入，争取国家支持，提升实验室基础能力。实验室科研人员近年来承担国家级科研项目近 10 项，获省部级科技奖励 7 项（其中主持 3 项），发表高水平 SCI 论文 30 余篇。

3. 博士后科研工作站

2006 年获批的博士后科研工作站，建立了一系列较为完善的管理制度和运行机制，为暴雨所广泛开展国内外合作，培养、吸引和使用高层次优秀人才提供了良好的工作平台与条件。建站以来，分别与中国科学院大气物理研究所、武汉大学、南京信息工程大学联合培养博士后研究人员 4 人，其中 3 位博士后科研人员留所工作，1 人在站从事研究工作。出站人员中有 2 人留所工作。

4. 暴雨数据库

目前数据库中涵盖了 1980 年以来全国范围的暴雨数据资料，主要有高空、地面常规资料，卫星和部分雷达资料，NCEP 资料和近年来的长江流域各省市逐小时加密雨量数据，同时收集了近年来的特种气象资料，包括 GPS/MET、微波辐射计、风廓线等资料。该数据库已被纳入国家气象资料共享体系，成为中国气象数据共享服务网的一个分节点。数据管理系统便于模式、机理、监测、水文、人影等各类相关研究人员查询下载，支撑国家自然科学基金、科技部专项、省局和暴雨所自立基金等各类科研项目的顺利开展。

5.《暴雨灾害》

暴雨所主办气象科技核心期刊《暴雨灾害》与内部电子期刊《暴雨研究动态》。2016年《暴雨灾害》由季刊升级为双月刊后，秉承“求新求快”的办刊理念，突出暴雨研究的专业性，追求论文选题的新颖性，强调投稿作者的广泛性，注重极端天气事件报道的快捷性，核心影响因子逐年稳步提高。2018年7月，“暴雨灾害”微信公众号正式上线。

6.《暴雨年鉴》

经中国气象局批准，暴雨所2008年开始承担我国《暴雨年鉴》的编撰发行工作。《暴雨年鉴》是我国关于暴雨的第一部专业性年鉴，它的出版使暴雨这类气象灾害开始有了科学、系统、连续的记载，并且能够给广大科研、业务、教育培训等相关人员提供参考，为开展暴雨科技攻关、暴雨灾害评估、暴雨预报总结提供基础检索材料。同时，随着岁月积累，也能形成一套反映我国暴雨状况的历史典籍，丰富我国的气象文化。

7. 高性能计算机

2013年建成的IBM高性能计算机系统计算速度峰值可达到75万亿次/秒、配备相应的网络（网络带宽提升至100 Mb）和网络安全设备，能为开展区域数值预报模式科学研究提供高速计算、海量存贮、畅通网络等高性能的计算机资源。数据存储系统容量达到800 TB，用于外场观测、模式预报等海量数据存储，为中央处理平台提供后台支撑。2019年依托第七届世界军人运动会（武汉）气象保障任务，建成的曙光高性能计算机集群，峰值计算能力可达到120万亿次/秒。2021年计算条件得以进一步改善，建成后的华中区域高性能计算机系统数据存储系统容量在原有的基础上增加500 TB，总存储量超过1 PB，计算能力达到258万亿次/秒。

8. 暴雨东湖论坛

2019年开始举办的“暴雨东湖论坛”，两年一届，论坛紧密围绕“提高暴雨预报水平”这一核心，旨在为我国暴雨研究领域学者及同行围绕“暴雨中尺度机理”“暴雨数值预报”“暴雨监测预警”“洪水及暴雨次生灾害”等内容搭建高端学术交流和成果共享平台，总结交流暴雨预报核心技术和研究方面取得的最新进展，谋划设计下一阶段的科研方向以及科研目标和技术目标，让高端研究和前沿需求实时碰触，促进我国暴雨研究与预报水平不断提高。

6.2.6 开放合作

1. 组织参与了大型野外科学观测试验

依托中国气象局长江中游暴雨监测野外科学试验基地和国家重大科研项目，联合国内外科研业务单位，组织开展了高原云垂直结构观测试验、梅雨锋降水地–空–星基联合观测试验、梅雨锋降水梯度观测试验，参与了大气边界层污染物与气象要素垂直结构的同步强化观测试验，基地仪器开放共享工作被评为优秀和合格。

2. 深化了与科研业务部门的合作

联合国内外科研业务单位共同申报获批多项国家重大项目，并以此为纽带吸引高层次人才共同承担重点任务攻关与优秀人才培养。每年邀请多名国内外知名专家做客暴雨学术论坛，同时选派优秀青年骨干赴国内外知名科研机构学习。

3. 加强了与省内高校的融合

深度融合局校科技人才资源，形成以水文、地质与气象学科交叉、研究与业务交融为特征的科技创新主体，实现资源共享和优势互补，打造了“地气结合”的科研共同体和人才培养基地。

4. 带动了区域省所协同发展

以项目合作为纽带，围绕区域共性科技问题联合组建创新团队，加强了与长江源头和上游的西藏自治区气象局、青海省气象局、四川省气象局、陕西省气象局，长江中下游的河南省气象局、江苏省气象局、安徽省气象局等以及省内各科研业务单位的合作交流，出台了基地共建、人才流动、专家指导、项目支持、成果共享、激励考核等运行机制。

5. 搭建了国家级学术交流平台

通过举办“2017 年全国重大天气过程总结和预报技术经验交流会”“极端降水天气及灾害国际研讨会”以及 2019 年、2021 年“暴雨东湖论坛”等有影响力的国内外学术会议，搭建了高层次学术交流平台。

6.2.7　规章制度

结合工作实际，以创新科研业务结合机制、科技评价机制、分配激励机制和科研项目动态监控机制为重点，组织力量逐步对各项规章制度进行梳理，并进行修订与完善。建立了定量与定性相结合的岗位考核制度，人事与财务管理实行代理制，后勤保障实行物业管理。暴雨所编制印发了《中国气象局武汉暴雨研究所章程》《中国气象局武汉暴雨研究所深化改革方案》《中国气象局武汉暴雨研究所“十三五”重点方向与任务》《中国气象局武汉暴雨研究所“十四五”科技发展规划》《中国气象局武汉暴雨研究所中央财政科研项目资金管理办法》《中国气象局武汉暴雨研究所人才引进公开招聘管理办法》《中国气象局武汉暴雨研究所科研项目统筹绩效奖励管理办法（试行）》《中国气象局武汉暴雨研究所 2020—2022 年基本科研业务费规划》等一系列内部管理办法，进一步明确了暴雨所改革思路与任务，将重点围绕深化优势学科拓展应用领域、调整机构壮大人才队伍、优化运行机制三个方面推进改革方案落实，目标是通过改革，在暴雨研究领域取得核心技术突破，运行机制得到完善，创建 1 ~ 2 个全国有影响力的创新团队，打造中国暴雨研究高地。

6.3 薄弱环节

1. 重大核心技术突破不够，业务支撑能力需进一步增强

优势学科领域进步明显，但制约暴雨预报水平提高的多源资料综合观测与应用、云微物理与降水机制、模式参数化方案等核心技术的研发水平与国际先进水平还存在一定差距，数值模式释用技术的研发能力有待进一步提高，对暴雨监测预警预报业务的支撑能力仍不够。

2. 科技基础条件、观测能力和计算能力有待大幅提升

研究引发暴雨和强对流天气的各种尺度的云—降水形成—消散过程及其物理结构特征，需要进一步科学合理地构建中小尺度观测网，提升观测分析能力和高性能计算能力。

3. 国际国内有影响的领军人才缺乏，青年英才成长缓慢

近几年，通过加大培养力度，所内正研等高层次人才增长迅速，但在暴雨机理、数值预报等学科领域有广泛影响力的人才依然不多，同时年轻科技人员在高质量论文发表、自然科学基金项目争取、核心业务技术研发等方面的能力还有待提高，涌现的优秀科技人才规模偏小。

4. 制约科技协同创新的体制机制问题依然存在，让科研人员潜心科研的良好氛围还需不断改善

通过收入分配、绩效考核等多项制度的改革，强化了对科研人员的激励作用，但是鼓励人员流动、科研业务结合、科技成果转化、协同创新等方面体制机制还有待进一步加强。

6.4 未来规划

6.4.1 目标

2025 近期目标：全面贯彻落实《气象高质量发展纲要（2022—2035 年）》，瞄准当前气象高质量发展进程中的短板和弱项，聚焦核心业务，通过不断完善科技创新体制机制，构建暴雨研究协同创新平台，聚集国内外暴雨研究领域科研力量，开展暴雨、强对流等灾害性天气机理研究，监测预警预报技术研发及野外科学试验。加强中尺度暴雨数值模式研发，实现暴雨预报核心技术突破及业务应用，提升暴雨预警预报能力。建立覆盖长江流域的暴雨科学试验体系，打造暴雨监测国家野外科学观测研究站。力争在暴雨形成机理、预报预警等关键领域取得原创性、突破性成果，支撑华中区域、长江流域乃至全国的暴雨预报业务。

2035 远景目标：建成世界一流的精细化暴雨监测预警预报中心、暴雨科技创新中心和科研成果转化及人才培养基地。

6.4.2 思路

以习近平新时代中国特色社会主义思想为指导，坚持创新、协调、绿色、开放、共享的新发展理念，围绕保障长江经济带和湖北“建成支点、走在前列、谱写新篇”的重大发展战略，以科学实验为基础，深化理论研究与成果转化；以暴雨预报关键技术研究为特色，做强优势领域，重点在暴雨监测预警技术、中尺度暴雨机理研究、区域数值预报模式及关键技术、水文气象耦合关键技术等领域取得突破，加大科研成果在区域数值预报业务、流域水文气象业务、地质灾害监测预警业务上的支撑比重，并辐射拓展应用，建立健全财政投入、人才引进培养、激励考评、成果转化、协同创新等运行机制，为推动气象事业高质量发展和加快建成现代化气象强国提供强大支撑。

6.4.3 举措

1. 升级横贯长江上、中、下游的暴雨野外科学试验基地

持续推进长江流域暴雨野外科学试验体系建设。依托中国气象局长江中游暴雨监测野外科学试验基地，持续开展针对长江流域高影响天气、极端天气气候事件、关键物理过程的目标观测研究，组织实施梅雨锋暴雨、暖区暴雨、山地暴雨等典型暴雨“捕雨计划”，构建从水汽和系统源头到长江中下游暴雨科学试验体系，稳步打造暴雨监测国家野外科学观测研究站。

2. 打造两本国家权威暴雨专业出版物

进一步提升暴雨领域国家权威刊物《暴雨灾害》《暴雨年鉴》行业影响力。立足于暴雨研究特色，加强品牌期刊建设，将中国科协地学领域高质量科技期刊《暴雨灾害》打造成全国知名、有影响力的气象类杂志。《暴雨年签》要以“重大暴雨过程征集和年度十大暴雨事件遴选”等活动为抓手，为开展暴雨科技攻关、暴雨灾害评估、暴雨预报总结等提供科学、系统、连续的基础检索材料。

3. 夯实三个科技创新和国内外合作交流高端平台

全力打造三个国内外有影响力的科技创新和对外合作交流高端平台。紧密围绕“提高暴雨预报水平”核心，持续组织举办“暴雨东湖论坛”，推进中国气象局流域强降水重点开放实验室、暴雨监测预警湖北省重点实验室建设，积极申报中国气象局流域定量降水预报与洪涝监测预警重点开放实验室，推动科研院所、业务单位、学界间协同发展，为广泛开展国内外合作，培养、吸引和使用高层次优秀人才打造优秀的科技创新平台。

4. 优化四个优势学科方向

进一步发挥优势学科影响，提升暴雨预报支撑能力。围绕筑牢气象防灾减灾第一道防线目标，大力践行“人民至上、生命至上”理念，聚集国内外暴雨科研力量，积极开展暴雨野外观测试验，开展暴雨、强对流、中小河流洪水、山洪灾害等监测预警和机理研究，加强中尺度暴雨数值模式研发，破解暴雨核心领域的科学问题和关键技术以及“卡脖子”问题，拓

展人工智能和大数据在预报预警服务中的应用，支撑华中区域、长江流域乃至全国的暴雨预报业务。

5. 构建五套面向全国和区域的多类别业务支撑系统

着力构建五套面向全国和区域的多类别业务支撑系统。中尺度数值模式及快速循环预报系统、多源资料融合分析系统、灾害性天气分类识别及预警系统、流域水文气象实时预报系统和北斗/GPS大气水汽解算系统等优秀科技成果，着力向流域区域各省转化应用，为全国暴雨预报业务服务和提高暴雨预报准确率提供强大科技支撑，为推动气象高质量发展和加快建成现代化气象强国提供强大科技支撑，为保障生命安全、生产发展、生活富裕、生态良好，服务经济社会高质量发展提供强大科技支撑。

6. 建设高水平暴雨创新人才队伍

持续优化人才发展环境，完善落实更加优惠的政策措施，加大人文关怀，强化服务意识，完善服务体系，逐步构建成爱才、惜才的良好氛围。坚持“引培兼顾，内培为主”原则，注重学术带头人后续梯队人选的认定和培养，持续实施“优秀青年科技人才”培养计划，为青年人才的成长创造良好的条件，建立创新团队管理运行机制，实行考核激励与竞争淘汰并举，促进团队人才结构优化与创新能力发展，逐步形成1～2个国家级创新团队。

7. 健全科技创新合作机制

正确把握政策导向，突出实际科研能力、成果产出以及业务支撑，加强对科技成果转化的管理、组织协调，优化科技成果转化流程，健全气象成果分类评价制度，完善气象科技成果转化应用和创新激励机制。构建集中研发、成果共享的开放合作机制，积极融入国家数值预报中心发展规划，强化与暴雨研究领域相关科研业务单位的深度合作，加强在更高层次上与全球创新要素深入融合。

第 7 章　中国气象局广州热带海洋气象研究所改革创新发展报告

中国气象局广州热带海洋气象研究所（以下简称“热带所”）创建于 1976 年，前身为广东省气象科学研究所，现已建所 46 年。随着国内外大气科学和我国气象事业现代化建设的发展，经过数代优秀科研人员的不懈努力，热带所逐渐发展为一个专业学科全，科研队伍素质强、创新研究成果多、社会和经济效益显著的国家级科研院所。

7.1　工作沿革

7.1.1　第一阶段（1976—1990 年）：成立省级研究所，支撑地方气象服务工作

1976 年，为了加强气象预报业务与科研工作，响应农林部“关于加强海洋渔业气象服务的报告”精神，广东省编制领导小组办公室批复成立广东省热带海洋气象研究所，编制 25 人，总投资 90 万元，内设天气和数值预报两个研究室及科技情报室，由李学海同志担任第一任所长。1979 年 5 月，广东省气象局党组决定广东省气象局人工控制天气研究所并入热带所，成立人工控制天气研究室并增设了云物理和大气环境两个研究室。1980 年，广东省热带海洋气象研究所和广东省气象科学研究所合并，对外两个招牌，对内一套人马。同年，所内引进了第一台国产计算机 DJS220，投入到数值预报研究和业务实验，并设立了计算机室。1984 年 2 月，省委宣传部批准热带所创办《热带气象》学术季刊，公开发行，《热带气象》（中文版）11 月正式创刊。1985 年，广州热带海洋气象研究所热带气候研究室正式成立，南海农业气象试验站并入热带所。此时，全所共有 6 个研究室，人员 130 人。1990 年，热带所获得国家环境保护局颁发的“国家甲级环境影响评价证书”，初步建立了一套实用的污染气象分析及环境影响预测评价程序。经过第一阶段的发展，热带所的组织管理和科研体系基本形成。

7.1.2　第二阶段（1991—2001 年）：发展成为区域气象中心专业研究所

1991 年 6 月，广东省热带海洋气象研究所更名为广州热带海洋气象研究所，是中国气象局 6 个区域气象中心专业研究所之一。1992 年，经国家科委批准，《热带气象》更名为《热带气象学报》，成为大气科学和海洋科学学科的核心期刊，同年成立应用技术开发部。1995 年 12 月，*Journal of Tropical Meteorology*（《热带气象学报》（英文版））创刊，是国内首家处级科

研所主办的英文期刊。1996年9月，热带所更名为广东省气象科学研究所（广州热带海洋气象研究所），内设8个正科级机构，人员编制总数72人。1996年，“台风、暴雨业务数值预报方法研究”被评为国家“八五”科技攻关重大科技成果。经过这一阶段的发展，热带所积极推进科研组织和队伍建设，特别是加强专业结构调整和科研体系建设，大力开展对外学术交流与合作，具备了全面展开研究工作的有利条件。

7.1.3 第三阶段（2002—2022年）：发展成为国家级科研院所

2002年7月，根据科技部、财政部、中央编办《关于对水利部四部门所属98个科研院所机构分类改革总体方案的批复》的要求和中国气象局关于气象科研院所改革的总体部署，广东省气象科学研究所更名为中国气象局广州热带海洋气象研究所（广东省气象科学研究所），成为国家级科研院所，内设5个科室，编制总数50人。2003年2月，中国气象局广州热带海洋气象研究所首届科学咨询委员会会议召开。2005年，广州番禺大气成分观测站落成。2005年，中国气象局热带季风重点开放实验室批复成立。2006年7月，因机构改革，热带所加挂广州区域气象科技创新中心牌子，强化广州区域气象科技创新中心建设，积极开展组织建设和学科布局，充分发挥所在区域科技创新平台的核心和辐射作用，迎来了创新发展新阶段。2006年10月，广东省气象局引进IBM高性能计算机，基于我国GRAPES自主研发构建新一代业务模式GRAPES_TMM。2008年7月，博贺海洋气象科学试验基地的海上观测平台建设成功，成为国内首个海洋气象专业观测平台。2008年，*Journal of Tropical Meteorology* 第14卷第1期被SCI收录，成为广东省第一个被SCI收录的科技期刊。2012年12月，作为全国首创，中国气象局与广东省政府合作共建的区域数值天气预报重点实验室挂牌成立。2015年6月，因机构改革，热带所重新调整重组为中国气象局广州热带海洋气象研究所（广东省气象科学研究所），核定编制98名，内设9个科室。2016年，开始建设华南云物理与强降水野外科学试验基地惠州龙门中心主站。2018年，博贺海洋科学试验基地入选首批中国气象局野外科学试验基地，随后2019年入选国家综合气象观测试验基地。2019年，中国气象局龙门云物理野外科学试验基地挂牌。同年12月，根据中国气象局的批复，热带所划为公益二类事业单位。2022年9月，热带所因机构改革核定编制99名，内设10个科室。面对科技体制改革带来的发展机遇与挑战，热带所着力把握发展大局，进一步优化和集成力量，增强科研能力和国际竞争力。

7.2 改革成效

热带所始终坚持以气象防灾减灾提供科技支撑为导向，紧密围绕国家与地方气象现代化发展需求开展工作。2002—2022年，获得科研经费总额3.3亿元，其中国家级项目经费8182.56万元；主持国家级项目84项、省部级项目161项；发表学术论文1000多篇（其中SCI论文400多篇）；制定国家标准2项、行业标准1项；获得国家专利4项；获得包括国家科技进步二等奖在内的14项重要科技奖励。主办的《热带气象学报》和 *Journal of Tropical Meteorology* 影响力不断提高，《热带气象学报》连续被中国科技核心数据库（CSTPCD）、中国科学引文数据库（CSCD）收录，*Journal of Tropical Meteorology* 一直被SCI、Scopus、

ProQuest、EBSCO 等国际著名检索系统定为录入源刊。

7.2.1　科技成果

1. 热带灾害性天气

云降水物理研究团队围绕云和降水微观宏观物理观测特征开展研究，开展人工触发闪电和自然闪电综合观测试验，发展云、降水、闪电综合分析与应用技术。近年来，团队利用多源新型观测资料，结合高分辨率数值模拟，研究暴雨发生发展机制，云降水微物理特征等，探讨热带地区闪电发生发展规律，加强闪电致灾和防护机理研究，提升暴雨、强对流天气、闪电活动预警技术。

（1）华南强降水微物理特征及预报技术研究

基于观测资料，研究华南强降水过程（如飑线、台风等）的微物理特征。建立相应双偏振雷达定量降水估测（2DVD-SCM）算法；并构建适用于华南地区的 S 波段双偏振雷达反演伽马雨滴谱方案，建立起双偏振雷达量与降水微物理量连接桥梁；发展适用于华南地区雨水雷达水平反射率关系式，并将此方法应用于华南强降水过程的微物理特征分析。

结合多源观测资料精细分析和高分辨率数值模拟，分析多个极端降水过程（如广州“5 · 7”、江门“6 · 22”和惠州“18 · 8”等特大暴雨过程）的多尺度特征以及地形、下垫面的影响，进一步阐释了华南地区强降水形成机制。

通过微物理方案评估改进，为提高区域数值模式对华南强降水的预报能力提供科学支撑。自主研发适用于双参云微物理方案的伽马雨滴谱高精度快速求解方法，大幅度提高双参云微物理方案模拟伽马雨滴谱精度。

（2）华南雷电物理特征及致灾机理研究

与气科院联合共建中国气象局雷电野外科学试验基地。中国气象局雷电野外科学试验基地是基于触发闪电和自然闪电观测的大气电学综合试验基地。试验基地至今共成功引雷 209 次，近三年引雷成功率达到国际领先水平。试验基地在闪电物理研究、雷电探测、雷电防护应用研究及高建筑物雷电研究方面形成了自己的特色，于 2018 年入选首批中国气象局野外科学试验基地。

推进了电力、石化等重大行业领域雷电防护技术发展。创建了基于人工引雷的雷击机理防护试验平台，开发了融合雷电直击和感应效应的综合测试系统，与电力、通信、石油化工等多个部门开展了 10 多项防护技术测试和试验研究工作，首次发现了由地闪多回击和地电位抬升引起的防雷器件在额定电流内损坏现象。

为气象防雷减灾业务提供重要科技支撑。针对华南气象、雷达等观测站场屡遭雷击损坏的问题，提出了“地网安全距离”和“分离接地”等解决方案，防雷效果显著。首次获得广州塔雷电流直接测量资料，揭示了不同高度建筑物的雷电回击特征差异，建立了超大城市高建筑物区域闪电通道光学监测网。

2. 热带海洋气象

热带所海洋气象团队致力于研究海—气相互作用与数值模式海—气通量参数化以及灾害性天气观测、机理及预报技术的研究，构建了多个海—气通量过程参数化方案改进海洋气象数值预报模式，提出了台风和海雾形成机制，研建了台风生成、海雾和强风预报模型。

（1）海—气相互作用与数值模式海—气通量参数化研究

提升了海上大气边界层结构与热动力过程认识。基于海上平台和浮标等开展了海—气界面过程观测试验，对海—气相互作用过程中的关键科学问题进行研究，揭示了边界层上层大尺度涡旋与强风阵性关系及其对海气通量的影响，证实了“TOP-DOWN 理论”在海洋表面的有效性。

构建了多个海—气通量过程参数化方案。基于海洋平台实地观测资料，开发了新的无量纲普适函数和高风速下依赖水深与风速的动量通量参数化方案。

（2）华南沿海海雾的观测、机理和预报研究

开展了海雾大气边界层和微物理结构、海—气通量特征等方面观测研究，提出两种不同海雾过程形成机制。研发了广东沿海海雾预报系统和华南沿海海雾预报系统，在业务预报中效果良好，获得国家气象中心和广东省气象局等业务部门准入。研究成果获得了 2020 年广东省气象技术进步一等奖。

（3）南海台风观测、机理及预报技术研究

台风结构和降水以及海洋响应观测研究。基于观测数据，发现了台风背景下海温急剧下降、当风速达到一定程度海浪不再增大等观测事实基于卫星遥感资料分析发现垂直风切变是登陆广东热带气旋降水非对称性最重要的影响因子；个例分析发现台风对流非对称分布与低层辐合和辐散有关。

台风路径和强度研究。最近针对台风“山竹”可预报性研究，发现环境引导气流是“山竹”预报路径向南偏的最重要影响因素；台风强度研究从大气影响因子拓展到了海—气相互作用的影响，海—气耦合模式对台风 Krovanh（0312）模拟显示，海—气相互作用导致台风结构轴不对称性加强，且在中高层尤为显著。

台风生成机理及预报技术研究。开展了从热带云团发展为热带低压、热带低压发展为热带风暴不同阶段的机理及预报技术研究。提出了南海中层涡旋自上而下形成热带气旋的概念模型；指出非绝热加热率日变化以及辐射加热廓线是热带低压发展的关键性指标；在上述研究基础上建立了南海热带气旋生成潜势预报方法和热带低压发展预报方法。

（4）海上强风特征及预报技术研究

开展了卫星遥感测风、测波雷达测浪等误差分析，给出了南海海面风分布特征。建立了基于数值预报的 kalman 和 MOS 等强风预报方法，并在业务预报中发挥作用，近年来发展了基于多源资料的海面风融合分析系统。

3. 热带环境气象

热带环境气象团队以大气物理学、大气光学、大气化学与天气学的理论为基础，以区域大气成分为研究对象，以相关观测、评估与预报技术研发为重点，前沿研究结合业务应用体系建设，取得的科研与业务成果为政府决策、环境气象业务与生态效应评估等提供技术支撑。

（1）华南气溶胶研究与珠三角霾害监测预报技术

在国内最早开展大气气溶胶质量谱与水溶性成分谱的研究。首次建设了区域（珠三角城市群）大气成分观测站网；整合珠三角的太阳光度计监测站，加入了中国区域气溶胶地基遥感监测站网。反演计算了珠三角地区气溶胶光学和辐射特性参数，形成长时间序列产品并在 CARSNET 得到应用。

研制的气溶胶吸湿性观测设备（H/V-TDMA）和气溶胶散射吸湿增强因子测量仪（PNEPs）达国际先进水平，获得国家发明专利。H/V-TDMA 观测系统具有气溶胶挥发性测量功能，并可同时测量气溶胶数谱、吸湿性、挥发性和粒子混合状态的功能。PNEPs 仪器可测量干湿状态下气溶胶散射系数，用于灰霾的监测预警。

揭示灰霾天气的气象控制条件。分析珠三角气溶胶吸湿性和混合状态的季节、日变化规律；揭示了珠三角地区气溶胶数谱的多峰特征、新粒子形成事件与气象要素的关联；科学解释了气溶胶在高相对湿度下的消光作用是产生低能见度的主要成因。

综合利用天—空—地监测资料与物理 / 化学 / 辐射模式研究灰霾形成与恶化的物理化学成因。定量评估了不同环境相对湿度下粒径谱、成分谱与二次气溶胶对能见度的消光份额。研建了“珠三角大气灰霾的预测预报预警系统”，实现业务化运行。

（2）珠三角大气复合污染的气象成因与物理化学机制

发现东亚季风爆发与长期变化特征对华南区域 O_3 浓度有显著影响，（半）定量化的气象条件指数在 2008—2013 年抑制 O_3 上升，在 2014—2019 年促进 O_3 上升。

揭示了副热带高压与台风外围下沉气流影响下珠三角双高（高 O_3、高 $PM_{2.5}$）污染过程的形成机理。散射型气溶胶导致多次散射和光化辐射通量增加，光化学反应加剧，大气氧化性的增强促使二次气溶胶的生成，形成正反馈过程。

定量评估了近 10 年珠三角气溶胶的辐射强迫，气溶胶的辐射强迫逐年下降，SSA 逐年上升，细模态散射型气溶胶扮演关键角色，更加有利于 O_3 的生成。

（3）珠三角温室气体监测技术与区域碳源汇数值评估系统研发

建立了与国际接轨的广东省温室气体监测方法体系。引进世界气象组织溯源的温室气体标气系列的制备—标定—分级传递的集成技术体系，建立温室气体分析标校系统的流程与规范。

研发了珠三角区域温室气体本底 / 非本底值的筛分技术。基于平均移动过滤技术研建了区域 CO_2 的本底 / 非本底筛分算法，开展 CO_2 的潜在源区分析，初步探明区域 CO_2 本底浓度、污染源浓度和吸收汇的浓度。采用增强因子法计算了 CO_2 的自然过程和人为排放源的影响。

研发建立了华南区域高分辨率碳源汇数值评估系统（GRACES-GHG），目前已经具备准业务运行的能力。于 2012 年开始研发区域碳源汇数值评估系统，引进并改进了碳源汇反演模式系统（CarbonTracker），建立了华南区域高分辨率（3 km）碳源汇数值评估系统（GRACES-GHG）。评估分析了珠三角区域碳源汇的时空分布，初步解决了温室气体人为源和自然汇相对贡献率计算的关键技术问题。

4. 热带数值天气预报

（1）构建以三维参考技术与预估校正相结合的区域模式动力框架

发展了 CMA-GD 模式的三维静力参考大气的方案。预报试验表明，三维模式相比一维模式，预报精度有明显提高，温度和风的 48 h 预报、地面要素预报、台风路径预报等都有较一维模式好。

研发了迭代法半隐半拉格朗日（SISL）方案。新方案将复杂的物理反馈作为隐式方程的右端项参与 Helmholtz 方程求解，试验表明它有利于提高模式稳定性和预报精度，对台风路径预报也有明显的改进。

（2）形成了具有区域特色的热带区域模式物理过程方案

发展了对流参数化与微物理过程的耦合技术。在南海台风模式中对原 SAS 方案的积云模式进行改进，引入层状云和对流云的相互耦合机制，试验结果表明引入对流参数化与微物理过程的耦合机制可以有效改进台风路径的预报效果。

在 CMA-GD 模式中引入了地形重力波拖曳参数化方案。在南海台风模式中发展和引进了地形重力波拖曳参数化方案，考虑了重力波波破碎的影响，该方案提升了台风模式预报能力。

基于 CMA-GD 模式发展了尺度适应对流参数化技术。改进后的 SAS 方案引入了尺度识别技术，更加适用于灰色尺度分辨率的模式，有效地提高了台风预报和降水预报水平。

（3）发展了针对多源观测资料的同化方案

基于 CMA-GD 模式预报系统，针对多种不同来源观测资料，研发了结合变分同化与集合卡尔曼滤波各自的优点的观测分批变分同化技术、扰动四维变分同化方案、分析增量更新方案，并开展了新型观测资料的同化应用等。

观测分批变分同化技术。该技术在理论上完全等价于整批变分资料同化的“全局拟合”，并便于运用依流型而变的背景误差协方差，使之较好地适用于热带气旋资料同化。

扰动四维变分与分析增量更新初始化技术。建立了 CMA-GD 模式面平衡方程以及引入静力平衡和第五控制变量，发展了分析增量更新初始化技术，改善模式启动初期云和降水的预报偏差。

多源观测资料同化应用。完成了多普勒雷达的风场信息直接变分同化方法的研发，发展了适合本地区的双偏振同化算子。开发了双偏振雷达偏振量直接同化方案。研发了 1Dvar+3Dvar 同化技术。

构建基于“多源多类型扰动组合”的集合预报系统。基于自主研发的 CMA-TRAMS 和 CMA-GD 模式，在集合扰动理论研究与技术开发、后处理技术开发与应用等方面开展工作。

多扰动源多尺度相互作用理论研究。在国际上首次基于这两类扰动不同的时空尺度特征，成功解释了两者存在非线性相互作用的可能原因。

多源多类型扰动组合技术开发。开发了“多源多类型扰动组合”的集合扰动技术；建立了分辨率约为 9 km 的台风中尺度集合预报系统（TREPS）；建立了针对华南地区的分辨率约为 3 km 的华南对流可分辨集合预报系统（GM-CPEPS）。

高分辨率集合预报后处理技术开发。开发了“最优成员”“最优概率”产品和“新概率匹配”产品，为业务高分辨率集合预报产品开发提供重要技术支撑，推动了集合预报技术在业务预报服务中的应用。

5. 热带季风与气候

聚焦热带季风与华南天气气候，在季节内、年际、年代际等时间尺度上深入探讨南海夏季风多尺度变率及其相关的海—陆—气相互作用机理和大气内部动力过程，相关研究成果为开展气候模式区域内降尺度应用、改进区域延伸期天气预报技术和短期气候预测技术提供技术支撑。

（1）揭示南海夏季风的多时间尺度变化机制

进一步认识南海夏季风爆发的影响机制。当 Madden-Julian 振荡（MJO）处于西太平洋位相时，有利于南海夏季风爆发；赤道 MJO 活动引起的大气热源响应与孟加拉湾气旋性环流以及年际尺度海温变化协同作用，共同对南海夏季风爆发迟早产生影响；提出影响南海夏季风爆发早晚的 ENSO 驱动机制和印度季风驱动机制。

揭示热带大气季节内振荡（ISO）的变化机制。热带印度洋海气相互作用通过风—海温—蒸发反馈机制对热带大气 ISO 的年际变化有显著调制作用；揭示出由于大气环流和海温强迫的影响加强，南海地区 ISO 强度呈上升趋势。

完善对流层准两年振荡（TBO）海—气耦合系统。提出南海夏季风是 TBO 循环的成员之一，发现与南海夏季风准两年变化相关的海温变化在热带中东太平洋非常显著；平流层准两年振荡通过不同位相的下传，影响热带经向环流，进而影响南海夏季风强度的准两年变化，TBO 强度具有显著的年代际变化特征，这与季风的季节锁相有关。

揭示南海夏季风年际、年代际变化机制。异常的冬季赤道东太平洋海温通过太平洋—东亚遥相关影响南海—西北太平洋；发现副高北侧经向温度梯度减弱的结果导致了对流层中层西太副高的减弱；提出南海夏季风强度年代际变化与亚印太交汇区一致型海温变化有关。

（2）热带季风活动对华南区域持续性强降水事件的影响机制

完善对华南持续性暴雨的认识。提出了第三类 500 hPa 中高纬度环流类型：高纬阻塞—中纬平缓型；进一步揭示出在平均环流变化的影响下，华南春季降水及其 10 ~ 60 d 振荡强度存在显著的年代际变化；华南夏季降水与其 10 ~ 60 d 振荡强度显著正相关，海温影响东亚降水的年际变率的途径是调控水平水汽输送，而非调控东亚地区的垂直运动；华南持续性暴雨与 10 ~ 30 d ISO 密切相关，后者对华南降水季节内时间尺度的变化有主要的方差贡献。

进一步完善热带季节内振荡（ISO）影响华南持续性强降水的物理机制。发现华南 6 月持续性大范围暴雨对应高层 200 hPa 纬向风显著的经向波列，发现热带 ISO 强度主要通过调制南亚高压对南海夏季风强度和华南春季降水产生显著影响；揭示了表面热通量和辐射作用通过影响湿静力能进而影响对流发展；针对季风爆发前 ISO 北传到南海北部的现象，提出了正压涡度平流机制；在季风爆发后，涡度平流等大气内部动力学机制对于 ISO 北传到华南的贡献较小，提出了表面热通量及其引起的水汽异常的陆面强迫机制。

7.2.2　业务支撑

1. 热带数值天气预报

紧密围绕国家“一带一路”倡议和提高我国热带地区灾害天气预报准确率的迫切需求，热带所一直致力于热带区域数值天气预报模式系统的研发。自 1976 年建所以来，从最初简单正压模式，到 6 层套网格原始方程模式，10 层台风模式，此间经历台风模式的多次升级，2005 年建立新一代数值预报模式系统 GRAPES，包括分辨率为 36 km 南海台风模式和分辨率为 12 km 中尺度区域模式。2016 年和 2019 年台风模式分别通过中国气象局的业务升级评审，分辨率依次升级为 18 km、9 km，2018 年中尺度模式通过中国局的业务化准入评审升级为分辨率 3 km，2017 年分辨率为 1 km 的模式在“天河二号”广州超算中心实现实时运行，实现我国千米级模式业务化的新突破。至此建成了自主知识产权的热带区域“9-3-1”高分辨模式系统，包括印度洋—太平洋（9 km 分辨率，现命名为 CMA-TRAMS）、泛珠三角 / 南海（3 km 分辨率，现命名为 CMA-GD）、重点地区（1 km 分辨率，现命名为 CMA-GD（R1））的区域高分辨率模式系统，提供不同分辨率、不同覆盖区域、不同用途的数值预报模式产品，为国防、“一带一路”建设、国际一流湾区和世界级城市群服务，提升南海、华南、粤港澳大湾区灾害天气预报预警和气象决策服务能力。

技术试验表明目前的热带区域“9-3-1”高分辨模式系统预报精度有大幅度提高。目前已具有：0.55 的隐式权重能力；1 km 格距 30 s 时间步长稳定业务能力；模式大区域（印亚太）积分 168 h 稳定且具有较高精度；配置适应热带高分辨模式的物理参数化；配置快速同化初值方案，实现实时业务。

预报产品被国家气象中心、泛珠三角 8 省（自治区）气象台、香港天文台、澳门地球物理暨气象局应用，为短时强对流灾害预警和广东省精细网格数字天气预报提供新工具。产品还被民航中南空管局、省水文局和广州市公安局等行业广泛应用。台风模式被亚太经社会 / 世界气象组织台风委员会推介给东南亚国家和地区，扩大广东对外辐射力和国际影响力。

2. 热带海洋气象

热带所自 2002 年开始针对南海和华南近海，先后发展了两代海洋气象数值模式预报系统，2002—2017 年完成了第一代海洋气象系统包括覆盖南海和华南近岸不同区域不同分辨率的海洋环境，2013 年陆续开始业务运行；2017 年开始发展第二代海洋气象数值预报系统，构建了“9-3-1”海洋气象数值预报系统。

第一代海洋气象数值模式预报系统 V1.0 包括南海区域海洋气象数值模式预报系统和华南近海高分辨率风—浪—暴潮—漫滩一体化数值模式系统。前者主要覆盖南海，包括南海区域海洋环流模式（分辨率为 36 km/9 km）、南海区域海浪模式（分辨率为 12 km/ 9 km）、南海区域风暴潮模式（分辨率为 3 km）；后者主要覆盖华南近海包括 3 km 分辨率的海浪模式、海雾模式、风暴潮模式以及 400 m 分辨率的广东沿海风暴潮漫滩模式。

随着数值模式预报的发展，2017 至今在第一代系统的基础上发展海—气耦合、拓展范围、提高分辨率、改进物理参数化方案，构建了第二代海洋气象数值模式预报系统（即 9-3-1 海洋气象数值预报系统）。包括亚太区域 9 km 分辨率的台风海气耦合模式预报系统（台风海 – 气耦合模式和海浪模式）、南海区域 3 km 分辨率的海洋气象数值模式预报系统（强风、海浪、风暴潮和海雾等模式）、粤港澳大湾区 1 km 分辨率的海洋气象数值模式预报系统（强风、海浪、海雾、风暴潮及漫滩淹没等模式），提供亚太区域的台风和海流预报、不同区域不同分辨率的海浪、风暴潮和海雾等预报。

评估检验表明，海洋气象数值模式预报系统预报效果良好。2016—2021 年海浪模式检验结果显示 5 级以上海浪预报除了 2020 年外，其余年份 TS 评分大于 0.4，2021 年 TS 评分甚至达到 0.6 左右；海雾模式 2016—2021 年 TS 评分在 0.3 以上；风暴潮模式 2013—2021 年以来香港风暴潮预报平均绝对误差 25 cm。在 2017 年超强台风“天鸽”、2018 年超强台风“山竹”、2018 年琼州海峡大雾以及 2022 年台风“暹芭”等多次重大灾害性天气中，表现优异，为预报业务提供了重要支撑，在防灾减灾中发挥重要作用。

海洋气象数值预报模式系统输出的海浪、风暴潮、海雾等预报产品不仅在广东省气象局应用，同时推广到海南省气象局、福建省气象局应用。其中海雾预报推广到国家气象中心应用，华南沿海海雾预报系统获得中国气象局天气预报科技成果中试基地成果转化认证和国家气象中心成果应用二等奖。

3. 热带环境气象

2007 年，热带所开始研发华南区域环境气象（大气成分 / 空气质量）数值模式系统（GRACES-AQ）。该系统于 2009 年开始准业务运行，并于 2011 年投入业务运行。GRACES-

AQ 以 CMA-GD 作为驱动场，耦合了 CMAQ 模式，研发动态排放源处理系统和区域气溶胶与臭氧减排诊断技术。结合卫星遥感、交通流量以及地面观测等多种数据，对排放总量进行了时空分配，增加了 HONO 和硫酸蒸汽排放的估算，改进了硫酸盐和硝酸盐的预报性能。改进了模式中适合珠三角特点的关键理化过程，包括气溶胶消光廓线参数化的引入对光解模块的本地化，以及本地观测气溶胶吸湿函数的引入对能见度计算模块的本地化。构建了三重嵌套（分辨率为 27 km、9 km、3 km）的华南区域环境气象数值预报系统，为泛珠三角区域，特别是区域重点城市提供 $PM_{2.5}$、PM_{10}、O_3、NO_x、SO_2、CO、AQI 和能见度（雾 / 霾）等环境气象要素的 0 ~ 96 h 逐小时预报产品，模式产品已在业务网常态化应用，逐步在珠三角、广东省、泛华南六省和国家气象中心的环境气象业务预报中得到广泛应用。此外，GRACES-AQ 已移植到环保气象多个部门，有力地支撑我省气象环保会商。经中国气象局评估，在华南地区大部分预报要素优于中国气象局模式。面向华南地区研建的《华南区域环境气象业务平台》有力支撑了区域环境气象预报服务业务。

开展珠三角区域大气污染联防联控技术研发，提出了不利气象条件下区域大气污染联防联控的措施与预案，率先提出农业氨的排放对珠三角地区 $PM_{2.5}$ 的贡献不容忽视，以及针对 $PM_{2.5}$ 的减排方案可能会引起臭氧浓度的上升。同时提出臭氧控制区存在明显时空分布。在协同减排背景下，提出以 VOC 为主导的减排建议，当 $VOCs/NO_x$ 的减排比超过 2∶1 时能显著降低城市群臭氧浓度。该成果为区域雾—霾灾害天气预报预警、空气质量预报、污染治理联防联控提供了技术支撑。

2018 年 10 月，“珠江三角洲环境气象监测与预报关键技术研究及应用”获得中国气象局气象科学技术进步成果奖二等奖，其中“华南区域环境气象业务数值预报模式系统”是关键核心技术。

7.2.3　人才队伍

坚持“人才强所”理念，围绕学科布局和气象科技重点领域，培养造就了以优秀中青年科学家为主的具有国际水平的战略科技人才队伍。目前全所在职人员 88 人（编内 79 人），正研级人员 30 人，副研级以上和硕士学位以上人员比例分别达 59% 和 90%。

20 年来共培养和引进正研级专家 30 余名，培养和招收博士学历人员 40 余人，人才队伍的平均年龄为 39 岁。1 人被聘为国家重点研发项目首席科学家，并入选中国气象局“双百计划”特聘专家和广东省重点高端外国专家，2 人入选中国气象局科技领军人才，3 人入选国家气象创新团队（其中 1 人为区域数值天气预报方向首席专家），6 人入选中国气象局青年英才，2 人入选广东省气象局气象科技领军人才，18 人入选广东省气象局青年英才，14 人担任广东省局“英才助推计划”培养导师。

通过局校合作等先后组建了“强降水的数值模式发展创新团队”“台风与海洋气象预报技术研发创新团队”“环境气象模式研究与应用创新团队”“温室气体及碳中和监测评估”4 支科技创新团队，培养了一批有发展潜力的科研骨干，成为广东省气象部门重要的科技人才培养基地；多渠道积极引进海外高端人才，建立了“珠江人才创新创业团队”；积极响应并利用广东省政府的人才政策，大力推动博士站的建设，于 2018 年获批设立了广东省第一批博士工作站，发挥人才“蓄水池”作用。博士工作站自成立以来，为博士、博士后人才提供科学研究、项目申报、编制保障、联谊交流等服务，发挥人才服务平台功能。此外，热带所与其他单位、高校开展产学研合作，发挥人才孵化和成果转化基地作用，持续推动产学研深度融合。

7.2.4 科研基础条件

热带所历来重视科研基础条件建设，打造“海—气 / 陆—气边界层—云降水—雷电”立体观测系统，建设探测装备先进、功能齐全的国内一流气象科学野外观测试验基地，包括“中国气象局南海（博贺）海洋气象野外科学试验基地”“中国气象局龙门云物理野外科学试验基地”“中国气象局雷电野外科学试验基地”和“粤港澳大湾区大气成分野外科学试验基地”；同时不断增强计算资源配置，改善计算条件，为科研和业务提供有力支撑。

1. 观测基地

（1）中国气象局南海（博贺）海洋气象野外科学试验基地

南海（博贺）博贺海洋气象科学试验基地位于广东省茂名市电白县电城镇，主要由北山岸基观测站、海上综合观测平台、100 m 观测铁塔和海上浮标四部分组成，包括平台海气通量观测系统、海洋飞沫观测系统和海洋环境观测系统、100 m 铁塔海气通量和风湿梯度观测系统，岸基地面综合观测系统、海上浮标海洋气象综合观测系统等。该基地以提高南海天气气候的监测和预报水平为目标，探索海洋气象观测的关键技术，开展海岸带海 – 气边界层、海 – 气通量参数化和海 – 气耦合模式技术研究。

经过多年建设，基地实现了从海洋环境到中低空大气要素的立体、连续、全天候的观测能力，已成为国内规模最大、观测设备和项目最齐全的海洋、大气科学研究基地。

（2）中国气象局龙门云物理野外科学试验基地

2015 年，热带所与中国气象科学研究院联合共建了龙门云物理野外科学试验基地。2019 年 9 月，正式命名为“中国气象局龙门云物理野外科学试验基地”。

经过多年建设，中国气象局龙门云物理野外科学试验基地已经具有较大规模，包括 1 个中心主站、3 个子站及多个辅助站。其中龙门中心主站，重点开展云—降水—气溶胶—环境场垂直精细结构观测，新丰和南海子站重点使用多波段双偏振雷达和相控阵雷达开展强对流三维结构和动力场组网观测，阳江子站重点使用视频探空仪和双波段云雷达开展云降水微物理特征直接观测和遥感探测，广州黄埔站等辅助站开展地基云和降水观测。

多年来，热带所依托该试验基地，与气科院、香港天文台、武汉暴雨所、南京大学等单位开展协同观测试验。这些野外科学试验积累了宝贵且丰富的综合观测资料，并对相关单位实现数据共享。基于试验基地获取的宝贵观测资料，研究团队围绕华南强降水“观测分析”“机理研究”和“数值模式”这 3 个方面开展了大量研究工作，取得了丰富的研究成果。

（3）中国气象局雷电野外科学试验基地

中国气象局雷电野外科学试验基地由热带所与中国气象科学研究院合作共建，基地以提升气象灾害预警和防御能力为指导方针，坚持为我国雷电监测、雷电预警预报、雷电防护业务提供科技支撑的目标，并在 2018 年 1 月入选首批中国气象局野外科学试验基地名单。

2005 年以来，基地建设了用于开展触发闪电和雷电防护测试试验的人工引雷试验场、用于自然闪电观测的从化气象局雷电观测站和用于观测雷电连接过程的广州高建筑物雷电观测站。人工引雷试验场占地 20 余亩*，拥有火箭发射区、常规数据采集区、雷电防护试验区等多个专项试验开展及数据采集区域，现已具备一次雷暴过程发射 16 枚引雷火箭的能力，可对试验区域内任何点实现雷电直击；从化区气象局拥有实验室 4 间，可同步进行触发闪电的远距离观测；广州高建筑物雷电观测站在广东省气象局、暨南大学等地相继共建设了 6 个闪电光学监测站点，安装了高速摄像机和闪电通道成像系统等先进设备，实现了对广州市珠江新城高建筑群区域内闪电通道发展三维光学精细化监测。

（4）粤港澳大湾区大气成分野外科学试验基地

广州番禺大气成分野外科学试验基地位于广州市番禺区南村镇大镇岗山，集城市群环境气象科研与大气成分监测业务为一体。大气成分业务观测站始建于 2004 年，由气溶胶观测室与气体观测室构成；大气物理与大气化学实验室，定位于支撑科研基础的野外观测试验，始建于 2008 年，由气溶胶 I 室、II 室及气体观测室构成。经过多年发展，番禺大气成分站逐步完善大气成分观测要素，近些年从原有的地基观测拓展到高空，进一步加强大气成分的垂直探测能力。

粤港澳（中山）大气成分野外科学试验基地地处粤港澳大湾区中心，位于中山市东区金钟水库附近古香林片区交椅环山南麓，由观测业务用房、室外观测场以及天文馆三部分构成。热带所自 2019 年初开始负责对该实验室进行设计改造，目前已经开展气溶胶质量浓度、反应性气体以及光谱等相关观测，为粤港澳大湾区复合污染机理研究及治理提供基础资料集。

中国气象局选址韶关、新丰作为国家大气本底站，在中国气象局观测司、中国气象局大探中心及广州热带所的共同指导下，新丰国家大气本底站已完成基础施工建设，并且完成设备业务布局及内部改造，为开展温室气体及相关设备安装观测奠定基础。

在过去 20 年，热带所依托试验基地，通过观测试验与模式模拟，结合卫星遥感资料，围绕华南区域环境气象业务数值预报模式系统的研发与核心技术加强对重污染天气机理、区域联防联控和双碳行动成效评估等方面开展应用研究。

2. 计算条件

2006 年，广东省气象局首次引进 IBM 高性能计算机，具有 1 万亿次 / 秒计算能力。热带所在 IBM 高性能计算机上建立了第一代基于 GRAPES 区域模式的华南区域模式。

2014 年 3 月，广东省气象局新建完成每秒峰值运算速度达 400 万亿次 / 秒的 IBM 高性能计算机，热带所的计算能力提升了 400 倍（原来只有 1 万亿次 / 秒），台风数值预报模式水平分辨率得以从 36 km 提高到 9 km，台风预报能力达到 7 d，区域模式从 12 km 分辨率提高到 3 km，从原来每天只报 4 次增加到 24 次，可以逐小时循环更新预报未来天气。

2015 年，热带所引进曙光 5000 高性能计算集群系统，采用曙光星云的最新技术及产品。总存储 381 T，总峰值计算能力 65 万亿次 / 秒。曙光高性能计算集群系统解决了当时科研计算资源不足的问题，为科学研究提供了较为充足的计算资源。

2017 年 2 月，热带所与广州超算中心建立了战略合作关系，开始利用广州超算中心“天河二号”超级计算机系统研发具有区域精细数值天气预报模式。“天河二号”以峰值计算速度每秒 5.49 亿亿次、持续计算速度每秒 3.39 亿亿次双精度浮点运算的优异性能成为全球最快超级计算机。于同年 4 月在“天河二号”建立了我国首个可业务运行的 1 km 模式，逐 12 min 提

* 1 亩 =666.67 m^2

供未来 6 h 预报产品，至此完成了热带区域“9-3-1”模式系统的构建。

2022 年，广东省气象局引进华为高性能计算集群系统，采用全栈国产化鲲鹏 ARM 芯片技术路线的最新技术及产品，总峰值计算能力 96 万亿次 / 秒，总存储 1500 TB，建成后成为中国气象行业首个落地的国产化高性能计算系统。华为高性能计算集群系统解决了热带所碳源汇模式和环境气象模式的业务资源不足问题，为科学研究提供了较为充足的计算资源，同时在气象超算国产化领域也做出了积极探索，证明了国产鲲鹏超算已完全具备可落地性。

7.2.5 规章制度

热带所全面深入贯彻落实党的十八大、十九大及全国科技创新大会精神，深入学习贯彻习近平总书记系列重要讲话精神，深入实施创新驱动发展战略，改革和创新科研经费使用和管理方式，促进形成充满活力的科技管理和运行机制，以深化改革更好激发广大科研人员积极性。

2002—2022 年相继制定出台了包括中央财政项目资金管理、项目间接经费、野外科学试验（考察）津贴、科技成果转化等二十余条规章制度，旨在提高热带所科研项目经费的合理性和有效性，激发科技创新创造活力。主要体现为：

1. 科研管理类，进一步简化流程，提高工作效益释放科研活力

深入贯彻落实党中央、国务院关于科研项目、经费管理的改革精神，如制定《中国气象局广州热带海洋气象研究所科研经费预算调整管理办法》（粤气研〔2021〕25 号）、《中国气象局广州热带海洋气象研究所项目（课题）结转和结余资金管理办法》（粤气研〔2019〕14 号）下放预算调剂权限、简化科研人员预算调整流程，改进结转结余资金留用处理方式要求，更好服务科学研究。

2. 人才激励类，坚持以人为本，加大科研人员绩效激励力度

认真贯彻落实国家有关政策规定，按照权责一致的要求，以调动科研人员积极性和创造性为出发点和落脚点，强化激励机制，加大激励力度，激发创新创造活力。如制定《中国气象局广州热带海洋气象研究所关于印发科研项目间接费用管理办法（试行）的通知》（粤气研〔2017〕41 号）规范科研项目间接费用的使用，制定《中国气象局广州热带海洋气象研究所科技成果转化管理办法》（粤气研〔2021〕33 号），使奖励额度与科研人员在项目工作中的实际贡献挂钩。通过制度绩效工资发放办法突出激励导向，加大绩效激励力度。

3. 财务管理类，加强内部控制管理，规范财务支出行

通过不断完善内部风险防控机制，强化资金使用绩效评价，保障资金使用安全规范有效。如制定《中国气象局广州热带海洋气象研究所章程》（粤气〔2018〕63 号）从专业委员会、人事管理、科技管理等方面做出规定；制定《中国气象局广州热带海洋气象研究所固定资产管理办法》规范热带所大型科研设备的管理与使用；制定中央财政科研项目资金管理办法、会议费管理办法、出差管理办法、接待管理办法、财务内部控制管理办法、内部控制自行采购管理办法等内控制度等一系列办法的出台，完善了单位内部管理制度，规范了经费使用程序。

7.3　薄弱环节

作为国家级气象专业研究所，热带所在各项工作中均取得了阶段性进展。然而，面向国家粤港澳大湾区、21 世纪“海上丝绸之路”建设和经济社会快速发展的需求，面向人民生命健康和防灾减灾需求，面向气象高质量发展的新要求和新型业务技术体制的新需求，同时对照《国家级气象科研院所改革发展工作方案》中提出的 5 个并存问题，热带所的创新发展仍然存在一些亟待解决的问题。

1. 学科领域多且分散，科研活动低效现象明显

热带所拥有“区域数值预报模式及关键技术”“海洋气象研究”“云降水物理研究”“热带环境气象研究”和“热带季风与气候预测研究”5 个学科方向，研究领域较多，方向相对分散。科室之间的统筹协作机制效率不高，没有围绕优势研究领域形成很好的科研合力，存在科研活动重复低效现象。需优化多学科交叉融合布局，建立适应科技创新、科研成果转化和科技支撑业务的新型运行体制机制。

2. 在热带气象专业特色领域缺乏重大科研成果

热带所近年来取得了一批创新成果，但围绕热带气象专业特色领域的高水平、突破性、有国际影响力的代表性成果不多，不同学科领域交叉创新较少，科研成果及核心技术攻关方面与国际先进水平相比仍存在一定差距。例如，野外科学试验研究成果对区域数值预报关键技术研发的科技支撑力度不够，区域数值模式对热带典型灾害性天气的预报水平难以满足国民经济社会快速发展要求和服务“粤港澳大湾区”及“海上丝绸之路”等国家重大发展战略需求。需要进一步引导科研人员从依赖基础累积的选题转到遵循问题导向的选题，转变科学思维，促进科研团队围绕国家重大战略需求的目标导向投入研发。

3. 现有创新平台层次亟待提升，尚无国家级创新平台

目前热带所虽然拥有 3 个中国气象局野外科学试验基地和 1 个中国气象局 / 广东省区域数值天气预报重点实验室，但是缺少国家野外科学观测研究站和国家重点实验室等国家级创新平台，尤其是试验基地在整体建设规模、观测水平先进性等方面，与中科院及相关高校之间还存在较大差距。需努力形成与国家级研究所相匹配的核心竞争力，取得热带海洋气象相关研究领域在国内外具有领先优势的高水平科技成果，强化野外科学观测基地建设，促进热带季风区背景下的灾害天气、海洋气象和环境气象的多学科交叉发展。

4. 科研队伍体量偏小，高层次科技领军人才较少

目前热带所科研队伍体量偏小，难以支撑主要热带气象专业特色领域的快速发展，无法满足日益增长的科技创新发展需求。缺少院士、杰青、优青等高层次科技领军人才，对于优秀青年科技骨干缺乏强有力的长效培养机制，对外部高层次人才引进力度不够。需不断加强人才队伍建设，进一步优化科研评价体制和人才引进、流动、竞争、分类评价考核和激励机制，让科研骨干得到充分的培养、锻炼，促进科研领军人才脱颖而出。

5. 科技评价机制不完善，科研激励力度偏弱

目前热带所以“质量、绩效和贡献”为核心的科技项目评审、科技成果及人才评价、科研机构及平台评估等机制没有完全建立，还存在一定的“四唯”倾向。科技创新体制机制活力不够，科技成果转化激励的力度偏弱，缺少对有突出贡献和取得重大科研成果科技人员的额外奖励机制。需继续加强制度建设，按照中国气象局和广东省气象局的部署和要求，完善适应科技创新、科研成果转化和科技支撑业务的新型运行体制机制。

7.4 未来规划

7.4.1 发展目标

按照中国气象局《国家级气象科研院所改革发展工作方案》，以“聚焦热带，面向印太，支撑业务，提质增效”为核心，优化学科布局，依托广东省气象局统筹全省资源，做大做强热带气象科技创新体系，建立高层次人才培养和引进机制，组建高层次科技创新团队，为我国热带气象领域发展提供有力支撑。

7.4.2 思路和举措

1. 统筹全省科技力量，组建粤港澳大湾区气象研究院

立足粤港澳大湾区，面向海上丝绸之路国家需求，以热带所为核心，联合粤港澳大湾区各个科研分支机构，组建粤港澳大湾区气象研究院，保留热带所法人。围绕重点研究方向，统筹研究院机构编制、科技政策、保障资金和人才团队等，统一学科布局、任务分工和考核机制等，形成上下联动、优势互补的有效机制。在组织架构上，研究院设立 3 个研究中心和 1 个成果转化与学术交流中心。

成立研究院院务委员会，由院长、副院长及各个相关参与单位的领导组成，统筹协调和组织安排年度发展计划及重点攻关任务。依托热带所科学咨询委员会，开展学科发展方向、科技创新任务、核心技术研发等工作的咨询。围绕学科布局和团队建设，开展热带所与各个分支机构的双向交流与合作，以 1~3 年为派驻周期常态化互派核心科技和管理人员，使组建研究院的各方科技力量充分围绕研究院的主要科研方向形成合力。

2. 优化学科布局，提升热带气象创新攻关体系

立足热带气象学科发展，瞄准热带季风区气象灾害关键物理 / 化学过程、数值预报多源观测资料同化、高分辨率集合预报和“双碳”成效评估分析等关键科学问题，通过进一步优化学科布局，围绕热带气象观测、热带海洋气象数值预报与热带环境气象等方向设立 3 个研究中心以加强热带所热带气象关键技术攻关和应用研究能力。

（1）设立热带气象观测试验与机理研究中心

依托南海（博贺）海洋气象和龙门云物理野外科学试验基地，开展针对热带季风区典型

气象灾害（如台风、暴雨、雷暴、龙卷、海雾等）关键物理过程的大型野外科学观测试验计划，深入研究各类典型气象灾害的发生发展机理，重点关注季风强降水对流触发与组织演变机制研究，南海近海台风强度及风雨分布影响机理研究，雷暴、龙卷等强对流天气形成机制及演变规律研究，热带季风活动及其与区域极端天气气候事件关系研究等。

（2）设立热带海洋气象数值预报研究中心

聚焦热带海洋气象数值预报关键技术，通过开展千米级尺度模式动力框架技术研究、发展模式关键物理化学过程参数化方案，发展海—陆—气耦合模式关键技术，发展海—陆—气多源观测资料快速循环耦合同化技术，研发千米尺度集合预报技术，构建具有自主知识产权的世界先进的热带海洋气象数值预报系统。

（3）设立热带环境气象研究中心

瞄准大气环境与低碳发展的重大问题，提升大气成分观测水平，加强有关重污染天气（雾—霾、光化学污染等）机理以及大气成分对区域环境生态和天气气候变化影响的科学认识；发展动态排放源清单以及大气成分资料的数值同化技术，改进和完善区域环境气象（暨空气质量与碳源汇）数值预报系统，开展区域污染联防联控和“双碳”行动成效评估等应用研究，研发环境气象监测、数值预报、低碳评估和重污染天气调控技术，为区域蓝天工程与低碳发展提供科技和业务支撑。

3. 推进区域数值预报重点实验室高质量发展

（1）布局重点研究领域，深化协同共建机制

聚焦热带海洋气象预报问题，优化完善数值模式热带海洋气象关键物理化学过程方案，发展海—陆—气耦合模式技术，加强海—陆—气多源观测资料耦合同化应用，开发耦合模式集合预报技术，着力数值预报关键核心技术自主创新，建设具有热带特色的、世界先进水平的数值预报系统，为热带海洋气象防灾减灾提供科技支撑。以中国气象局 / 广东省区域数值天气预报重点实验室为主体，加强热带所与数值预报中心、粤港澳大湾区气象监测预警预报中心等各业务单位和科研部门协同共建机制，共同推进热带海洋气象数值预报重点研究领域发展。

（2）提升基础科研条件，建立合作共享平台

强化实验室顶层设计、统筹科研团队布局，集中经费人力投入、提升业务服务能力，联合气象、海洋、高性能计算等领域的高校、科研院所与泛珠省份的科研业务单位加强野外科学试验基地和实验平台建设；充分利用部门观测、业务体系，建立科研数据支撑平台。同时作为开放平台加强与国内外高校、行业内外科研院所合作，将实验室建设成开展关键核心技术研发、成果转化、技术引进、前沿理论探索的开放、联合研发平台，形成“产—学—研—用”的一体化研发链条。

4. 推进科研业务深度融合

（1）建立典型气象灾害的科研响应机制

充分发挥热带所在热带气象观测和数值模式研发的优势，密切关注热带地区重大天气气候事件，积极参加重大天气过程复盘调查。加强外场观测，科学分析极端天气气候事件、重大气象灾害过程的发生发展机理，分析并改进模式预报短板，提高预报技巧。积极开拓已有科技创新成果在部门内外的推广应用，并组织专家团队为科技成果的业务转化、推广和试用

做好支撑。

（2）深化科研业务合作交流机制

积极参与广东研究型业务建设和科技协同创新活动，落实与业务单位的定常交流机制，积极参加全国、区域以及专题汛期会商，及时对全国的重大气象灾害提供科技支撑。承担泛珠区域模式联合研发与推广应用，共同夯实区域模式对天气预报业务的支撑作用。鼓励引导科研人员依托科技创新成果开展决策咨询和科普宣传。

（3）完善科技评价机制，鼓励科研业务融合

将解决关键核心科技问题和科技成果的业务转化情况、服务一线的实际效果作为科技评价的重要考核依据。重点加快建立以业务需求为导向的科研立项评审机制，以业务转化为导向的科技成果评价机制，以业务贡献为导向的科研机构平台和人才团队评估机制。同时完善科技成果转化机制，激发热带院科研人员的创新活力。

5. 引进和培养高层次科技人才，壮大科技创新团队

充分依托国家、广东省和中国气象局各级科技人才计划，培养和引进一批由气象科技领军人才、青年优秀人才以及热带气象创新团队组成的气象科技人才体系。

（1）依托各级科技项目，培养和引进高层次人才

重点培养优秀学科方向首席，协助组织申报主持国家自然科学基金重点项目、国家重点研发计划等国家级重点项目，优先支持单位的学术带头人和青年科技人员申报国家级及省级人才项目。充分利用国家和地方人才政策，大力引进气象领军人才和青年优秀人才。

（2）依托高层次人才，组建热带气象科技创新团队

鼓励支持气象科技领军人才组织创建国家级创新团队，积极申报国家级重大科技项目；鼓励支持青年科技人员组建若干省部级和司局级创新团队，积极申报省部级和国家级科技项目。在国家级创新团队中设立首席科学家助理，由35岁以下青年科研骨干担任，在省部级和司局级创新团队中配备青年科学家助理，发挥资深专家传帮带和优秀青年榜样作用，强化对青年人才的一体化培养，壮大青年科技人才后备军。

第 8 章　中国气象局成都高原气象研究所改革创新发展报告

2001 年 10 月，中国气象局成都高原气象研究所，由科技部、财政部、中央编办批准为非营利性国家公益性科研机构。2001 年 12 月，根据《关于深化科研机构管理体制改革的实施意见》《国务院办公厅转发科技部等部门关于非营利性科研机构管理的若干意见（试行）的通知》和科技部、财政部、中央编办《关于对水利部等四部门所属 98 个科研机构分类改革总体方案的批复》以及《中国气象局科研机构改革实施方案》，四川省气象局成立了成都高原气象研究所体制改革工作小组，组织编写了《中国气象局成都高原气象研究所改革实施方案》，并于 2002 年 1 月 7 日经中国气象局专业气象研究所综合理事会审议通过。2002 年 4 月 2 日，中国气象局正式批准成都高原气象研究所科技体制改革全面启动。2002 年 7 月，完成所长招聘及班子组建、人员分流及竞争上岗、制度建立及完善，新的机制体制形成并正式运行。2002 年 9 月完成改革自查自验。2004 年 10 月，首批通过国家科技部、财政部、中编办的联合验收。根据《国家级气象科研院所改革发展工作方案》部署，2022 年 9 月，中国气象局正式成立青藏高原气象研究院（以下简称高原院）。

8.1　工作沿革

高原院前身起步于 1972 年的四川省气象局科研办公室，由随后于 1978 年分别成立的四川省气象科学研究所和成都高原气象研究所整合重组而成，既是我国高原气象科学专业研究机构和气象专业人才培养基地，又是西南区域和四川省气象科学技术研究中心。

通过体制改革，高原院建立了“开放、流动、竞争、协作”的管理体制和运行机制。紧扣基本定位与发展方向，完成了整合重组及机构精简；利用多种渠道，积极、稳妥做好了人员分流，同时，通过公开招聘、择优录用，组建了一支精干高效、结构优化的科研队伍；围绕优势学科领域，不断优化气象科技力量布局和科技资源配置，不断增强科技创新和科技服务能力。

改革后的高原院，以高原气象研究为专业特色，瞄准青藏高原及其复杂地形对灾害性天气气候与生态环境变化的影响及其相关的重大问题，大力推进应用基础研究、应用研究和技术开发，着力解决国家社会经济发展、气象业务服务中的重大科学问题和关键技术，按非营利性社会公益类机构运行，努力建设成为国内一流并具有相应国际影响的国家级高原气象研究机构。经过 20 年的努力，在高原气象观测试验、科学技术研究、业务转化应用和人才队伍培养等方面取得了重大的进展，有效支撑了气象现代化建设。

立足新发展阶段、贯彻新发展理念、构建新发展格局，落实《气象高质量发展纲要（2022—2035 年）》，新时代高原院发展面临新的机遇和挑战。通过对改革 20 周年的工作进行总结回顾，弄清过去我们为什么能成功，并明确存在的不足，才能更好地适应未来。根据气象高质量发展对科技创新的要求，高原院需进一步找准高质量发展的方向，完善气象创新体制机制，明确改革发展任务，才能通过气象科技创新更好地推动气象高质量发展。

8.2 改革成效

8.2.1 科技进展

高原院作为国家高原气象科技创新体系的主体和现代气象业务体系的重要支撑，自2002年成立以来，深入贯彻上级部门决策部署，聚焦国际科技前沿深入开展基础研究，紧密围绕西南地区的业务需求，开展气象业务关键技术攻关。通过20年的发展，在高原及周边地区大气综合观测布局与外场科学试验、高原及其周边复杂地形数值模式及关键技术、高原及周边地区灾害性天气和气候异常机理与预报三个学科方向形成明显的优势，取得了一系列具有国际影响的创新理论成果和独具高原山地气象特色的气象监测预报技术成果，有力推动了我国青藏高原气象学的发展，强有力地支撑了西南地区气象业务服务能力的提升。改革20年来，围绕青藏高原气象科技，以高原院作为责任单位共发表论文883篇（其中核心论文525篇，SCI论文117篇）；主持国家级项目46项，省部级项目52项；获省部级科技奖励28项。围绕优势学科的科技进展集中表现在以下5个方面。

1. 高原天气学研究优势不断巩固加强

改革20年来，高原院围绕复杂地形暴雨、高原及周边灾害性天气系统开展持续研究。在青藏高原地—气耦合过程、青藏高原热源与天气系统影响我国灾害性天气的机理、青藏高原大地形对我国持续性重大天气异常的作用、青藏高原大气边界层与对流层观测及其影响、青藏高原复杂地形区强降水多尺度特征及其异常演变、高原低涡与西南低涡及其暴雨的中尺度特征与预报技术等方面取得创新性进展。主持了国家自然科学基金集成与重点及面上、国家重点基础研究发展973计划、公益性行业（气象）科研专项、国家科技基础性工作专项、JICA中日国际合作国家级项目。其中，主持完成的国家973计划项目课题“青藏高原大地形对我国持续性重大天气异常的作用研究”，验收结果为优秀，“青藏高原低涡系统对下游地区持续性强降水的影响研究”入选973计划项目重大研究成果。主持完成的“青藏高原东南缘上游关键区灾害天气监测分析预警理论与技术研究”项目，“从观测体系、机理研究、数值模拟和业务应用都取得了在国内外有重要影响的创新性成果，整体处于国际领先水平”。同时，通过研究还揭示了高原低涡、西南低涡等天气系统活动的复杂性、多样性新特征，发现了复杂地形下低涡涡源的多尺度特征和不同涡源的相互联系及其激发作用，建立了深厚型高原低涡与西南低涡相互作用的横向耦合新机制，提出了前部暖平流与后部冷平流的协同作用是高原低涡与西南低涡东移发展的重要机制等。

（1）复杂地形暴雨研究

一是发展了大气运动非平衡强迫作用激发中尺度系统发生发展与暴雨天气机理，发现大气运动非平衡动力强迫通过激发低层气流辐合增长，促进正涡度增大，进而激发中尺度系统发展与暴雨发生，大气运动非平衡负值中心区对未来12 h暴雨落区有指示意义；在湿中性层结下，非绝热加热垂直分布与垂直涡度的耦合强迫作用是中尺度强暴雨系统发展与维持的动力机制；不同系统的相互作用能够激发大气质量场与动量场的调整，影响大气运动的非平衡性质，导致散度场发生改变，引起中尺度系统发展，对流云团与低空急流耦合相互作用是云团再生与长时间维持的一种机制；正压非平衡动力强迫可能是暴雨发生的激发机制，斜压热动力耦合强迫可能是暴雨维持的动力机制。二是揭示了复杂地形暴雨的若干机理。例如揭示川西地区特殊地形引起的沿坡地的辐合上升运动和下垫面提供给低层大气的热通量所导致的大气层结不稳定，对川西夜雨的形成和发展有重要影响；川西突发性强降水的水汽循环具有明显的局地性特征，局地下垫面水汽通量可通过改变低层大气的层结结构来影响降水的强度和主要降水时段，初始水汽条件不仅决定着暴雨的强度，还对最大降水发生时间产生明显影响；急流影响下的四川暴雨过程中，低空急流出现在低压的北侧，低空急流的出现和消失都早于风场辐合区，是低压发生发展的动力条件；暴雨过程中湿斜压性是位涡的主要贡献项，湿位涡的演变与暴雨发展有很好的对应关系，湿位涡最大值与暴雨峰值出现时间一致，位势不稳定对触发暴雨的作用也不可忽视；导致四川夏季暴雨发生的“鞍”型大尺度环流背景特征极为显著，四川夏季暴雨的发生具有显著的轴向分布性和区域移动性特征。

（2）高原低涡研究

主要开展了高原低涡发生发展和东移、高原低涡与西南低涡相互作用等方面的工作。在高原低涡发生发展以及东移方面获得了一系列新观测事实。如：发现高原地面潜热对高原低涡生成有重要作用，对移出低涡影响更大；首次提出了高原低涡移出高原后持续维持的大尺度条件，揭示了高原低涡可影响到朝鲜半岛、日本、越南等地区，移出高原后多数为斜压性涡与冷性低涡，移到海洋会因下垫面变化而加强，会因东面海上热带气旋活动而在河套地区出现打转现象等重要观测事实。在高原低涡发生发展及维持方面，获得了重要新认识（图 8.1）。如持续性高原低涡河套打转的动力机制主要取决于正涡度变率贡献项；在低槽与横切变环境场中，低涡维持与发展的动力机制主要与辐合流场对正涡度变率的贡献密切相关；在垂直切变环境场中，低涡维持与发展的动力机制与水平绝对涡度平流输送项对正涡度变率的贡献密切相关等。在西南低涡与高原低涡相互作用方面，取得重要新进展。如：发现持续性高原低涡与西南低涡共同活动的三种形式——高原低涡诱发西南低涡、两涡耦合、同一天气系统下两涡伴行；发现高原低涡系统移动具有“趋热性”特征，首次提出了低涡前（后）部暖（冷）平流的协同作用，最有利于高原低涡、西南低涡东移发展的观点；提出了高原低涡对西南低涡诱发作用机制等（图 8.2）。

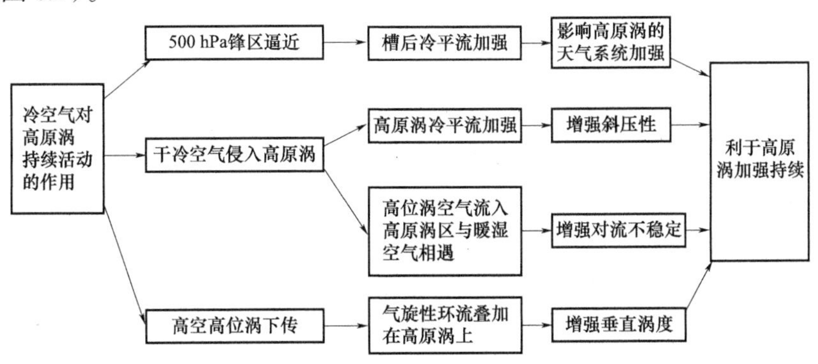

图 8.1　冷空气影响高原涡维持示意图

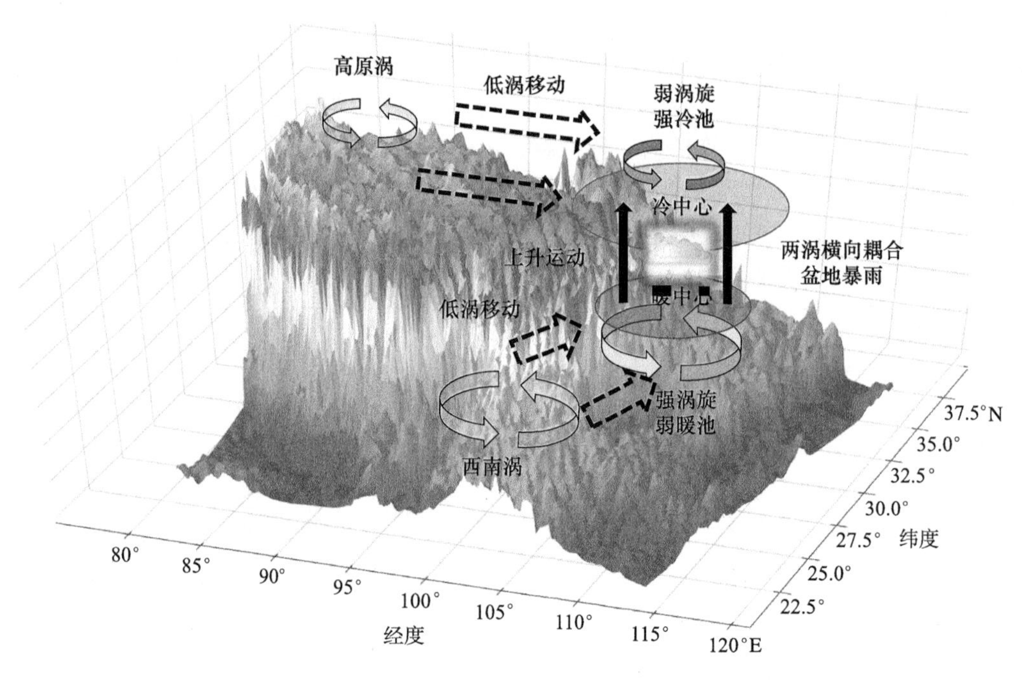

图 8.2　两涡耦合模型概念图

（3）西南低涡研究

在西南低涡涡源方面，首次研究了西南低涡三个生成源地的相互关系与形成机理，系统分析了西南低涡主要源地九龙地区低涡活动的精细特征，首次得到与复杂地形相关的西南低涡涡源的多尺度结构。在西南低涡与其他天气系统相互作用方面，提出了西南低涡系统中 MCSs 发展的一种物理机制：高空急流与低空急流相交叠区域附近存在倾斜的上升气流，低空急流加强可促进对流发展，利于 MCSs 形成。揭示了由盆地倒槽演变生成西南低涡的新事实，解释了倒槽演变为低涡的过程以及低涡 MCSs 增强与减弱的原因，首次指出了西南低涡生成发展机制的多样性。发现仅靠高层的高位涡不足以激发和维持 700 hPa 的西南低涡，西南低涡降水过程中整层水汽通量辐合极值超前于最大降水出现时间。在西南低涡发生发展方面，首次利用条件非线性最优扰动研究了西南低涡初值敏感性，揭示了西南低涡最强发展的初值扰动特征，以及初值扰动非线性发展并形成西南低涡的过程。在西南低涡与高原低涡耦合机理方面，在发现西南低涡与高原低涡垂直耦合基础上，首次揭示了西南低涡与高原低涡的横向耦合及其基本特征，并发现深厚型西南低涡与高原低涡表现为不同的横向耦合特征。

2. 高原气候与气候变化研究国际影响力不断提升

改革初期，相关研究主要集中在高原及周边季风系统和区域气候变化研究方面。一是揭示了高原季风和南亚高压活动的新特征与异常变化机理。定义了新的高原季风指数，揭示了高原季风发展机理及其对高原东侧旱涝灾害影响的物理成因，建立了高原及其东部地区高原季风活动诱发旱涝灾害发生的概念模型。发现前期冬季极涡变化可作为预测夏季南亚高压异常演变的依据之一，南亚高压与西太平洋副热带高压的共变受热带可调控海温。二是揭示了西南区域气候变化的新事实、成因与影响，获得了大量重要观测事实。相关成果应用于区域防灾减灾与气候应对、气候资源开发利用等有关工作，被《科技日报》《中国气象报》《四川日报》、中央电视台多次专题报道。近年来，高原院持续加强高原气候与气候变化研究工作，在高原热源异常及其与季风相互作用、高原气候变化新事实及其主要驱动因子方面，取得了一系列具有国际影响的原创性科研成果，高原气候与气候变化研究国际影响力不断提升。基于气候异常机理和气候模式预测能力评估结果建立的气候预测模型应用于西南地区气候预测业务。基于气候与气候变化相关研究成果，高原院作为第一完成单位，获四川省科技进步二等奖 2 项、三等奖 2 项。

（1）高原热力异常及其与中低纬环流的相互作用研究

在高原降水与热源异常方面，揭示青藏高原中东部夏季大气热源的年际变化主要由潜热加热决定，首次发现盛夏大气热源显著受海洋大陆西部对流调制；青藏高原降水的区域模式可预报性与其异常机理密切相关，盛夏降水的年际变化主要表现为对大尺度环流异常强迫的响应，具有较高的可预报性。青藏高原和印度半岛盛夏降水的年际和季节内变化均呈现出显著的偶极模态：印度半岛中部和西北部降水与青藏高原中东部降水呈显著负相关。揭示了厄尔尼诺影响青藏高原冬季积雪深度的新机制：厄尔尼诺期间西太平洋对流减弱引起的非绝热冷却，通过在青藏高原上空激发出异常的气旋性环流和降温使高原东部降雪增多、积雪增厚。在青藏高原水汽方面，揭示了春季印度洋海温调制青藏高原夏季水汽年际变化机理。相关研究深化了对青藏高原与中低纬大气相互作用的认识，为预测青藏高原及周边气候提供了理论依据；改变了一些过去的传统认识，厘清了一些争议，丰富了对青藏高原气象学和印度季风的认识，为进一步的深入研究提供了新的方向。盛夏高原热源变化机理相关工作被著名气象学家吴国雄院士团队的论文多次正面引用，他们认为“该研究与其他季节高原热源的研究表明，高原大气热源与周边环流存在相互作用，需将高原大气热源作为气候系统的一个部分进行考虑”。国内外多个知名机构的研究人员在他们的论文中详细介绍了有关青藏高原与印度半岛降水反位相变化及其形成机理的工作。

（2）高原及周边地区水资源特征及变化研究

在国家自然科学基金项目、四川省“十五”重大科技攻关课题、中国气象局气候变化专项等的支持下，针对高原及周边地区水资源时空分布、异常变化以及未来预估开展了大量工作，取得了重要成果。一是获得了大量关于区域降水、积雪、水汽、河流径流、湖泊等的气候变化新观测事实。如近 50 年来高原东部冬季积雪表现出“少—多—少”的年代际变化特征；金沙江流域源头和上游降水增加趋势比中下游更为显著等。二是在区域水汽异常变化机理方面取得了新认识。例如首次揭示了九寨—黄龙核心景区水循环的变化特征与异常机理，发现亚洲夏季风的异常变化引起的偏南风水汽输送减弱是九寨—黄龙核心景区水资源减少的主要原因；认识到春季印度洋海温异常对高原夏季水汽年际变化有重要影响；揭示了近 40 年夏季青藏高原水汽总体表现出强增加趋势（增湿），西北大西洋海温异常增暖是 20 世纪 90 年代中期以来高原年代际变湿的一个重要影响因素（图 8.3）。三是在区域水资源预测、影响评估方面开辟了新途径。如率先构建了长江、黄河源区水文季节回归预测模型；构建了投影寻踪动态聚类模型；建立了基于气候因子的高原东侧流域气候—水文径流预测模型。此外，还预估了长江上游、黄河源区、金沙江流域、雅砻江流域、岷江流域等的未来水资源变化形势。基于相关研究成果，发表学术论文 100 余篇，出版学术专著 1 部，获得四川省科技进步一等奖 1 项、三等奖 2 项；形成《气候变化对九寨—黄龙景区水资源影响》《近 50 年四川省降水变化的事实、影响及应对措施》《近 50 年四川省高温变化的事实、影响及应对措施》等多份评估报告。金沙江流域、三江源地区、雅砻江两河口、岷江流域等的区域气候与水资源变化及未来情景预估成果则为水资源开发利用、环境保护、防灾减灾等提供了重要的决策支撑。

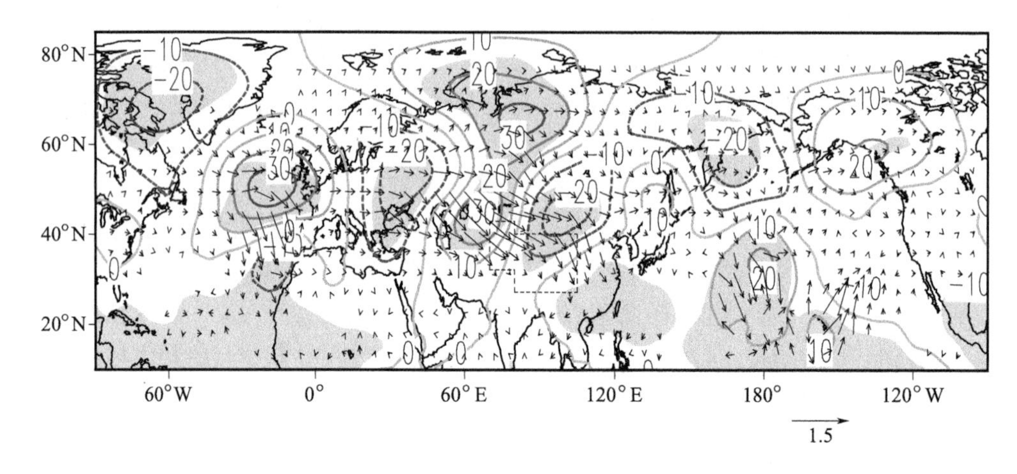

图 8.3 夏季青藏高原干、湿年代合成的 200 hPa 扰动位势高度距平（gpm）和波活动通量（m^2/s^2）

（3）基于树轮的近千年高原东部历史气候变化研究

基于国家自然科学基金项目、四川省科技厅科技计划项目、中国气象局气候变化专项，比较系统地开展了基于树木年轮的近千年高原东部历史气候变化研究，在区域径流重建方面取得重要突破。一是在重新采样的基础上，将长江源区径流序列延长至 947 年（其中通过信度检验的可靠长度为 639 年），这是目前为止年代最长的长江源区径流历史变化序列（图 8.4）。二是首次重建了黄河上游一级支流曲什安河过去 506 年以来的径流量变化，最早重建了澜沧江过去 714 年 3—9 月平均径流量序列和过去 419 年的年径流量序列，并揭示了该径流的丰枯变化、突变特征以及周期信号。三是在川西高原设置新的树轮采样点，新建了 10 余条局地或区域 300 ~ 500 年历史气温变化序列，重建了松潘地区过去 174 年的降水序列（此序列是川西高原地区少有的揭示干湿变化的序列）。四是构建了三江源及周边地区树轮网络，重建了沱沱河近 820 年冬季平均气温序列、杂多近 700 年气温及旱涝变化等接近千年长度的单点气候要素序列；重建了黄河源区、长江源区、澜沧江源区各个分区近 400 ~ 600 年初夏最高气温变化历史序列；重建了长江源区及黄河源区 400 ~ 500 年干湿变化序列，进一步揭示了三江源地区的气候变化事实。五是基于高原东部树轮网络，重建了时间分布为 1478—2005 年（公共区间为 1775—1996 年）的青藏高原东南部气温场，进一步揭示了高原东部地区气温变化特征。此外，还利用长江源区 4 条树轮宽度年表和归一化植被指数（NDVI）数据重建了 1665—2013 年长江源区 7—8 月平均 NDVI 变化曲线，重建的 NDVI 序列显示植被指数具有 8 个增长阶段，4 个退化阶段。以上研究成果进一步丰富了高原历史时期气候、水文变化特征方面的认识，为区域气候变化研究提供有效支撑，获四川省科技进步二等奖 1 项。

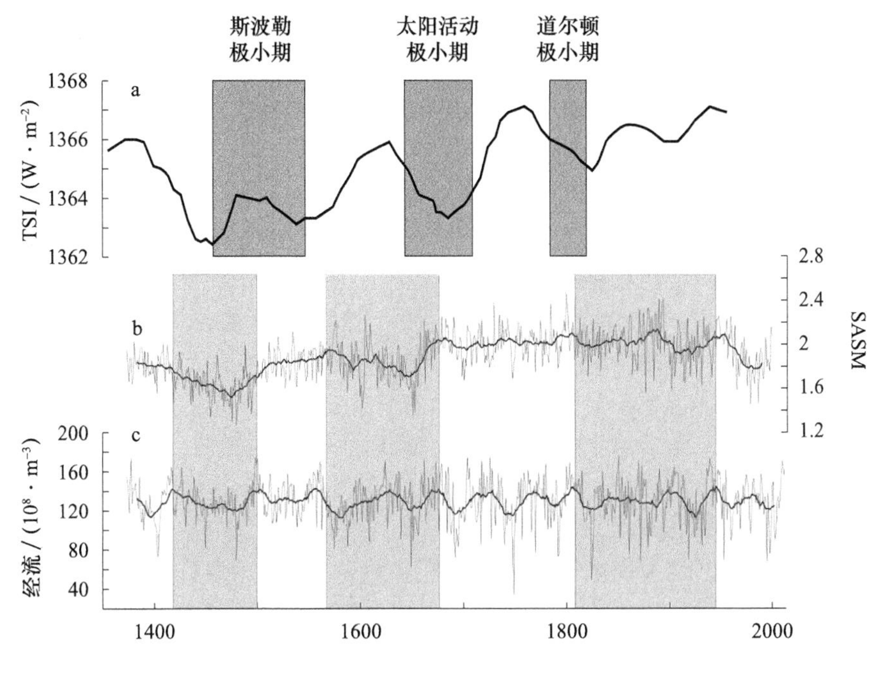

图 8.4 长江径流与 SASM 以及太阳活动的关系

3. 建成初具规模的青藏高原大气综合观测试验体系，专项试验成果显著

20 年来，高原大气综合观测试验基地从无到有，从点到面，初步建成了沿 30°N 东西向和 100°E 南北向的观测剖面为核心的高原及周边关键区大气综合观测体系。主要包括：高原西部狮泉河边界层观测站、东北部曲麻莱边界层观测站、东坡理塘大气综合观测站，高原下游的成都平原温江大气综合观测站、贵州湄潭边界层观测站，高原东坡风廓线观测网，青藏高原东坡和四川盆地东部山地气象梯度观测网等。上述工作填补了区域相关领域观测的空白。例如高原东坡理塘大气综合观测站填补了我国高原东坡大气边界层的观测空白，成都平原温江大气综合观测站填补了四川盆地大气边界层站观测的空白，首次构建了青藏高原东坡大地形的地面梯度观测。外场试验基地获批中国气象局高原陆—气相互作用野外科学试验基地。

（1）持续深入设计并实施了各类青藏高原大气科学试验

专题科学试验包括 2008 年季风建立前后及高原雨季加密探空观测试验，2008 年高原东坡及下游地区边界层风廓线对比观测试验，2011 年青藏高原及周边地区观测布局关键技术试验，第三次青藏高原大气科学试验 2011 年预试验，2009 年、2011 年青藏高原野外科学考察，青藏高原东南部山地边界层观测试验，珠峰北部雷达观测试验等。2010 年，基于“固定＋移动”和“业务＋科研”观测站网，高原院发起了我国首次西南低涡加密观测大气科学试验，并在此后 13 年连续开展该试验，成为我国同类工作中持续时间最长的观测试验，并在实践中不断完善试验观测理论、丰富试验内容、提升试验效益，其基础综合作用显著。

高原院各类外场科学试验基地的建设和大气科学试验的开展，强有力支撑了中日 JICA 项目、我国第三次青藏高原大气科学试验、第二次青藏高原科学考察研究的顺利实施。在开展试验过程中实现了理论与实践的统一，首次在高原地区开展了科研与业务互动的观测试验，观测试验有效支撑实时气象预报业务；通过观测系统模拟试验（OSSE），确定了青藏高原及周边地区气象观测的关键区和敏感区，遴选了适合高原观测的设备与技术，从观测地点、观测要素、观测技术方面，为我国第三次青藏高原大气科学试验的综合观测布局和气象系统业务观测布局提供了重要的科技支撑。基于相关科学试验资料，揭示了青藏高原地区若干大气过程的重要新事实。作为第二单位参与完成的“第三次青藏高原科学试验——边界层与对流层观测”评为2020年生态环境十大科技进展。

（2）西南低涡大气科学试验的观测布局理论与实践

在前期研究与应用的基础上，从西南低涡大气科学试验的观测布局设计与具体实践方面，探讨了西南低涡科学试验观测布局的基本现状、设计思想与技术途径等基础性问题。一是发现青藏高原东部及其下游地区现有气象观测站网，难以有效地捕获具有 α 中尺度的西南低涡的形成、维持、发展、移动及其影响的基本信息。为此，必须加强针对西南低涡观测的基础布局设计，以保障西南低涡专项大气科学试验的有效实施。二是根据综合评估、观测试验、效果分析和布局优化的思路，建立了基于评估—试验—分析—布局一体化的循环反复设计技术，从站点分布、设备技术、观测要素等方面，开展了西南低涡大气科学试验综合观测布局的优化设计。三是以西南低涡基本特征为中心，从其水平与垂直分布尺度、物理特征与演变过程、异常变化与主要影响的观测需求出发，提出了基于观测站点分布与功能、观测设备性能与技术、观测内容属性与意义的西南低涡科学试验观测布局的基本原则。四是确定了西南低涡科学试验观测布局的设计思路：满足西南低涡中尺度特征观测的分辨率条件；开展三维立体的高分辨率连续综合观测；实现完整、系统地捕捉西南低涡的变化及其影响。高原院连续13年开展西南低涡加密观测科学试验，证明了西南低涡科学试验观测布局设计思路是正确的，并有助于改进数值模式对西南低涡及其降水的预报能力。

4. 建立独具高原山地特色的西南区域数值模式系统，业务支撑能力不断提升

高原院长期围绕高原复杂地形数值模式关键技术开展研究工作，完成国家自然科学基金和气象行业专项等国家级项目。在区域数值模式关键技术方面取得一系列具有重要科学和实用价值的成果，例如，提出了一种针对对流不稳定构造具有中尺度运动特征的集合预报扰动初值的新方法——异物理模态法；发展了基于切比雪夫多项式的地形滤波方法，实现了西南地区包括雷达和风云气象卫星在内多种资料的业务化应用；基于西南地区云特征改进了复杂云分析方法，实现了MEP近地层参数化方案在不同下垫面的模拟应用等。

2004—2011年，基于引进的MM5、GRAPES、AREM中尺度数值预报系统，建立了西南地区中尺度集合预报系统、西南区域精细化数值预报系统、城市精细化数值预报系统等，在我国同期较早实现了中尺度暴雨集合预报系统准业务化运行。2012—2013年，引进建立了西南区域数值模式系统WRF_RUC，实现准业务运行。2014年—2022年，经过引进、消化、再创新，高原院建立了新一代西南区域9 km（SWC WARMS）、3 km（SWC WARR）高分辨率数值预报业务系统，并于2016年经中国气象局评估后批准进入业务运行。2021年，高原院进一步研发了逐小时更新的3 km和1 km快速更新循环同化模式系统（SWC WINGS）。新一代西南区域数值模式在复杂地形降水和暖区暴雨预报方面，预报性能持续不断提高，与国内外同类模式相比具有明显优势。西南区域数值天气预报系统产品已成为西南区域天气预报预警业务服务的主要工具，在2017—2022年汛期西南多次暴雨灾害天气预报和重大气象服务保障中发挥了重要作用。由于良好的预报性能，模式产品除在西南气象部门广泛使用外，也推广应用于中国民用航空西南地区管理局、中国三峡集团有限公司等多个部门，受到普遍好评。业务应用表明，该模式系统已成为西南区域灾害天气及其次生地质灾害预报预警的主要工具，

在暴雨洪涝、滑坡泥石流等灾害的预报业务中发挥了非常重要的作用。主持完成的“数值集合预报技术研究与业务应用开发”项目获四川省科技进步一等奖。

5. 科技成果有力支撑区域气象保障服务

针对西南地区气象保障服务需求，紧紧围绕大气污染、农业气象和高原积雪监测等生态气象保障服务开展技术研发，建立了相应的业务系统平台，业务化开展基础科研工作，有力提升了区域气象服务能力，多次获四川省科技进步奖。

（1）青藏高原固态水资源遥感监测与评估

建立了以现有 FY-3 卫星资料为主体的青藏高原固态水资源遥感监测与评估系统，该系统由业务支撑系统、应用服务系统和产品发布三个系统组成，可灵活配置、扩展性强。该系统实现了四川省冰雪卫星监测从目视解译到自动判识的转变，实现了冰雪产品的定量评估，可发布及时、高效的冰雪监测图和评估产品。与同类系统相比，该系统可制作 1000 m 和 250 m 雪盖分布图的能力，提高了服务产品的及时性；可制作积雪日、雪水量、积雪高度分布等产品，按不同行政区域、不同海拔高度等进行产品统计，以表格和统计图给出分析结果，更好地满足不同服务的需求。四川省气象灾害防御技术中心和青海省气象局遥感中心的业务试验应用表明，该系统具有较好的稳定性与业务应用能力，对 FY-3 卫星的固态水资源监测业务应用有较大促进作用。

（2）西南区域环境气象数值预报系统

在西南区域天气预报基础上，结合大气化学模式，建立了西南区域环境气象数值预报系统。该系统自 2017 年 10 月开始业务试运行，在对试运行预报结果进行检验、评估的基础上，对于预报和观测差异较大的时段和地点，采用线性调整、SMOKE 模型等方法对排放源清单进行优化和更新，以提高排放源清单对预报的正贡献；开展了激光雷达气溶胶颗粒物浓度反演方法研究以及多源大气环境观测数据同化试验，改进模式预报化学初始场；利用预报产品和观测，采用深度学习等方法，对 AQI、能见度、风速、降水等关键预报指标进行订正。通过相关技术发展，模式环境预报能力明显提升，自 2018 年 9 月开始，经四川省气象局批准，实现准业务化。

（3）高原农业气象关键技术研究

紧紧围绕高原优质稻优质高产的目标，在云贵高原、安宁河流域、盆周山地进行多品种、无控制的大田地理分期播种试验、配套栽培技术试验和品质组分直链淀粉、支链淀粉、蛋白质、氨基酸总量和 17 种氨基酸分量的实验室化验分析，研究了气候条件与稻米品质的关系，影响的主导因子，建立了稻米品质与气象条件的综合关系模型，揭示了优质稻生产的气候优势和主要气候问题，提出高产优质的配套栽培措施，组装成一套高原优质稻农业气象实用技术，利用当地农技推广中心、乡农技站服务体系的优势，通过广播、电视、录像、黑板报、科技下乡、办培训班等手段宣传“高原优质稻配套栽培技术”，印发技术资料 11 万份，技术培训 40 万人次；项目实施近 3 年时间，在凉山州稻区、重庆稻区（盆周山地稻区）、云南高原稻区推广应用，400 多万亩优质稻使农民增收 7 亿多元，经济效益十分显著，对于区域优质稻基地建设具有重要意义。成果在《科技日报》《中国气象报》等媒体进行了报道。2007 年 10 月，经中国气象局科技司推荐，参加南宁中国—东盟第四届博览会。

（4）城市气象保障服务技术研究

开展了四川省城市气象服务体系研究与示范，首次提出四川省城市气象服务体系规划，通过研究与实施，形成了新的业务服务；首次研发了适合于高原山地复杂地形影响下的城市气象精细化数值预报业务系统，建立了四川省县级以上城市和成都经济带分区的定时、定点、定量气象要素数值预报和实况资料再现可视化平台；提出一种城市防洪减灾技术理论和气象灾害预测新技术；发现成都城市发展对区域气候产生了显著的影响；提出了基于双偏振雷达的定量降水估测算法。项目科技成果已直接转化为业务服务能力，在四川省和成都市气象部门业务使用，效果显著。在多次区域性暴雨过程、西部博览会、2008年四川省低温雨雪冰冻极端天气灾害等气象服务中，因准确及时受到好评。尤其是定时、定点和定量精细化数值预报在2008年“5·12”汶川大地震的抗震救灾气象服务中，为堰塞湖抢险保障、灾区卫生防疫等工作提供了及时、主动、科学的气象服务与业务支撑，效益显著。

（5）青藏高原低涡、切变线年鉴业务

结合我国天气预报业务对高原气象学的迫切需求，高原院开展了青藏高原低涡、切变线活动和西南低涡三个天气系统年鉴的研编工作，完成了反映三个系统活动及影响的各类表格和图册；建立了面向社会、公众的高原低涡、切变线年鉴共享平台。两类年鉴的研编夯实了高原天气学研究的基础，填补了我国高原天气系统年鉴的空白。目前，高原院已连续多年研编出版了《青藏高原低涡切变线年鉴》和《西南低涡年鉴》；并每年及时分发到全国各省（自治区、直辖市）、计划单列市气象部门，北京大学、南京大学、云南大学、南京信息工程大学、成都信息工程学院，中国科学院大气物理研究所等单位。两类年鉴在全国天气预报业务、高原气象研究和教学等方面获得广泛应用，成效显著。如年鉴内容编入了《四川天气预报手册》，用于指导高原灾害性天气系统的分析、判断与预报；汛期预报服务中的实际应用也表明：两类年鉴对于提高预报员对高原天气系统的认识，增强预报员的分析预报能力，提高灾害性天气预报业务水平，起到了很好的作用。

8.2.2 人才队伍

近20年，高原院在职员工由建所之初10余人，发展到目前53人规模，人员结构发生了较大的变化。博士学位研究人员占全所总人数的30%，副研职称人员比例不断扩大，目前占总人数比例为46%，从以中年科研人员为主发展为以青年科研人员为主，专业从多种专业并存逐渐聚焦至以气象相关学科为主。

通过中美双边科技合作计划、中组部“西部之光”计划、派遣访问学者、在职攻读更高层次学位和创新团队建设等多种方式加强高层次人才培养，共培养硕士研究生38人，13人在职学习取得更高层次学历，派遣13人出国学习3个月以上。20年间，1人获评中国气象局科技领军人才，1人获评四川省学术和技术带头人，1人获评全国先进科技工作者，3人获评四川省有突出贡献的优秀专家，1人获四川省十大女杰荣誉称号，5人获评全国优秀青年气象科技工作者，3人获中国气象局西部优秀人才津贴，3人获评气象部门青年英才，1人获谢义炳青年气象科技奖，1人获十佳全国气象先进工作者，5人获“西部之光”访问学者；10人晋升正高级职称，25人晋升副高级职称，3人为四川省气象局和西南区域中心创新团队负责人；1人成长为副厅级领导干部，3人成长为正处级领导干部，2人成长为副处级领导干部。

8.2.3　科技基础条件

2002 年建所以来，高原院通过自筹资金、财政拨款等不断加强科技基础条件建设。其中，中央级科学事业单位修购专项资金项目（改善科研条件专项项目）支持项目 24 项，中央财政投资总经费 10956.3 万元，有效支持了高原院开展野外观测站建设并实施野外观测试验、购置大型科研仪器设备和高性能计算机、完成科研大楼维修改造等，为高原气象科学研究提供了有力的基础性保障。

1. 科学计算能力显著提高

2002 年以来，高原院先后购置了曙光 TC1700A 高性能专用计算机、美国硅图公司 ALTIX4700 高性能计算机、IBM P560Q 高性能服务器、曙光 TC5000 高性能计算机、Dell PowerEdge M630 高性能集群服务器及配套的 infiniband 高速交换机和大容量存储系统、DELL PowerEdge R930 机架式服务器等，极大改善了高原院的计算条件，为科研与业务的计算能力需求提供了基本保障。其中，IBM P560Q 高性能服务器作为数值气候模式研究的专用服务器，为准业务数值气候模式研发顺利进行提供了有力保障；曙光 TC5000 高性能计算机成为我国西南区域数值天气模式业务计算机和高原气象研究的主力计算机；Dell PowerEdge M630 高性能集群服务器及配套的 infiniband 高速交换机和大容量存储系统，支撑了气象数值预报技术研发及数值模式业务；4 台 DELL PowerEdge R930 机架式服务器为高原气象科研业务特别是数值预报模式系统运行和大容量中间数据存储提供了硬件基础，为数值预报模式研发和运行提供了重要保障。

2. 科研试验设备不断丰富

自 2006 开展中央级科学事业单位修购专项资金项目（改善科研条件专项项目）申报以来，高原院在专项经费的支持下购置了大量科研试验设备。目前，拥有 50 万元以上的大型科研仪器设备 35 套，包括能量平衡观测系统 7 套、近地层梯度观测系统 7 套、风廓线雷达 6 部、微波辐射计 3 套、X 波段双偏振多普勒雷达 2 套、GPS 移动探空系统 2 套，太阳光度计 1 套、地气交换观测系统 1 套、云高仪 1 套、IBMWeb 服务器 1 套、激光测云雷达 1 套、激光测风雷达 1 套、Ka 波段毫米波测云仪 1 套、K 波段微降雨雷达 1 套等。2016 年以来，高原院遵循开放合作、共享共赢的原则，积极开展大型科研仪器设备开放共享工作，取得了明显成效。2018 年在科技部、财政部组织的"中央级高校和科研院所等单位重大科研基础设施和大型科研仪器开放共享评价考核"中获得优秀等级。

8.2.4　规章制度

20 年来，高原院根据党建及党风廉政、科研业务、人事人才、计划财务等工作要求不断完善院所管理体制。对规章制度进行了"废、改、立"，形成现有规章制度 59 项，涵盖党建及党风廉政建设、行政及安全管理、科研与业务管理、人事人才与绩效、计划财务与资产五方面，有效地保证了高原院各项工作规范、圆满地完成，做到了"内控优先、制度先行"。

1. 建章立制保障基本运行机制

2002年建所初期，高原院试行了所长负责制，建立了规范的议事、决策程序和制度；建立了高原院分理事会、科学指导委员会、学术委员会，实行了理事会决策制、所长负责制、科学指导委员会咨询制、学术委员会指导制、职工代表大会监督制；制定了34项规章制度，含章程3项、人员管理办法13项、科研管理办法6项、综合管理办法12项，为高原院建所初期各项工作的有序开展奠定了坚实的基础。随着高原院的不断发展，新增《中国气象局成都高原气象研究所章程》《中国气象局成都高原气象研究所网络安全管理办法（试行）》等综合管理制度10项，修订《中国气象局成都高原气象研究所车辆管理办法（暂行）》等综合管理制度6项，进一步确保了运行管理机制的顺利实施。

2. 强化党建在事业发展中的引领作用

坚持党对科研工作的领导，将党中央全面从严治党要求、上级党组织关于党建和党风廉政建设的决策部署纳入制度建设，先后制定了《贯彻落实中央关于改进工作作风密切联系群众八项规定实施办法》《重大问题议事规范（试行）》《“三重一大”制度实施细则（试行）》以及《中共中国气象局成都高原气象研究所党支部工作细则》《中共中国气象局成都高原气象研究所党支部党务公开实施办法（试行）》《中共中国气象局成都高原气象研究所党支部“三会一课”规定》《中共中国气象局成都高原气象研究所“党员积分制管理”实施细则》等规章制度7项，进一步完善了管理决策程序。

3. 聚焦主业抓好科研项目经费管理

2016年，根据《中共中央办公厅、国务院办公厅印发<关于进一步完善中央财政科研项目资金管理等政策的若干意见>的通知》（中办发〔2016〕50号）精神，高原院在已有的《科研项目管理办法》《科研经费管理办法》《改革专项经费管理办法》《基本科研业务费专项资金管理实施细则（试行）》等规章制度的基础上，制定出台了《中国气象局成都高原气象研究所差旅费管理办法（试行）》《中国气象局成都高原气象研究所会议费管理办法（试行）》和《中国气象局成都高原气象研究所中央财政科研项目资金管理办法（试行）》等管理办法2021年，按照国务院办公厅《关于改革完善中央财政科研经费管理的若干意见》（国办发〔2021〕32号）要求，高原院再次组织对原有相关制度进行了梳理，新制定《“包干制”科研项目经费管理办法》，修订完善《中央财政科研项目经费管理办法（试行）》等规章制度3项，废除不合时宜的规章制度3项，进一步落实了主体责任，激发了科研活力。

4. 围绕人才培养建立激励机制

高原院现有人员结构存在严重断层，高层次科技创新人才缺乏，具有核心竞争力的领军人才不足。为打破现有困境，2019年以来，高原院先后制定《中国气象局成都高原气象研究所创新团队建设和管理办法（试行）》《中国气象局成都高原气象研究所人才培养计划（试行）》《中国气象局成都高原气象研究所客座研究人员管理办法（试行）》等规章制度7项。其中，在四川省气象局党组的指导和支持下，高原院作为“特区”自行制定并独立执行《中国气象局成都高原气象研究所公开招聘应届高校毕业生自主面试细则（试行）》及《中国气象局成都高原气象研究所绩效考核及收入分配办法（试行）》等制度，初步建立了充分体现人才价值、鼓励创新创造的岗位聘任模式和分配激励机制。

8.3　薄弱环节

高原院作为国家级气象研究机构，在满足我国科技创新驱动发展、现代气象业务服务需求等方面存在明显差距，制约和影响了其重要作用的充分发挥。

8.3.1　主要问题

1. 气象科技创新能力有待加强

虽然优势学科领域进步明显，但重大核心技术研发水平与国际先进水平还存在一定差距。第一，研究方向聚焦不够、特色不突出；第二，基于“地基—空基—天基”的高原气象多圈层综合观测体系有待完善和提升，尤其是在科学布局和有机协同方面；第三，青藏高原复杂地形影响天气气候灾害的异常机理和预报理论有待深入，尤其是高原与周边海陆气协同影响高原天气气候演变机制；第四，申报国家自然科学基金等科技项目整体能力还较薄弱。

2. 科技创新对业务支撑能力有待提高

虽然研发的新一代西南区域数值预报系统已成为西南区域最主要的天气预报业务工具，发挥了很好的支撑作用，但是，气象科技对于业务服务支撑的广度和深度还需加强。首先，对数值模式在高原及东侧复杂地形预报能力的检验评估明显不足；其次，具有高原山地特色的区域数值预报模式核心技术仍然薄弱，尤其是模式复杂地形处理、边界层参数化方案等重要物理过程描述有待提高；再次，对于无缝隙、精细化的气象预报业务发展支撑不够有力，尤其是短临预报预警与延伸期气候业务有待提高。

3. 人员体量和优秀人才队伍亟待壮大

目前，高原院人员编制 60 人，在职职工 53 人，无法满足青藏高原及其全球天气气候影响的气象科技创新要求。人才队伍的整体实力不够强，青年人才成长相对缓慢；高层次科技人才较少，尤其是全国有影响的领军人才；缺乏熟悉研究与业务的复合型人才，还需要进一步强化对研究型业务人才的培养；近年对优秀应届毕业生吸引力明显减弱并导致青年人才队伍竞争力减弱。

8.3.2　问题产生原因分析

1. 党建与业务融合发展不够

通过近年来的努力，高原院党建工作取得了明显的进步，但是，党建与业务融合深度明显不够。科技人员围绕中国气象局和四川省气象局整体工作部署开展科研工作的意识不强，存在按兴趣而不是按需求做科研的现象，对核心业务和关键技术的支撑不足。科技人员责任感和使命感有待提高，畏难情绪较重，按计划开展科技工作的执行力不够。

2. 人才培养和引进机制不健全

人才培养和引进配套机制不健全，人才队伍成长比较缓慢，致使人才队伍梯度不合理，科研活力和科技创新竞争力不足，导致申报国家级科技项目困难，对优秀人才的吸引力降低。同时，由于缺乏稳定的人才引进资金，对大气科学高水平科技人才，特别是高端领军人才缺乏吸引力，难以引进。

3. 优势学科协同发展不够

高原气象综合观测布局与外场科学试验、复杂地形数值模式及其预报技术和高原及周边地区灾害天气和气候异常三个优势学科方向已取得一定的成绩，但是融合发展不够，未真正形成观测试验、天气研究、数值模式之间相互支撑的良性互动，各优势学科方向的创新发展受到限制。

4. 科研团队建设力度不够

由于缺乏领军人才，团队整体影响力和科技创新能力不够，相当部分人员长期从事基础性科研工作。研究团队之间协同工作力度不够、未形成有效的工作机制，研究团队对青年人才培养的力度不够，未形成老、中、青有机结合的创新群体。

5. 开放合作不够

虽然拥有四川省重点实验室、中国气象局野外科学试验基地和四川省博士后创新人才实践基地等科技创新和人才培养平台，但缺乏总体规划，支持力度较弱，未能有效吸引国内外同领域优秀人才来所开展工作，与同类平台相比，在高水平成果产出和人才培养方面的作用偏弱。

6. 科技成果和人才评价机制不完善

以“质量、绩效和贡献”为核心的科技成果及人才评价没有完全建立，还存在一定程度的“四唯”倾向，人才活力未能充分激发，科技创新效能没能得到有效发挥，围绕气象核心业务支撑开展工作动力还不足，探索科技前沿的决心不够坚定。

8.4 未来规划

8.4.1 总体思路与目标

以高原院组建为契机，主动融入高原气象科技创新发展的新格局，不断夯实高原研究院作为国家战略科技力量的根基。面向国际气象科技前沿、气象防灾减灾、应对气候变化与生态文明建设三大需求，不断提升高原气象科技自主创新能力，在前沿科学领域取得重大突破，引领国际青藏高原气象学的发展，在青藏高原气象特种装备和气象预测预报关键核心技术上实现重大突破与自主可控，通过高水平科技创新有力保障西南地区气象高质量发展。通过5~10年的发展，将高原研究院建成有国际影响力的一流现代研究机构和具有高原区域特色的国家级气象科研基地、人才培养基地、科研成果转化基地，力争成为全球青藏高原研究的重要人才中心和创新高地。

第一阶段（建设期，2022—2025 年），完成高原研究院组建，实行理事会领导下的院长负责制，以气科院为主、四川省气象局和成都信息工程大学共同管理的管理体制平稳运行，科技人员队伍不断壮大，科技创新能力和支撑能力稳步提升；第二阶段（发展期，2026—2035 年），青藏高原研究院科技支撑能力大幅提升，市场化机制取得明显成效，力争创建高原应对气候变化或相关领域的全国重点实验室等国家级创新平台，成为具有重要国际影响力的一流现代研究机构。

8.4.2　重点改革任务

1. 构建高原气象研发的新格局

加快高原院与气科院青藏高原研究所现有高原研究力量的整合，作为高原研究院的基础力量。联合西南和高原周边气象部门省科研所，创建具有区域特色的科技创新平台、科学试验基地和创新团队。联合西南区域气象相关高校和研究院所构建跨部门合作创新平台，开展气象与其他学科的交叉研究。探索创新与企业合作开展技术研发的模式，壮大高原气象研发队伍。探索与地方政府联合建立针对特殊气象服务需求的研发中心，更好赋能地方经济社会发展。

2. 加快具有高原特色、面向业务需求的优势学科建设

围绕高原及周边地区气象业务关键技术研发和重大气象保障需求，开展第四次青藏高原大气科学试验，加强高原野外科学试验观测基地站网建设，提升高原地区多圈层综合观测能力；加强高原多圈层相互作用过程及其数值模式关键技术研究，深入开展高原影响天气气候异常机理和预报理论研究，在高原气象重大理论和关键技术上取得突破；加强高原气候变化及其生态环境影响研究，提高应对气候变化和生态文明建设的气象科技支撑能力；加强西南区域性重大气象服务保障关键技术研究，促进西南地区气象高质量发展，提高气象保障国家重大工程和区域经济社会发展的能力。探索牵头开展青藏高原气象国际科学研究计划。

3. 强化科技创新平台建设

统筹四川省重点实验室、青藏高原野外科学试验基地和国家气候观象台建设，建立青藏高原多圈层相互作用科学试验数据平台，完善青藏高原气象研究基础数据平台。基于创新平台，强化与国家级和西南地区省级业务部门、高校、科研院所和企业的联合研发、人才培养和科技成果转化。

4. 扩大高原气象研发队伍

依托高原研究院建设，增加高原气象研究的事业编制。充分应用国家对科技创新的政策支持，激励西南地区等气象业务部门人员积极参加到研究院创新团队和研发任务中。建立与成都信息工程大学和中国民航飞行学院等高校的研究生联合培养机制。加强博士后创新人才实践基地建设，扩大博士后研究队伍。探索与企业建立研发中心，扩大技术研发和成果转化

队伍规模。

5. 完善分类评价体系和激励机制

完善岗位分类管理与考核机制，强化岗位聘用考核，实现岗位能上能下。优化人才分类评价体系，建立以创新价值、能力、贡献为导向的人才评价体系，既支持基础研究与自由探索，也鼓励围绕业务需求开展技术攻关和成果转化。落实落细国家科技管理各类激励政策，健全与岗位职责、工作业绩、实际贡献等紧密联系的考核机制，充分体现人才价值、鼓励创新创造的分配激励机制，落实好科技成果转化收益分配有关规定。

6. 加快高层次人才队伍建设

充分应用四川省和成都市对高原研究院人才引进的支持政策，引进国家级领军人才（团队）、青年拔尖人才和优秀应届毕业生；充分发挥成都西部科学城优势，建立灵活的用人机制，采用多种激励方式吸引有关中青年杰出人才到院工作；加快高原特种观测装备和气象应用软件研发等新兴研究方向研究团队的引进组建；完善与国内外相关高校和研究机构的联合人才培养机制，加快实施优秀人才培养计划；大力支持重大项目申报和实施，加强培养领军人才。

7. 加强经费保障

密切关注国家全面深化事业单位和科技改革相关政策措施，主动适应、主动调整；争取国家和地方在科技、人才和项目等方面的政策支持；联合国内高原气象研究的优势力量，多渠道积极争取经费支持；基于公益二类事业单位性质，加强科技成果转化，争取更多社会资金保障更好地发展。

8. 加强党建引领

创新党建工作思路举措，努力将党建融入改革发展全过程。加强学风作风建设，大力弘扬爱国、创新、求实、奉献、协同、育人的科学家精神。建设气象科研诚信体系，制定科研诚信常态化管理办法。

第9章　中国气象局兰州干旱气象研究所改革创新发展报告

国家级气象科研院所改革是国家科技体制改革和创新驱动发展战略的重要组成部分，是气象事业现代化建设和气象高质量发展的重要驱动力。自2002年以来，根据国家和部门关于深化科技体制改革的有关政策要求，中国气象局兰州干旱气象研究所（以下简称干旱所）在中国气象局和甘肃省气象局的指导下，通过历次改革，不断科学规范运行管理机制，建立健全内部管理制度，优化明确学科布局方向，着力提升科技创新能力，在干旱气象科学研究领域取得了一系列科技成果，为我国气象科技发展起到积极的推动作用，取得了显著的社会经济效益。

9.1　工作沿革

2001年科技部、财政部、中央编办印发了《关于对水利部等四部门所属98个科研院所机构分类改革总体方案的批复》（国科政字〔2001〕428号），2002年，中国气象局下发了《关于兰州干旱气象研究所改革实施方案的批复》（气发〔2002〕60号），正式成立了中国气象局兰州干旱气象研究所并全面启动改革工作。2004年，通过科技部首批社会公益类科研院所改革试点单位联合验收。改革过程中，干旱所认真落实科学发展观和中国气象事业发展战略研究成果，牢固树立“三气象”理念，深入贯彻“三大战略”。积极探索和建立“以人为本，开放协作”的现代科研院所管理模式，建立了“公开、公正、竞争、择优”和“德才兼备、任人唯能”的岗位聘用制；实行“开放、流动、竞争、协作”和“能者上、平者换、庸者下”的灵活、科学的管理体制。推行项目负责人管理制，充分调动和发挥了科研人员的积极性，形成了“宽松工作氛围、紧张工作步骤、浓厚学术气氛”的良好干事创业环境。在发展中深入贯彻业务技术体制改革精神，凝练工作思路，充分发挥区域科技核心和全国引领作用，形成了以科研项目为工作支撑，以人才强所为发展保证，以省（部）重点实验室为开放合作平台，以加强区域气象科技创新体系建设，促进科研与业务深度融合，形成了以促进我国干旱气象科技水平提升和区域气象科技跨越式发展为目标的工作局面。

2008年，根据《中国气象局关于“一院八所”深化改革的指导意见》和《气象科技创新体系建设实施方案（2009—2012年）》文件精神，干旱所以“明确战略地位、凝练发展目标、增强创新能力、强化支撑作用”为目的，重点从确立目标、优化结构、完善机制、强化成果转化和科技支撑等方面进行了深化改革。此次改革，进一步完善了内部机构设置和科研运行制度，整合了骨干力量形成干旱气象相关技术研发团队，建立起由注重科研成果考核向注重业务技术支撑和成果转化贡献率考核的人员考评制度，进一步完善了科研创新对业务支撑和科研成果转化的相应机制。在提高科技创新和业务支撑能力、推进科研成果的转化应用、优化人才队伍结构、加强对外开放合作、强化科研基础条件建设、健全科研管理机制等方面取得了比较显著的成绩，大力提升了干旱所对我国干旱监测预警预测业务技术、干旱防灾减灾技术和为国家抗旱减灾提供科学决策服务的支撑能力。

党的十八大以来，科技创新成为以习近平同志为核心的党中央治国理政的核心理念之一，“创新驱动”这个崭新的词汇，成为中国发展的核心战略。干旱所作为国家级科研院所，在全面推进科技创新的大背景下，进一步明确发展定位，遵循“需求导向、核心突破，科技引领、创新驱动”的总体思路，不断强化合作共赢，提升质量效益，增强创新实力，努力激发科技人员创新活力，使干旱所在干旱气象研究领域的影响力显著提升。

2016年为贯彻落实中共中央、国务院《关于深化体制机制改革加快实施创新驱动发展战略的若干意见》《中共中国气象局党组关于全面深化气象改革的意见》《国家气象科技创新工程（2014—2020年）实施方案》《中国气象局关于进一步深化专业气象研究所改革方案（讨论稿）》《“一院八所”优化学科布局方案》等文件精神和要求，干旱所在甘肃省气象局的指导下，围绕现代气象业务发展需求和专业定位，以加强气象科技创新、突破气象核心技术和区域共性关键技术、提升科技支撑能力及发挥科技引领和辐射作用为目标，制定了《干旱所深化气象科技体制改革方案》，于2017年通过中国气象局科技与气候变化司专家论证。3年间，通过建章立制，优化学科布局，调整人员机构设置，完善运行管理机制等有效举措，全面落实改革方案，使干旱所更加适应气象现代化发展需求，更加适应国家经济社会发展需求。

近年来，为全面贯彻习近平总书记关于新中国气象事业70周年的重要指示精神，深入落实习近平总书记对甘肃重要讲话和指示精神，坚持创新在气象现代化建设中的核心位置，坚持科技自立自强，全面构建监测精密、预报精准、服务精细的气象业务体系，把握新发展阶段，贯彻新发展理念，服务新发展格局，构建新发展格局，坚持面向世界科技前沿、面向经济主战场、面向国家重大需求、面向人民生命健康，深刻研判干旱研究在国家重大战略部署中的机遇和挑战，干旱所深入学习贯彻科技创新发展理论，坚持党建引领促创新，强化党建与科研深度融合，积极围绕防灾减灾、粮食安全、生态文明建设、“一带一路”建设、黄河流域生态保护和高质量发展等国家重大决策部署，不断凝练干旱气象科技创新发展方向、目标和任务，为气象高质量发展提供科技支撑。

9.2 改革成效

9.2.1 科研成果

1. 项目立项

自2002年以来，干旱所批准立项科研项目293项，其中省部级以上项目156项，项目累计科研经费近2.1亿元。自2004年以后，获批省部级项目数量显著提升（图9.1）。

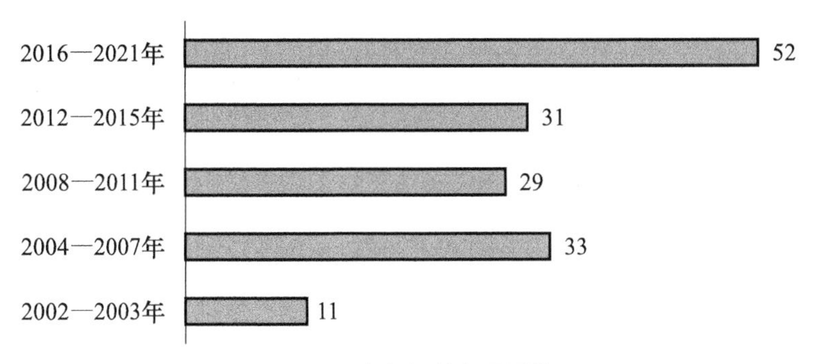

图 9.1　省部级以上项目数

国家自然科学基金项目 2002 年实现了零的突破，2007 年首次获批国家自然科学重点基金，2011 年以后，重点项目和面上项目获批数量稳中有增，年均项目经费达 200 万元以上。近 5 年，年均经费达到 325 万元。20 多年来累计获批国家自然科学基金项目 56 项，其中重点基金 5 项，总经费 3228.4 万元（表 9.1）。

表 9.1　2002—2022 年国家自然科学基金批复情况

年度	项目数	批复经费 / 万元	年度	项目数	批复经费 / 万元
2002	2	50	2012	2	105
2003	1	40	2013	3	97
2004	2	42	2015	3	120
2005	2	56	2016	5	473
2006	1	10	2017	3	114
2007	1	13	2018	5	474
2008	3	235	2019	5	277
2009	1	32	2020	3	106
2010	2	45	2021	4	382.4
2011	4	171	2022	4	386

2. 论文发表

改革以来，干旱所科技产出取得显著成效，科技论文成果在高层次期刊上的发表数量和质量不断提升。累计发表论文 1500 余篇，其中 SCI（E）论文发表 219 篇。2012 年后 SCI（E）论文数量呈翻倍增长（图 9.2）。

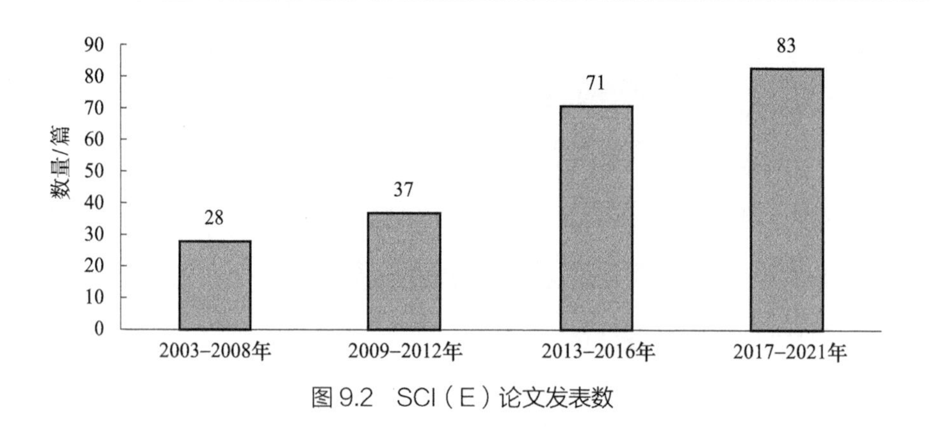

图 9.2 SCI（E）论文发表数

3. 成果奖励

2002 年至今，干旱所科研成果共获得省部级以上奖励 37 项，厅局级奖励 61 项。其中，获国家科技进步二等奖 1 项，大气科学基础研究成果一等奖 1 项，甘肃省科技进步一等奖 4 项，二等奖 21 项。2013 年的国家科学技术进步二等奖是气象部门专业研究所首次，也是到目前为止唯一的气象部门专业研究所牵头荣获的国家级科技奖励。

9.2.2 代表性成果

1. 中国西北干旱气象灾害监测预警及减灾技术集成研究

该项目由 49 个科研院所、高校和业务单位共同承担，在国家科技攻关计划等 18 个项目资助下，历经 20 多年，围绕西北干旱气象灾害形成机理、监测与预警，及其对农业生产的影响和减灾技术，开展了系统深入的研究与成果应用推广，取得了系列创新性成果，促进了干旱防灾减灾技术进步。研究取得软件著作权 2 项，发表 SCI 论文 57 篇。成果显著提升了气象干旱及其衍生灾害的监测、预警水平和服务效益，使西北重大气象干旱事件预测准确率提高 10% 左右，为各级政府及有关部门提供了及时有效的气象服务，获得 2013 年度国家科学技术进步二等奖。

研究内容与创新点：

（1）对西北干旱形成机理及重大干旱事件发生、发展的规律取得了新认识，特别是发现了形成西北干旱环流模态的四种主要物理途径。

（2）研制了西北干旱预测的新指标、干旱监测的新指数及监测农田蒸散的新设备，明显提高了干旱监测准确性。

（3）提出了山地云物理气象学新理论，开发了水源涵养型国家重点生态功能区——祁连山的空中云水资源开发利用技术。

（4）发现干旱半干旱区陆面水分输送和循环的新规律。

（5）揭示了干旱气候变化对农业生态系统影响新特征。

（6）开发了旱区覆膜保墒、集雨补灌、垄沟栽培、适宜播期等应对气候变化的减灾技术，为西北实施种植制度、农业布局及结构调整、农业气候资源高效利用提供了科技支撑。

2. 气候变暖背景下干旱灾害风险规律的变异性研究

通过开展干旱及其灾害风险特征的研究，提出了干旱灾害风险形成的新概念模型，构建了包含不同评估方法的干旱灾害风险的评估体系，揭示了气候变暖背景下干旱灾害风险的变异性规律。成果主要发表在 *Journal of Climate*、*Theoretical and Applied Climatology*、*Scientific Reports* 等刊物，在科技部组织的 973 课题验收中被评为优秀。

研究内容与创新点：

（1）揭示了重大干旱形成的降水亏缺累积时间尺度与干旱灾害致灾关键影响期。发现了降水亏缺时间尺度分布的空间不均匀性和干旱致灾的关键影响期特征。

（2）提出了干旱灾害风险形成概念模型，建立了基于风险因子、概率统计、物理模型和情景分析的干旱灾害风险评估方法技术体系和模型（图 9.3）。

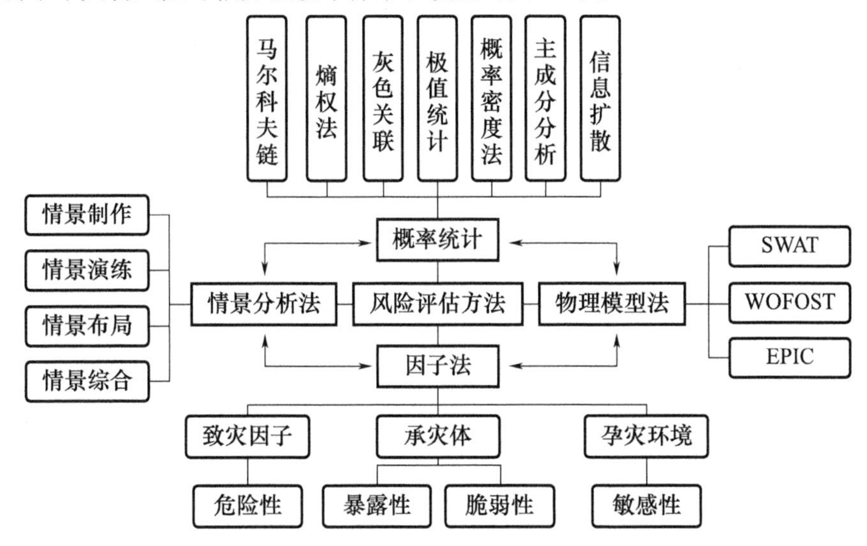

图 9.3　风险因子、概率统计、物理模型和情景分析的干旱灾害风险评估方法技术体系

3. 农田水分利用效率对气候变化的响应与适应技术研究

该项目提出了适应气候变化的灌溉量指标和最佳灌溉方案。研究成果为甘肃节水用水、提高农田水分利用效率、防旱减灾和制定重大农业决策等方面提供了科学支撑和理论依据，项目在 SCI 及国内核心刊物上正式发表论文 68 篇，其中 SCI 收录 10 篇，EI 收录 3 篇。编著出版专著 4 部。项目获得甘肃省科技进步二等奖。

研究内容与创新点：

（1）揭示了气候变化对作物产量和叶片水平水分利用效率（WUE）的影响规律和机理。

（2）发现了气候变化背景下施肥、灌溉技术对作物水分利用效率的影响特征。

（3）预估了气候变化对农田土壤水分、作物需水量及水分利用效率的影响。

（4）提出了适应气候变化、提高旱作和灌溉农田作物水分利用效率的适应技术和对策（图 9.4）。

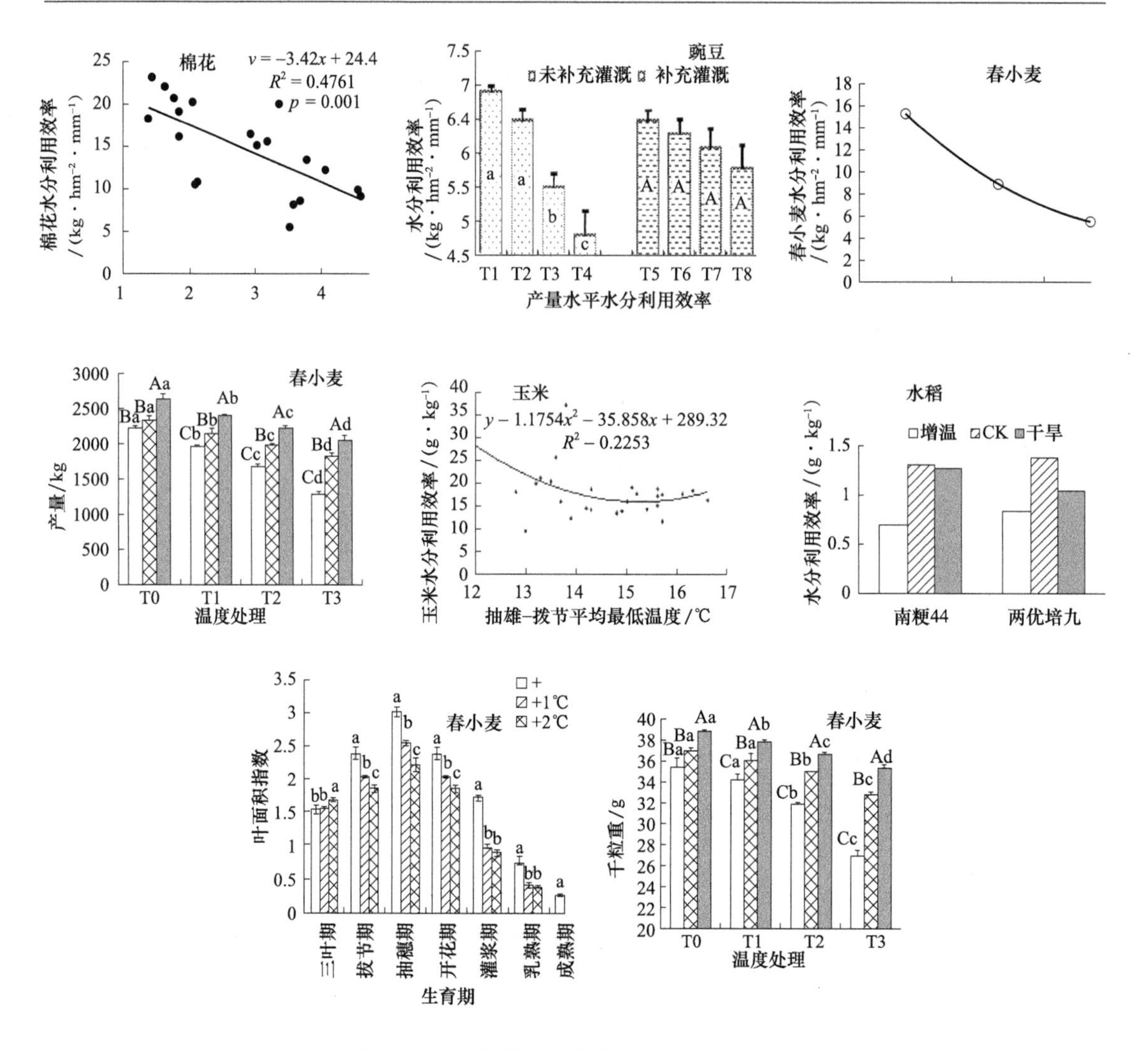

图 9.4　不同作物农田水分利用相关研究成果

（5）确定了适应气候变化的灌溉量指标和最佳灌溉方案。

4. 半干旱区陆面水热交换特征及其响应气候变化的规律研究

研究通过建立生态因子与陆面水热综合参数对应关系，弥补了以往缺乏陆面水、热、生之间耦合机制研究的问题；发现气候变暖背景下，近 50 年我国半干旱区蒸发皿变化趋势表现出“反蒸发悖论”现象。成果主要发表在 *Agricuttural and Forest Meteorology*、*Climate Dynamics*、*Journal of Geophysical Research* 和科学通报等高影响刊物，得到国际同行高度评价，获中国气象学会大气科学基础研究成果一等奖。

研究内容与创新点：

（1）揭示了干旱半干旱区非降水性水分形成机制及其季节性补偿特征。建立了识别陆面水分平衡分量的新方法，有效提取了非降水性水分各组分，揭示了其气候环境影响机制（图 9.5）。

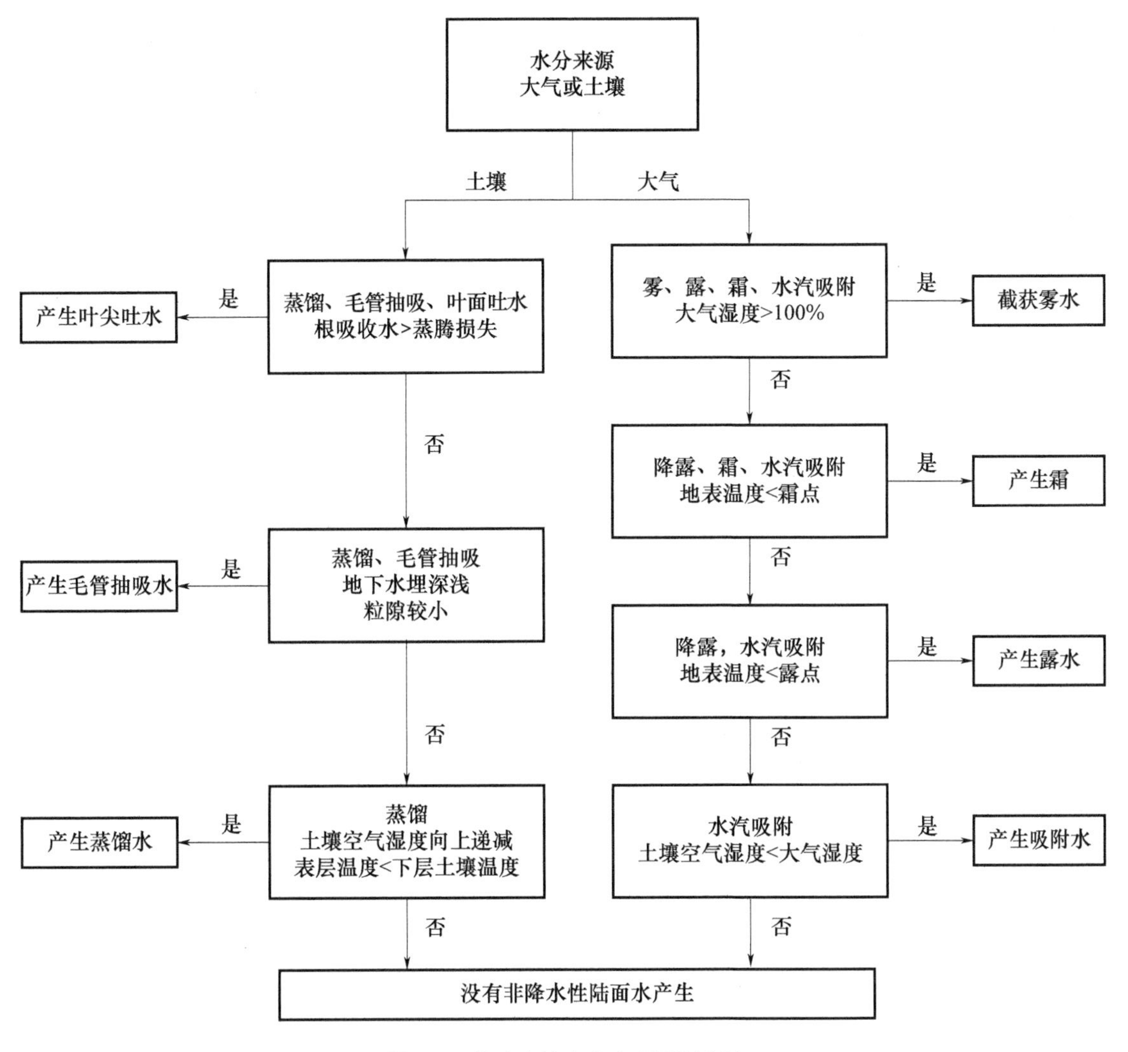

图 9.5　非降水性水分客观识别方法

（2）揭示了我国半干旱区陆面蒸散和水热综合参数的控制因子。发现半干旱区自然植被和农田蒸散对生态环境要素响应的差异。

（3）发现了半干旱区“反蒸发悖论”现象及蒸散对气候变暖响应趋势的转换特征。揭示了蒸散对气候变暖响应趋势恰好在半干旱地区发生转化的物理机制。

9.2.3　科技支撑能力

1. 干旱监测预测研究及推广应用

2008—2011 年，干旱所建成了面向全国的干旱监测预警业务技术中试平台和干旱监测预测业务数据库系统，实现了全国 720 个国家级站点历史资料数据录入和自动站实时资料的解析入库工作，解决了在开展全国干旱监测预警和预测技术研发过程中的资料瓶颈问题（图 9.6）。

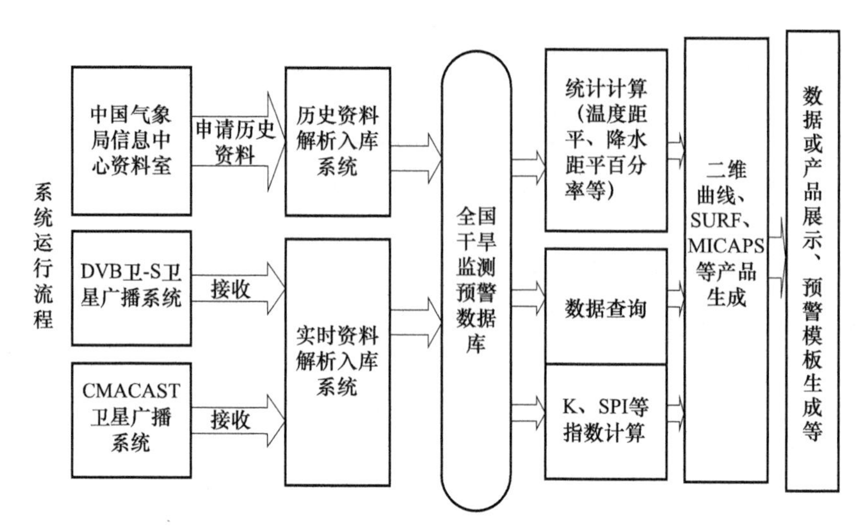

图 9.6　系统运行流程

利用CABLE陆面过程模式进行干旱监测。将低频天气图预报方法和地气图预测干旱气候变化的方法应用于干旱预测业务，提升了干旱预测水平。

开发完成了“多时间尺度干旱监测预警评估系统”，为政府提供有关决策服务依托系统产品在西北地区、黄河流域汛期及年度气候趋势预测会商会得到应用；成果还在2012年西南地区干旱事件分析、2013年江南夏季异常持续高温事件分析等工作中得到应用，为客观判断有关重大干旱事件的灾害影响发挥了重要作用。

创建了基于多因子协同作用的预测新技术，提高了干旱预测准确率。构建了基于多因子协同作用的西北地区夏季旱涝成因概念模型，有效提高降水预测准确率。预测方法在“全国汛期气候预测会商”“全国重大干旱事件研讨”中应用。根据中国气象局PS评分标准，2018预测准确率达到82%。研究成果为西北各省（区）气候中心及干旱所干旱预测业务提供了主要科技支撑（图9.7）。

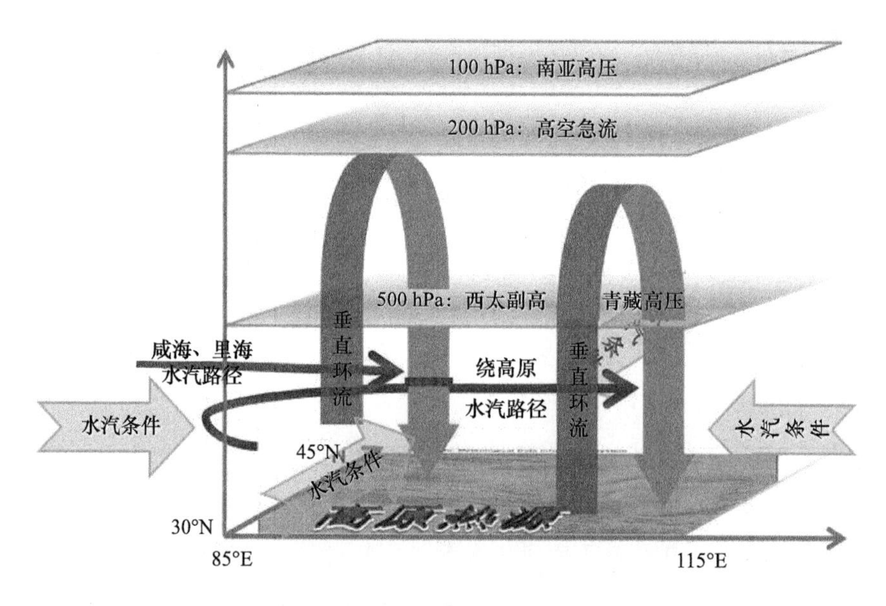

图 9.7　西北地区夏季旱涝成因概念模型

研发了卫星、气象和陆面模式信息融合并融入气候和植被特征的干旱监测新技术。建立了气候分区与植被类型耦合的干旱监测优化方案，有效提高了干旱监测的准确性（图 9.8）。

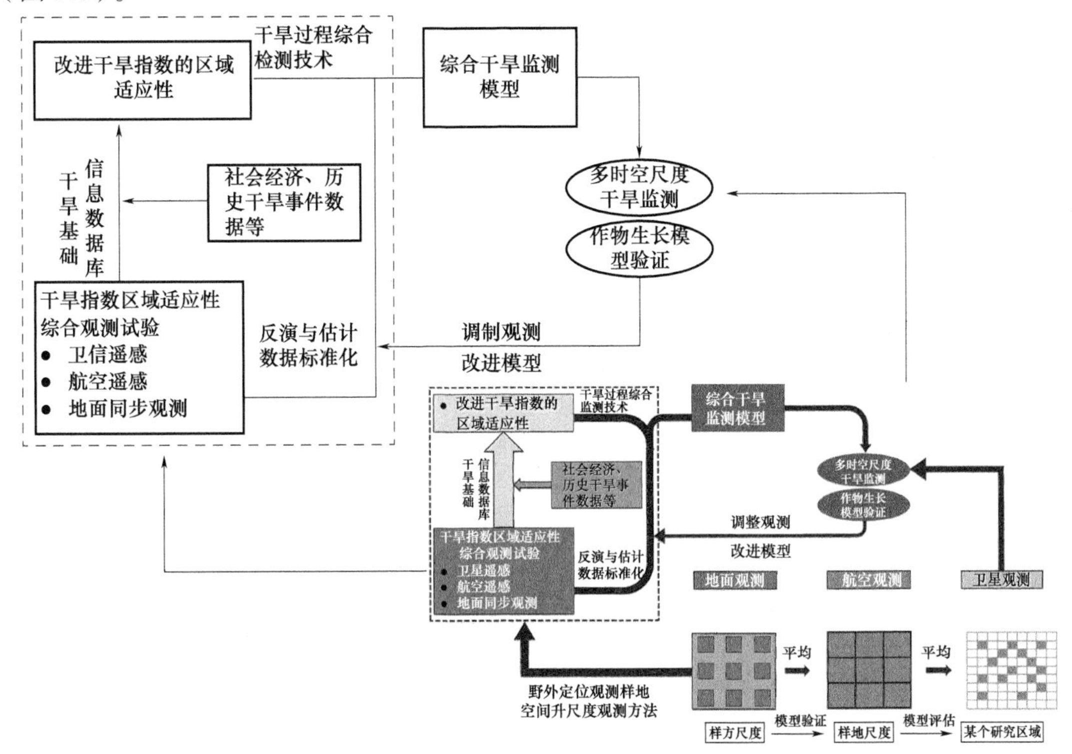

图 9.8　野外定位观测样地空间升尺度观测方法

建立了基于卫星—无人机—地面数据耦合的干旱过程监测方法。采用多源遥感与地面监测协同方案，开展星地数据综合观测，实现干旱过程特征参数“样方”到“像元”尺度的转换，实现星地监测能力的时空互补，为卫星遥感干旱精准监测奠定了基础（图 9.9）。

图 9.9　卫星—无人机—地面数据耦合的干旱过程监测

研发了“西北 / 中国北方 / 全国干旱综合监测分析平台”。实现了干旱监测产品生产的规范化、模块化和自动化，显著提高了干旱监测产品的制作效率、产品的精度和丰富度，为干旱遥感监测业务提供有力的科技支撑。成果在国家气象中心等 10 余家气象业务部门应用，为 2018 年阿富汗干旱以及近年来全球土壤水分监测业务提供了植被和水分状况、干旱发展状况的遥感专题图、干旱面积统计信息以及监测分析报告。

2. 干旱遥感监测研究及推广应用

2005 年制作完成的“民勤及周边地区 EOS/MODIS 卫星影像图”及有关生态环境状况评估报告，成为时任甘肃省委书记和省长在全国人大会议上向时任总理温家宝汇报民勤地区生态环境状况的重要科学依据。

开发完成了甘肃省沙尘暴卫星遥感监测与预报预警和影响评估业务服务系统，成果明显改善了沙尘天气监测预报预警准确率和及时率，沙尘暴黄色预警信号发布提前量达到近 2 h，红色预警信号发布提前量达到近 80 min（图 9.10）。该研究项目获得中国气象学会科技进步成果二等奖。

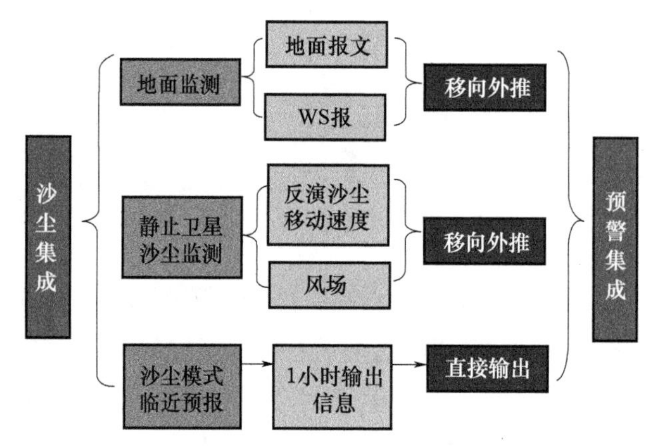

图 9.10　甘肃省沙尘暴卫星遥感与预报预警和影响评估业务服务系统

为支持甘肃省市县级卫星遥感综合应用体系建设，干旱所在祁连山国家级自然保护区开展生态气象监测试点建设，建成以卫星遥感和生态定位站监测为主，无人机和现场调查为辅的遥感监测网络，实现祁连山典型下垫面植被指数、地表温度、土壤温湿度和净初级生产力等关键陆表参数的实时、动态及长期连续监测，为保护祁连山生态与社会和谐发展提供支撑。

3. 干旱气候变化影响研究及推广应用

建立了“西北地区作物对气候变化的响应评价服务系统”，为业务部门提供了农作物对气候变化响应的综合评价技术和综合业务服务平台。研发了“西北旱作区农业应对气候变暖的预警及应对技术业务系统”。在农用天气预报服务工作中，系统能够快速合成上传的文字和图形，提高了工作质量和效率。研发的“作物灌溉时间灌溉量预报系统”和“基于物联网技术的日光温室智能管理系统”，在甘肃省、市气象业务单位推广应用，为农业气象业务发展提供科技支撑（图 9.11）。

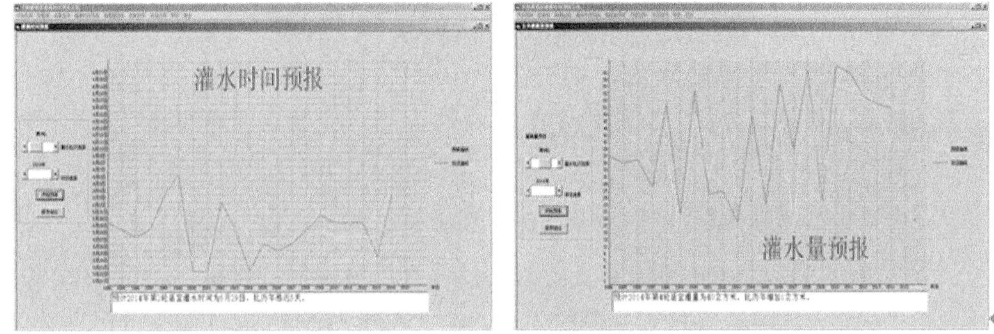

图 9.11　作物灌溉时间灌溉量预报系统

4. 数值模式研发及推广应用

2004—2007 年，西北地区中尺度沙尘暴数值预报模式系统 GRAPES_SDM 应用到兰州中心气象台预报业务平台中，对发生在西北地区的沙尘暴天气过程起到很好的预报效果。2008 年后，模式系统 GRAPES_SDM 进行了 Landuse 改进、土壤湿度反演和 3DVAR_DUST 系统的发展，有力保障神舟系列飞船发射。

西北数值预报中心成立后，研发的甘肃省新能源高分辨率数值预报系统（“绿海”系统），服务了 30 多家电场。睿图－西北系统（RMAPS_NW）推广应用至甘肃、宁夏、青海等气象业务单位，为“神舟”“天宫”系列升空、“兰州国际马拉松”等提供专题预报服务 20 余次。同时，改进发展的 GRAPES_SDM 沙尘模式，也在新疆、宁夏、甘肃等气象业务单位推广应用，为防御沙尘灾害提供气象保障。

9.2.4　人才队伍建设

1. 借助各类人才计划，加快培育学术带头人和科研骨干

干旱所充分借助科技部、中国气象局和甘肃省气象局的人才培养机制，积极推荐、支持学科带头人和青年骨干申报国家、甘肃省、中国气象局、甘肃省气象局人才培养计划和荣誉奖励。20 年来，90 余人次分别获得不同级别的人才计划和荣誉，其中国家级 4 人次，省部级 43 人次。

2. 搭建形式多样的开放合作平台，培养国际化科技人才

干旱所先后设立了“兰州国际环境蠕变研究中心”（国际合作平台）、“中国气象局干旱气候变化与减灾重点开放实验室”（部门和区域气象开放合作平台）、“甘肃省干旱气候变化与减灾重点实验室”（跨部门开放合作平台），通过不同渠道和途径，积极开展国内外合作交流，全方位培养科技人才，积极促进研究领域的拓展和研究水平的提高。

3. 充分发挥人才培养基地作用，储备青年科技人才

2006年，干旱所分别建立了“国家级博士后科研工作站”“甘肃省研究生联合培养示范基地”“干旱气象与灾害专业硕士学位点”，为加快人才培养提供基础平台。多年来培养硕士生45人，博士26人，博士后15人。培养的硕士生有1人获“华风”优秀硕士论文奖，1名博士后获中国博士后特别资助基金，1名博士后获中国博士后科学基金会一等资助。2015年人事部对全国博士工作站进行评估，干旱所博士后科研工作站由于人才培养成效显著，被评为良好。

4. 抓住气象部门职称改革机遇，加快培育高层次人才

20年间，累计25人取得研究员任职资格（5人取得2级研究员资格），2016年以后研究员数量增长迅速，人数接近2015年之前的2倍。49人晋升为副研究员（图9.12）。

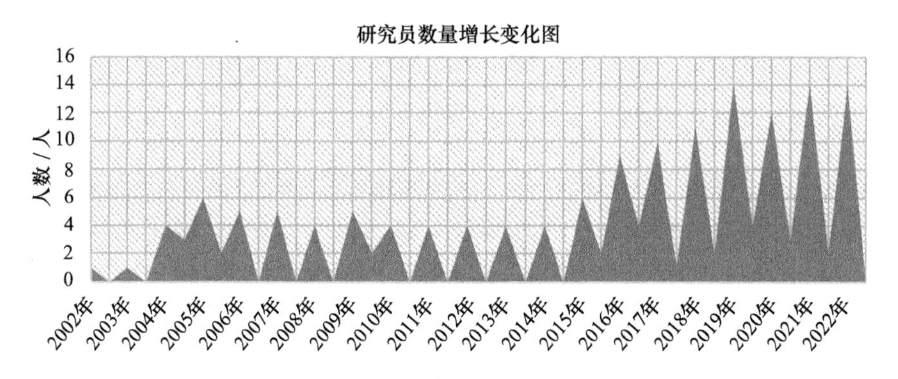

图9.12　研究员数量增长变化图

5. 借助科技体制改革机遇，加快科技创新团队建设

2009—2011年，干旱所建立起与运行机制相适应的科研团队考核评价和奖励机制，形成了干旱监测预警预测研究、干旱气候变化及其影响研究、干旱气象灾害研究3支方向明确、有机协作的科研团队。

2015年，干旱所重新整合科研力量，组建了“干旱形成机理与干旱监测预测技术”“干旱陆—气相互作用及区域数值模式发展”和“干旱气候变化影响与适应”3支创新团队，在干旱气象优势领域和区域关键业务共性核心技术攻关任务中发挥了重要作用。

2016—2019年，干旱所进一步优化、调整和组建了5支科技创新团队，包括“干旱形成机理与干旱监测预测技术”“干旱陆—气相互作用研究”“干旱气候变化影响与适应”“区域数值模式研发与应用”和“基于智慧气象的甘肃省旅游气象预报开发及应用”创新团队。其中，“区域数值模式研发与应用”团队成功申报为甘肃省气象局“西北区域数值预报创新团队”，

并在 2017—2021 年连续 5 年考核结果达到“优秀”。“干旱气候变化影响与适应”团队成功加入“中国气象局气候变化创新团队”，在更高平台上开展合作，团队创新能力得到持续提高。“基于智慧气象的甘肃省旅游气象预报开发及应用”团队被甘肃省委组织部批准为“陇原青年创新团队”。

2020 年，为贯彻落实中共中央办公厅、国务院办公厅和中国气象局有关文件精神，干旱所制定了《中国气象局兰州干旱气象研究所创新团队建设与管理办法（试行）》，并据此组建了 4 支创新团队，分别是干旱气候变化的影响与适应研究团队、气象干旱及其灾害风险研究团队、土壤—植被—大气相互作用研究团队和西北干旱与环境遥感监测研究团队。

9.2.5　合作交流进展

1. 建立稳定的合作机制，广泛开展合作研究和人员互访

先后推荐选派 10 余名优秀青年科研人员到美国国家海洋和大气管理局（NOAA）、美国国家干旱减灾中心（NDMC）和美国犹他大学气象系、加拿大农业部谷物和油料作物研究中心和以色列魏茨曼科学研究所等海外科研机构进行学习交流。20 余人次前往国家气候中心、数值预报中心、中国气象科学研究院、复旦大学、兰州大学、南京信息工程大学等业务单位和科研院所及高校进行访问交流。

2. 围绕区域共性科技问题，构建联合创新协调机制

积极与北京大学、兰州大学、复旦大学等国内科研院所和高校以及国家气候中心、国家气象中心、国家气象信息中心等国家级业务单位在项目和人才培养等多方面深度合作和广泛交流，邀请相关领域知名研究专家 100 余人为科研人员开展深入细致的培训和学术指导。

3. 举办国际学术研讨会，汇聚创新思想，商解技术难题

2002 年以来，干旱所共举办大型学会会议 60 余场。积极组织举办中美学术会议，承办年度“气象学会年会”分会场“青年学术论坛”及“高温干旱气象研讨会”等学术会议，引领干旱及相关领域前沿交流研讨，以开放促发展，以合作谋提高。改革以来，共邀请国内外专家 174 人次来所开展学术报告等活动，860 余人次参加了各种交流活动和培训，其中在国外参加学术会议及培训近 300 余人次。

9.2.6　机制体制改革

1. 构建科学合理的运行机制

（1）完善了科研业务结合机制。建立了干旱气象科技成果转化应用中试平台。强化科研对业务的支撑。

（2）建立了科研成果推介机制，实现科研开发到成果转化各环节与相关业务单位的紧密合作。

（3）确立了人员双向交流机制。积极与兰州中心气象台、西北区域气候中心、宁夏回族自治区气候中心、云南省气候中心、内蒙古气象局遥感中心、甘肃省气象局信息与技术保障中心等业务单位，以及宁夏气象科学研究所、河南气象科学研究所、青海气象科学研究所、云南省气象科学研究所等省所开展科研合作。

（4）设立了干旱科学研究开放基金。通过项目解决业务技术发展中的瓶颈问题。20 年来累计设立开放基金近 300 项，累计资助经费逾 550 万元，支持单位覆盖全国绝大部分省份（图 9.13）。

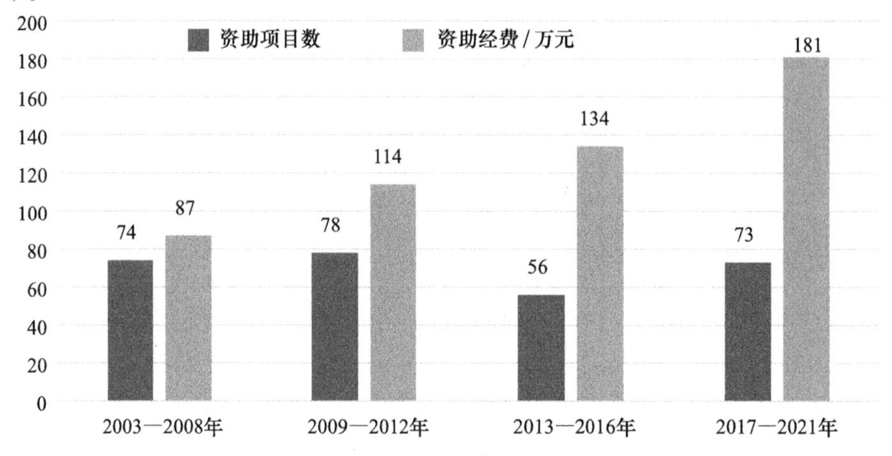

图 9.13　2003 年以来资助项目和经费情况

（5）建立干旱应急预案机制。制定发布了《中国气象局兰州干旱气象研究所重大气象干旱事件预警及应急响应预案（试行）》。自 2009 年以来，针对重大旱情，干旱所及时启动重大气象干旱事件预警应急响应，密切监测干旱发展动态，提供干旱监测试验产品，发布《干旱气象动态》特刊；派出人员到灾区实地调查灾情和收集资料；组织召开干旱高温事件研讨会，分析研究干旱成因及发展趋势，形成干旱专题分析材料上报国家气候中心等有关业务服务部门；定期参加全国干旱会商会，为抗旱减灾提供决策依据。2011 年，干旱研讨会形成的《专家预测华北黄淮地区气象干旱仍将持续发展》材料被新华社内参采稿并呈报国务院。

（6）创新了科学管理机制。2017 年，制定了《中国气象局兰州干旱气象研究所章程》，建立了职责明确、开放有序、管理规范的现代科研院所制度，院所自主性、自主权进一步扩大，运行机制更加规范，进一步提升了科技创新能力，保障干旱所管理运行有章可循，为引领和促进科技创新发展奠定了制度基石。

2. 建立系统完善的内控制度

干旱所深入落实国家及部门有关要求，不断建立健全内部管理制度，从运行管理、科研经费、人才培养、内部管理多个方面加强科学管控，提高内部控制综合评价，确保科研活动依法依规开展。20 年来，累计制修订制度 40 项。

3. 优化层次清晰的学科布局

干旱所主动适应气象科技体制改革的新要求，面向核心业务发展需求，多年来，不断将研究方向调整和凝聚到重大核心技术攻关上，同时保持优势学科域的发展势头（表 9.2）。

表 9.2　2002 年以来主要学科方向

年份	学科方向
2002—2003 年	干旱气候与生态气象监测试验 干旱气候变化与生态环境研究 气象灾害的预测和减灾技术 干旱气候与人类活动
2004—2008 年	干旱气象监测与试验 干旱气候规律及其预测 干旱气象灾害 干旱气候变化与沙尘气溶胶特征 干旱区生态环境与水资源
2009—2012 年	干旱监测预警预测研究 干旱气候变化及其影响研究 干旱气象灾害研究 干旱陆面过程研究
2013—2016 年	干旱形成机理与干旱监测预测技术、 干旱陆—气相互作用及区域数值模式发展 干旱气候变化影响与适应
2017—2021 年	干旱监测预警评估及减灾应对 干旱陆—气相互作用观测研究及其参数化 干旱气候变化及其影响与对策 干旱半干旱区域数值模式系统 干旱半干旱区灾害性天气气候预警预测技术

4. 设置职责明确的组织机构

为进一步推进气象现代化发展，2014 年 10 月正式组建了西北数值预报中心。2016 年，干旱所围绕现代气象业务发展需求和专业定位，制定了干旱所深化气象科技体制改革方案，通过改革完成机构调整及岗位设置，进一步强化与业务单位的支撑关系。2020 年，为落实“监测精密、预报精准、服务精细”的发展要求，干旱所围绕优势学科方向和核心关键技术研发，调整内部机构设置，形成了干旱预测研究室、干旱监测研究室、干旱气候变化及影响研究室、区域数值模式研究室、支撑平台和观测试验室以及办公室，进一步明确工作职责。

9.2.7　科研基础建设

1. 加强修缮购置项目申报实施

自 2006 年以来，干旱所申报实施完成修缮购置项目 24 项，其中办公楼修缮项目 2 项，设备购置项目 22 项，项目累计经费 11914.64 万元。购置 50 万元以上科研设备 54 台（套）。

依托修缮购置专项的持续性投入，干旱所在庆阳、定西、玛曲、武威等基地建立了涵盖水分、土壤、大气、生物等多学科的干旱气象和陆面过程综合观测试验系统，为各类科研项目申请与实施、开展综合野外性科学试验提供更好基础条件支撑。

作为干旱所野外观测试验基地代表的定西干旱气象与生态环境试验基地（以下简称“定西基地”），拥有各类科研仪器设备100多台（件），具备对半干旱区水分、土壤、大气、生物四个方面的同步观测能力。多年来，定西基地依托重大项目合作实施，超过200名高校和科研院所科研人员开展联合试验，累计接待参观、考察调研人数逾千人次，并先后入选了“甘肃省科普教育基地”和“中国气象局科普教育基地”。

2018年，定西基地成功申报为“中国气象局定西干旱气象与生态环境野外试验基地”，正式进入首批中国气象局野外科学试验基地名单。2019年申报了“甘肃定西干旱灾害国家野外科学观测研究站”，获得中国气象局肯定。2019年，在国家级气象科研院所大型科研仪器开放共享评价考核工作取得“良好”等级。

2. 加快科研基础平台建设

为满足干旱气象科学研究对数据资料需求，先后建成了时间序列植被指数数据库、干旱监测产品平台、SPI干旱指数产品平台；研发了中国地区高质量长时间序列的积雪和NDVI数据库、高时空分辨率的历史气候模拟数据库；建立了基于网络共享的西北区域数值预报业务产品平台和Landuse数据库；开发了全国干旱信息集成与数据共享平台、西北区域数值预报业务试验系统产品显示平台等。科研基础平台的系统建设，为干旱科学研究奠定了坚实的信息数据基础。

3. 有序推进《干旱气象》发展

作为干旱所体现科技产出和提升影响力的重要平台，《干旱气象》自建刊后发展良好。《干旱气象》原名《甘肃气象》，2003年正式更名。主要刊载干旱气象及相关领域有一定创造性的学术论文、研究综述、简评，国内外干旱气象研究发展动态综合评述、学术争鸣及相关学术活动。2011年，《干旱气象》入选“中国科技核心期刊”，12月，被“中国科技论文与引文数据库”（CSTPCD）收录。2013年，《干旱气象》期刊网站全面正式运行，2014年由季刊变更为双月刊，稿源数量从2012年的260余篇上升到2015年的420余篇，增加62%，审稿专家库也从100名增加到400多名。

中国知网2019年期刊综合影响力指数CI显示《干旱气象》在学科（大气科学）排名第9（共36刊），首次迈入期刊Q1区。2020年7月，中国地质学会发布我国地学领域高质量科技期刊分级目录，《干旱气象》入选“中国高质量科技期刊分级目录”地学领域科技期刊分级目录T2等级。

目前，《干旱气象》年均来稿400多篇，刊发文章下载总次数年均超过40000次，年点击量有50000多次，逐年呈现上升趋势；核心总被引频次、核心他引率、基金论文比保持逐年上升趋势，核心影响因子在18种大气科学类核心期刊中排名稳定在5～7名。

9.3　薄弱环节

1. 服务国家重大战略的支撑保障能力有待提升

科研院所是国家战略科技力量的重要载体，党的二十大进一步明确了创新在我国现代化建设全局中的核心地位，“四个面向”指明了科技创新方向，对于汇聚科技创新资源要素，形成重大科学研究成果，实现关键核心技术重大突破，提出了明确的要求。作为国家级专业气象研究所，干旱所需要进一步加强对国家科技创新战略的响应度和参与度，切实增强科技支撑能力。

2. 突破国家、区域和省级关键气象业务核心技术的研发能力不足

改革发展 20 年来，干旱所在优势学科领域取得一些进展和突破，但是对照国家关于科技创新驱动战略和健全关键核心技术攻关新型举国体制的要求还有较大差距，科研成果对气象核心业务和关键技术的支撑还不够强，科研融入气象业务发展的举措还不够多，对气象关键核心技术等应用研究的攻关能力有待提升。

3. 人才储备和体量与国家级研究所发展不匹配

受地处欠发达地区等客观因素制约，培养人才难、留住和引进人才更难。多年来，干旱所固定人员数量没有明显增长，且招录博士以上学历人员屈指可数，难以形成与国家级专业研究所相匹配、具有国际影响的干旱气象领域的创新团队。

4. 激励创新的运行机制不完善

随着中国气象局党组一系列科技改革举措的出台，科研人员的创新积极性得到了明显提升，科技创新产出能力显著增强，呈现出良好的发展态势。但是，科技研发动力仍然不足，以“质量、绩效和贡献”为核心的科技创新评价机制没有完全建立。

9.4　未来规划

未来，干旱所将以党的二十大精神以及习近平总书记关于科技创新、人才工作和气象工作的重要指示精神为指导，深入贯彻落实《国家中长期科学和技术发展规划（2021—2035）》《气象高质量发展纲要（2022—2035 年）》《中国气象科技发展规划（2021—2035 年）》，以“四个面向”为指引，把握新发展阶段，贯彻新发展理念，构建新发展格局，促进高质量发展。依托实施创新驱动发展战略和国家气象科技创新体系建设，坚持国家级气象科研院所定位，紧密围绕防灾减灾、生态安全、粮食安全、乡村振兴、气候变化应对等国家发展战略需求、面向国际科技前沿、气象现代化要求，以科技发展为主线，以改革创新为动力，坚持“创新驱动，重点突破；把握需求，支撑业务；深化改革，开放合作”的发展原则，为推进气象现代化进程，实现气象事业高质量发展提供科技支撑。

9.4.1　发展目标

以国家、部门和省级“十四五”发展战略目标和远景规划为基础，通过聚焦关键核心技术和基础前沿优势领域的科技创新定位，到 2025 年，学科建设进一步优化完善，应用研究和应用基础研究水平显著提高，干旱监测预警、影响评估应用技术研究取得明显突破，共性核心技术的创新能力进一步加强，数值模式关键技术研发取得新进展，野外科学试验基地建设布局进一步优化完善，科学观测数据和仪器设备共享更加广泛，开放合作和协同创新更具效

益，高层次科技创新人才培养和创新团队建设取得实效，建成以“质量、绩效和贡献”为核心的新型科技创新评价机制，科技创新体系整体效能进一步提升，努力使干旱所成为国内外颇具影响的专业气象研究机构，为气象高质量发展做出新贡献。

9.4.2 具体措施

1. 干旱监测预警、预测预警技术研发

（1）农业干旱监测预警技术研发。分析基于致灾过程的干旱严重程度与作物（牧草）受害程度的定量关系，确定不同气候区域农业干旱开始、严重程度等级阈值，构建基于致灾体系。

（2）生态干旱监测预警技术研发。分析干旱持续期遥感植被变化状况与干旱严重程度的定量关系，确定不同气候区域复合生态系统干旱发展、严重程度等级阈值，构建基于致灾过程、适应不同气候区域的复合生态干旱监测预警模型和指标体系。

（3）干旱预测预警技术研发。开展人工智能、机器学习等新技术在干旱预测中的应用研究，研发基于新技术的干旱预测预警技术。建立陆面水热特性和边界层温湿结构与干旱演变过程的对应关系，发展适合干旱频发区的陆面过程和大气边界层参数化方案，并在模式产品基础上，考虑干旱强度和灾情程度，综合研发、构建基于数值模式的干旱预测预警指标体系。

（4）干旱监测预警平台建设。融合遥感、气象、水文与农情等多源数据信息，研发集合主要干旱指数及其权重，覆盖全国、辐射全球，可对干旱发生、发展动态全程监测，逐级预警，实现多源数据处理、存储、分析、干旱监测预警产品生成与筛选为一体，界面友好、方便实用、服务产品丰富的干旱监测预警平台。

2. 干旱气候变化及其影响研究

（1）干旱气候变化对关键区域影响研究。立足于黄河流域，揭示干旱气候变化对黄河上游、祁连山等区域水资源及其生态功能的影响规律，研究干旱气候变化对生态系统的可能影响，开展适应对策研究，为黄河流域高质量发展和国家“双碳”目标实现提供科技支撑。

（2）西北气候暖湿化特征、机理及影响研究。研究西北气候暖湿化表现特征，揭示造成西北气候暖湿化的可能机理，评估暖湿化对社会经济生态的影响。

（3）干旱气候变化对粮食安全的影响研究。研究干旱气候变化对西北农作物生产潜力、产量、品质、气象灾害、农业生产格局、种植模式影响和评估技术，开展西北农业气候资源有效性、脆弱性以及作物气候适应性研究，综合评估干旱气候变化尤其是极端天气气候事件增加对粮食产量、品质和病虫害分布等的影响，研发西北农业适应干旱气候变化的对策和技术。

3. 干旱形成机制及致灾机理研究

（1）多环流因子和多尺度特征对重大和极端干旱的综合作用研究。分析气象干旱发生和发展的多时空尺度特征及不同尺度之间交叉耦合作用；揭示海温、高原热源和环流因子对重大干旱形成的影响机理，确定变暖背景下的环流和强迫源的变化对干旱的贡献，提取重大干旱关键预测信号。

（2）干旱频发区域陆—气、水循环相互作用对干旱形成的影响机制研究。通过开展干旱频发区域陆—气、水循环相互作用综合观测试验，分析该区域土壤→植被→边界层→对流层→平流层的能量、水分和动能的交换和输送过程及其对降水的影响，以及降水对陆面过程的反馈特征，揭示陆—气、水循环相互作用对干旱形成的影响机制。

（3）农业干旱致灾机理研究。开展农田（草原）持续干旱模拟试验，获取不同区域干旱持续期大气—农田水热交换相关物理量指标、土壤水分、作物（牧草）生物指标和基本气象指标观测资料，研究农业干旱致灾物理和生物过程特征，深入揭示农业干旱致和影响灾机理。

4. 数值模式陆—气相互作用模拟关键技术研发

（1）开展有区域特色自主模式研发和改进研究。升级区域高分辨率数值集约化天气预报业务系统，开展地形和下垫面对模式影响研究。调整夹卷速度、夹卷率等物理参数，提升气温、降水、风等预报能力，提升观测资料进入同化系统的效率。利用建立的西北区域数值模式系统，揭示地形、边界层、局地环流、云微物理等的影响机制。

（2）开发精细化预报预警服务产品。升级沙尘天气预报预警系统，提升高影响天气预报支撑能力，增加模式预报范围，提升区域新能源预报产品服务效能。

（3）研发模式产品检验和后处理技术。开展基于机器学习的订正技术研究。开发融入业务全流程检验评估系统。引进中国气象局地球系统数值预报中心研发的自主可控的 GRAPES 模式，开展复杂地形、多源资料同化、陆面及边界层参数化等对西北极端灾害性天气过程的影响研究，提升数值模式对西北区域强对流、区域性沙尘暴等影响人民生命财产安全的灾害性天气预报能力，提升清洁能源气象保障的科技支撑能力。

5. 干旱研究基础能力与开放合作交流平台建设

（1）干旱研究野外试验观测网建设。围绕干旱气象科学拓展研究领域需要，协同国家气候观象台建设，加强干旱对自然生态系统影响和气候变化监测，强化“一主多辅”干旱试验观测网络，按照水分、土壤、气、生物观测要求，对现有各观测站进行仪器设备补充完善，并在祁连山、黄河上游新建两个生态试验观测站，按照国家野外试验站和中国气象局野外试验基地观测、数据管理和大型仪器设备共享等要求，统一观测网络规范、标准，强化数据质量控制，扩大共享范围。

（2）干旱研究开放合作平台建设。切实发挥科技创新平台作用，加强部门（省）重点实验室、兰州大气联合研究中心等各类创新平台建设，探索建立社会化联合研究实体及其运行机制，开展跨学科、跨行业、跨部门、跨区域的协同创新；对接融通与国内外科研机构、高等院校的交流与合作，强化对省所的带动作用，聚集创新要素和创新资源，汲取优势科研力量，促进开放合作与成果共享。

（3）干旱学术交流平台建设。规范《干旱气象》出版发行，加强意识形态管理，强化编审工作，拓展传播渠道，进一步提升期刊学术水平和国内外影响力。丰富《干旱气象》动态内容，加强最新干旱业务、科研产品和成果的报道与交流，加强干旱影响与评估，提升其决策参考价值。充分发挥干旱所、部门（省）重点实验室学术委员会作用，组织开展各种类型的干旱学术会议，积极促进干旱气象的学术交流和研讨。

（4）《干旱气象学》教材编写。在系统总结干旱气象领域最新研究成果的基础上，结合经济、社会、生态文明发展新需求，区别气候干旱与干旱灾害，侧重干旱影响，组织高水平编写团队，编写《干旱气象学》教材。

6. 干旱研究人才培养与创新团队建设

（1）加强高层领军人才和青年骨干培养。坚持自主和联合培养与引进相结合的策略，积极融入国家、省部人才培养计划，设立干旱所青年骨干人才培养专项，加强人才激励举措，扩大干旱所博士后科研工作站影响力，吸引更多人才入站，加强工作站管理，使博士后成为干旱所科研人才的主要补充，多举措、多渠道加快人才培养工作，强化人才储备，逐步扩大人才体量和规模，力争3~5人入选省部人才计划，新增10~12名二、三、四级研究员。

（2）加强创新团队建设。根据国家发展、部门业务能力提升和干旱气象学科发展需求，进一步调整优化创新团队设立和科技攻关目标，加大研究经费投入，鼓励团队申请国家、省部重大科研项目和更高层次创新团队，骨干成员加入中国气象局科技创新团队，支持团队与业务单位、高校、科研院所等单位开展合作，强化团队考核与管理，建立优胜劣汰机制，稳定支持优秀团队发展，积极促进创新团队建设工作。

7. 体制机制和运行管理建设

（1）体制机制建设。按照国家、部门的统一部署和要求，深化科研院所改革。根据国家和干旱气象学科发展需要，适时调整学科发展方向。坚持质量、绩效、贡献为核心的评价导向，建立能够反映成果创新水平和对业务发展实际贡献的分类考核评价体系。完善科技创新激励措施，优化绩效分配，并向成果转化、业务应用、优秀人才倾斜。

（2）运行管理建设。以保障内部安全、高效运行和激发科研人员创新活力为目标，进一步完善内部管理办法，保障资金使用及生产安全，简化办事流程，提高管理效率，创造良好的科研环境氛围。

8. 党建工作与文化建设

（1）党的建设。坚持党建引领，深入学习贯彻党的二十大精神，学习习近平新时代中国特色社会主义思想，坚决贯彻落实党中央重大决策部署，加强党支部标准化建设，开展形式多样、内容丰富的主题、专题党日活动，不断提高科研人员增强“四个意识”、坚定“四个自信”、做到“两个维护”，践行初心使命的自觉性，深度推进党建与科研融合，打造干旱所党建品牌。

（2）创新文化建设。弘扬新时代科学家精神，加强科研诚信教育，涵养优良学风。促进科学研究开放合作，鼓励原始创新、积极进取，强化风清气正、干事创业的干旱所科研创新文化。

第10章 中国气象局乌鲁木齐沙漠气象研究所改革创新发展报告

依据2001年科技部、财政部、中央编办批复科研机构分类改革方案，中国气象局在原新疆维吾尔自治区气象科学研究所基础上重新改制组建成立了中国气象局乌鲁木齐沙漠气象研究所（以下简称“沙漠所”），为社会公益类国家级研究所。在中国气象局坚强领导、新疆维吾尔自治区人民政府大力支持下，新疆气象局发挥主体作用，全方位支持沙漠所的改革发展。经过20年的改革发展，沙漠所在科技自主创新水平、科研基础条件建设、人才队伍发展、运行管理机制以及对气象高质量发展的科技支撑能力方面取得了长足的进步。

10.1 工作沿革

10.1.1 2002—2004年

沙漠所前身是新疆维吾尔自治区气象科学研究所，成立于1960年。60多年来，历经艰辛曲折的发展历程，走过了一条由小到大、由弱变强、由省级到国家级的创新发展道路，为新疆气象事业的发展和地方经济建设做出了突出贡献，在新疆气象发展史上占有重要的历史地位。

2001年，通过科技部中央级公益类科研院所改革，组建成立社会公益类国家级研究所。2002年4月，《中国气象局乌鲁木齐沙漠气象研究所改革实施方案》正式批复，全面实施了社会公益类研究院所的改革工作。根据国家及地方社会经济发展的战略需求和世界科技发展的趋势，以沙漠及其周边地区的气象与生态环境问题为主要研究方向，开展沙漠气象、气候与绿洲冰雪环境、生态环境建设与保护、气候资源开发利用、灾害预警等领域的应用基础理论和应用技术研究，建立中国沙漠气象科学创新基地。

根据学科专业的发展方向，设置了3个研究室：沙漠气象研究室、气候与绿洲冰雪研究室和资源与信息研究室；1个科研计划室、1个行政办公室。通过公开招聘，沙漠所从2002年首批招聘的15位科研及管理人员，扩充至2004年6月的42人，其中研究员5人。重视科研能力建设，重点建设具有区域特色的“三站一室”格局，包括塔中沙漠大气环境观测试验站、阿克达拉区域大气本底站、乌兰乌苏绿洲生态实验站和树木年轮理化实验室。2004年，承办了“中国气候变化与区域生态环境及其自然灾害预防”全国学术研讨会，建立了“中国沙漠气象科学研究基金”；科研成果取得明显进步，共出版专著4本，学术期刊发表文章近百篇，论文数是改革前两年总和的两倍。获奖项目有10项，其中自治区科技进步二等奖1项、三等奖2项，中国气象局科研开发二等奖1项，自治区第七届自然科学优秀论文3项。经过2002—2004年的努力，改革取得了显著成效，于2004年10月顺利通过了由科技部、财政部和中编办组成的科技体制改革联合评估验收，并获得了较好评价。

10.1.2　2005—2007年

2005—2007年，沙漠所体制不断完善，科研能力进一步加强，人才队伍日益壮大，科技产出引人注目，显示出蓬勃的发展潜力。形成了4支科研团队，包括树木年轮气候、沙漠大气边界层、绿洲农业气象、天气气候预报预测研究的科研团队，争取和组织开展国家级科学研究与技术开发项目的能力不断加强。中国气象局和财政部投资672万元，建成了塔克拉玛干沙漠综合观测试验基地；2005年，树木年轮理化实验室被批准为中国气象局重点开放实验室，改造扩建了树木年轮实验楼，拥有国际上先进的多参数树轮分析手段（宽度、密度、同位素、细胞），成为国际有影响、国内先进的专业开放实验室。乌兰乌苏绿洲农田生态与农业气象试验站成为中国气象局重点建设的生态与农业气象试验站，也是石河子大学和新疆师范大学的“研究生培养基地”，实现了对绿洲农田生态的水分、土壤、大气、生物等要素的监测，为开展绿洲农业气象服务技术研发和应用提供了较好的科研条件；2006年5月，国家人事部批准成立博士后科研工作站，博士后科研工作站与新疆大学地理学科博士后流动站签订了联合招生协议，共同培养博士后科研人员。

在此期间，沙漠所获得全国气象工作先进集体、自治区级青年文明号、自治区级文明单位、自治区级模范职工小家称号，沙漠所党建工作受到自治区党委宣传部、自治区直工委高度重视，组织新疆电视台、新疆人民广播电台、新疆日报、新疆经济报及新疆天山网站进行了联合采访，产生了广泛影响。

10.1.3　2008—2011年

2008—2011年，沙漠所坚持“自主创新，重点跨越，支撑发展，引领未来”的科技发展方针，围绕气象防灾减灾和应对气候变化，突出区域研究特色，打造出沙漠气象灾害、树木年轮气候与气候变化和绿洲农业气象三支专业创新团队，在科技基础条件、科技创新能力、人才队伍建设、以及业务科技支撑能力等方面取得了明显提高。在我国三大沙漠建立了风沙野外观测试验站，在天山山区建立了雨雪量及空中水汽观测系统，为开展沙尘暴及暴雨雪天气预报预警提供支撑。建立了新疆棉田与特色林果气象灾害监测站网，为棉花和林果安全生产提供服务；建立了天山云杉和阿尔泰山西伯利亚落叶松生态气象监测站，建立了气候变化对森林生态系统影响研究平台。建立了乌鲁木齐大气成分观测站网，为乌鲁木齐大气污染治理提供了服务。

2009年，树木年轮生态实验室被批准为新疆维吾尔自治区重点实验室。主持完成的“沙尘暴分级技术指标体系构建”和“沙漠和积雪与区域气候变化研究”荣获自治区科学技术进步奖二等奖，参与完成的“干旱区生态环境调控与管理”获得自治区科学技术进步奖一等奖。沙漠所获得2008年“全国青年文明号”称号，2010年获得全国总工会“模范职工小家”称号；1人获得中华全国总工会颁发的“全国五一劳动奖章”、2人授予“全国野外科技工作先进个人”称号、1 人获由自治区组织部授予的“有突出贡献优秀专家”荣誉称号。

10.1.4　2012—2015 年

2012—2015 年，沙漠所作为国家级专业气象研究所改革试点单位，坚持服务国家战略、服务中国气象事业发展、服务新疆社会稳定和长治久安总目标的定位，制定深化气象科技体制改革试点方案，提出“转核心、强优势、重应用、重协同、谋人才”发展思路，稳步推进气象科技体制改革。沙漠所聚焦中亚天气气候和气象灾害防御，优化学科布局。新疆气象局调增编制 50 个，沙漠所扩编到 100 人，组建了中亚大气科学研究中心，下设中亚天气气候研究室、区域数值预报研究室、气象灾害防御研究室、沙漠边界层气象研究室，实施面向中亚的气象科技交流合作，构建乌鲁木齐区域气象中心产学研用一体化创新平台，为“丝绸之路经济带”中亚区域气象保障服务提供科技支撑。

2015 年 10 月 12—13 日，在乌鲁木齐成功举办了首届中亚气象科技研讨会；中亚五国专家代表签署了《中亚气象防灾减灾及应对气候变化乌鲁木齐倡议》，共同推进政府间气象领域的合作。组织实施中亚天气气候科学研究计划，召开了“中亚大气科学研究中心科学指导委员会专家咨询会”；探索中国与中亚国家的气象科技合作机制，重点解决中亚核心区（中亚五国以及中国新疆）灾害性天气预报、气候变化、气象灾害防御等重大科学问题和核心技术瓶颈，提升科技创新对中亚区域气象业务服务的支撑水平；重点培育 6 个创新团队，强化树木年轮理化重点实验室建设。加强中亚天气气候研究，开展综合观测科学实验，增强中亚区域气象防灾减灾与应对气候变化能力。沙漠所牵头集约数值预报研发人员，成立区域数值天气预报创新团队，对数值预报核心技术进行集中攻关，提升区域数值预报能力。通过调整研究方向和优化学科布局，沙漠所在提高优势领域科研水平、拓展中亚气象科技合作科技基础条件、科研成果业务转化应用等方面取得了显著的成绩。

10.1.5　2016—2019 年

2016—2019 年，聚焦核心业务科技创新能力提升，以中亚大气科学研究为抓手，持续推动各项改革举措，进一步优化学科布局，增加研究体量，加强创新团队建设，夯实科研基础，优化创新环境，完善评价激励机制，在科技创新、业务科技支撑、人才队伍建设等方面取得显著进步。

沙漠所围绕预报服务核心技术优化学科布局，全面推动改革向纵深发展，发布了《中国气象局乌鲁木齐沙漠气象研究所章程》。2016 年，通过公开招聘，确定中亚天气、区域数值预报、环境气象、农牧业气象灾害、沙漠边界层气象、树木年轮气候、树木年轮水文方向 7 位首席科学家，组建创新团队。2017 年，通过中国气象局科技与气候变化司组织的科技体制改革试点验收会，被评为“优秀”。持续推动中亚气象科技国际研讨会平台建设，2016—2019 年举办四届“中亚气象科技国际研讨会”，主办“上合组织气象灾害防御技术培训班”，强化与中亚、南亚国家合作，持续推进创新协调发展。“天山山区人工增雨（雪）关键技术研发与应用”项目获 2018 年度自治区科技进步一等奖；首次获批国家重点研发计划项目“中亚极端降水演变特征及预报方法研究”，国内团队首次获世界气象组织第 7 届维拉 · 维萨拉博士教授仪器和观测方法开发和实施奖；咨询报告《中亚区域气象灾害危及沿线交通运输能源输送安全 专家建议提早防控风险减少灾害损失维护区域稳定》被中共中央办公厅单篇采用。

10.1.6　2020—2022 年

2020 年，根据《中国气象局加强气象科技创新工作方案》，沙漠所积极推进组建服务"一带一路"的气象科研机构；2020 年 9 月，沙漠所在中国气象局专业气象院所评估中获得"优秀"；首次获得国家自然科学基金重点项目资助；2021 年 10 月，塔克拉玛干沙漠气象野外科学观测研究站成功入选国家野外科学观测研究站，标志着沙漠所在国家级科研平台建设方面取得新的突破；12 月，新疆沙漠气象与沙尘暴重点实验室入选自治区重点实验室，进入建设期。2022 年 3 月，新疆区域高分辨率数值预报系统睿图—中亚 V2.0 系统业务准入，"中亚低涡影响新疆强降水预报预警关键技术及业务应用"成果获自治区科技进步奖二等奖。

为深入贯彻落实《气象高质量发展纲要（2022—2035 年）》和 2022 年全国气象工作会议有关精神，根据《国家级气象科研院所改革发展工作方案》，2022 年 8 月 5 日，沙漠所启动新一轮国家级科研院所改革试点，制定了《中国气象局乌鲁木齐沙漠气象研究所改革试点工作方案》；加快推进沙漠所改革发展，立足丝绸之路经济带核心区，面向国家重大战略、面向人民生产生活、面向世界科技前沿需求，展现国家级气象科研院所在专业领域的牵头引领作用，提升对"一带一路"建设气象服务保障的科技支撑能力，助力中国气象事业高质量发展和新疆社会稳定和长治久安。

10.2　改革成效

10.2.1　科技成果

科技创新能力持续增强，重大项目取得明显突破。20 年来，沙漠所始终坚持以科技基础平台为依托，科研项目为载体，科技创新为引领，业务科技支撑为目标，科技创新能力持续提升。累计主持科研项目 539 项，到账科研经费 1.61 亿元，其中国家级项目 84 项，到账经费 8686 万元。"天山山区人工增雨（雪）关键技术研发与应用"项目获得国家科技支撑计划项目支持，"中亚极端降水演变特征及预报方法研究"项目获得国家重点研发计划立项，"青藏高原夏季热源'北扩'与塔里木盆地'滞空'沙尘气溶胶辐射加热的关联及对区域降水变异的影响"获得国家自然科学基金重点项目资助，实现了国家重大项目零的突破。

科研成果和科技奖励取得长足进步，获得世界气象组织奖励 2 次。沙漠所成立以来，获得省部级以上科研成果奖励 13 项，其中 2 项成果分别获得世界气象组织青年科学家研究奖和世界气象组织"维拉 · 维萨拉教授博士仪器和观测方法开发和实施奖"，"天山山区人工增雨（雪）关键技术研发与应用"获得自治区科技进步一等奖 1 项，自治区科技进步二等奖 4 项、三等奖 5 项，中国气象局气象科学研究与技术开发奖二等奖 1 项。沙漠所作为第一单位发表论文 1136 篇，其中 SCI 收录 272 篇；出版专著 11 部；发布行业标准 3 项，地方标准 5 项；授权国家专利 41 项，其中发明专利 5 项，实用新型专利 36 项；授权软件著作权 46 项；13 项科研成果业务准入。

党的十八大以来，主持科研项目 259 项，到账科研经费 9633 万元，其中国家级项目 62 项，包括国家科技支撑计划项目 1 项、国家重点研发计划项目 1 项、公益性行业科研专项项目 2 项、科技部农业科技成果转化资金项目 1 项及国家自然科学基金重点、面上、青年及联合基金等 57 项；主持国家重点基础研究发展计划（973 计划）课题 1 项、国家重点研发计划课题 1 项、中科院 A 类先导项目子课题、第二次青藏高原综合科学考察研究国家专项专题 1 项及第三次新疆综合科学考察子课题 4 项。成果获得世界气象组织奖励 2 项，获自治区科技进步一等奖 1 项，二等奖 1 项，三等奖 1 项。

打造中国沙漠气象科学研究基金品牌，有力支撑了优势学科和特色领域的发展。2004 年 7 月开始设立中国沙漠气象科学研究基金，围绕世界气象科技前沿和中国气象核心业务问题，共收到来自全国气象部门及各高校、科研院所的课题申请书 647 份，共批准立项 252 项，资助总经费为 816 万元。

1. 代表性科研成果

沙漠所针对国家“一带一路”建设气象服务、中国天气上游诸多大气科学问题及应用、新疆经济社会高质量发展气象服务保障等科技创新任务，在传统优势学科树木年轮气候及沙漠气象研究取得突破性进展。

（1）树木年轮气候与气候变化研究

研发交叉定年新技术，建立多种树轮参数获取技术标准与信息共享应用平台。树轮团队改进国际现有树轮密度交叉定年技术，研制“树轮密度数据绘图软件”，显著提升数据的获取效率和数据质量，解决基于树轮资料开展干旱区温度重建的难题，证实上树线树轮密度在温度重建中的独特优势；对现有树轮气候研究采样和灰度获取技术进行规范和标准化，首次发布相关行业标准 2 项；研制交互可视化树轮资料网络数据库及共享平台，实现国家数据网络共享，开展提供区域气候背景、建立网格化历史气候资料、预估未来气候趋势等工作，为树轮数据的业务转化提供基础数据和技术支撑。

成果除通过树轮资料网络数据库与共享平台进行了网上无偿共享外，还将所研制的数据库软件及其包含的所有资料提交“国家地球系统科学数据共享平台”，实现国家级的数据网络共享。此外，相关研究成果和信息数据还在加拿大魁北克大学 GEOTOP 研究中心、瑞士联邦森林、雪与景观研究所等国内外科研机构科研业务和教学工作中得到应用，取得了很好的社会经济效益。相关成果作为历史气候背景资料还在《新疆气候变化基本事实的分析报告》等政府决策咨询报告中得到应用，并为国家气候中心的“中国及亚洲近千年地面气温和降水格点数据集的研制及分析”等项目提供了树轮年表及气候重建序列等基础数据。

开拓研究新区域，提高亚洲内陆过去气候水文变化新认识。中亚和南亚是“一带一路”和泛第三极的重要组成部分。树轮团队走出国门，与中亚三国签署合作协议，建立长期合作关系，并将研究区域扩展至南亚巴基斯坦克什米尔地区。在中亚和南亚区域共采集 100 多个样点树芯样本，开展了长年表建立、气候响应稳定性、树轮宽度和稳定碳同位素相结合的水文重建等前沿研究。揭示了中亚区域过去 200~500 年的气温、降水、径流量、PDSI、SPEI、NDVI 和冰川物质平衡的变化。为提取树轮所蕴含的丰富环境信息提供了新思路。系列研究荣获“十三五”以来百项气象优秀科技成果。此外，还在中亚新建 1 个冰川气象站和 2 个水文站，丰富了中亚气象水文监测网络，相关资料实现开放共享。提升了对“中亚水塔”过去水文变化规律的认识，为现代气候水文变化研究提供了长期背景资料。

扩展研究新视角，开展中国沙漠及周边区域树轮气候研究。全球树轮气候研究大都集中于山区，沙漠地区树轮气候研究缺乏，制约了全球大范围格点气候重建研究。研究团队建立了中国三大沙漠及周边区域树轮资料数据库。利用树轮宽度、密度、稳定碳同位素等多指标完成了三大沙漠及周边地区 36 条气候与环境序列的重建与分析。完成了气候变化对沙漠生态系统影响与沙漠化进程报告，对三大沙漠地区未来气候变化进行了预估和预测（图 10.1）。

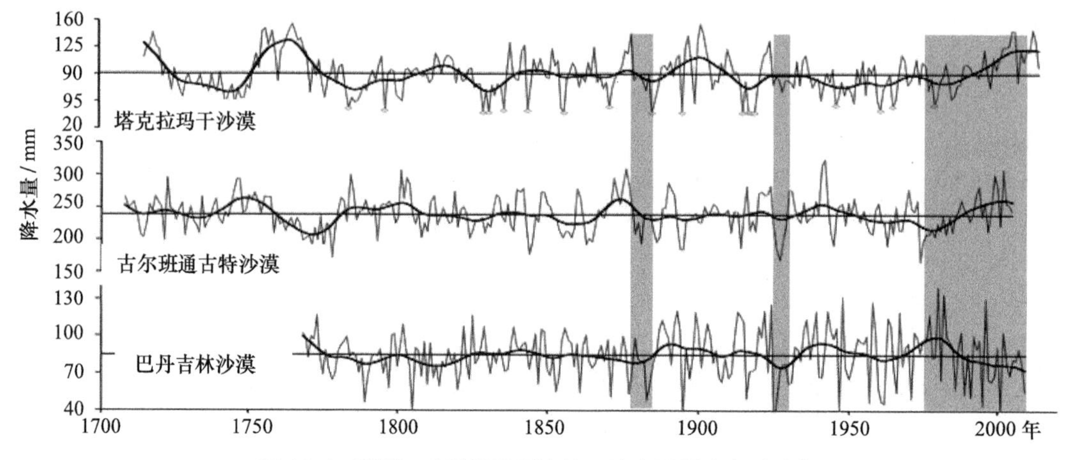

图 10.1　我国三大沙漠及周边地区降水量重建序列对比

提出新疆气候“湿干转折”新现象，丰富气候转型的认识。发现 1986 年以来新疆气候表现为“暖湿化”特征，但在 1997 年之后随着温度跃升，蒸发需求加剧，而降水量增加趋势减缓甚至微弱减少，干旱变化趋势、干旱频率、干旱发生月份和干旱站次比等均有明显增加，导致 70% 以上的区域变干。提出了 21 世纪以来新疆气候从“暖湿化”向“干旱化”的“湿干转折”现象，丰富了对新疆气候转型理论的科学认识。评估了新疆气候转折及极端天气气候事件对区域植被和水资源的影响，发现极端天气气候事件是诱发生态逆转的主要因素之一。相关成果可为区域干旱灾害防灾减灾和风险管理提供有价值的决策参考。

（2）沙漠大气边界层过程及其影响机制研究

丰富沙漠气象探测新手段，获得国际认可。总结了大量的风蚀起沙观测仪器优缺点，相继研发了三代全自动高精度集沙仪。同时，研发了沙漠大气与土壤二氧化碳测量仪及光路设备自带清洗仪；率先利用毫米波雷达和太赫兹雷达开展了沙尘暴探测试验。新监测技术的研发，推动了沙漠气象特种监测仪器的发展，增加了沙漠气象监测手段，丰富了沙漠气象研究内涵，提升了数据质量。基于上述新监测技术，获得国家发明专利 3 项，实用新型专利 15 项。其中，获得国家发明专利的第二代全自动高精度集沙仪荣膺 2018 年世界气象组织第七届“维拉 · 维萨拉教授博士仪器和观测方法开发和实施奖”。此次获奖是自该奖项设立至今，全部由中国科研工作者组成的团队第一次获得该国际奖项（图 10.2）。

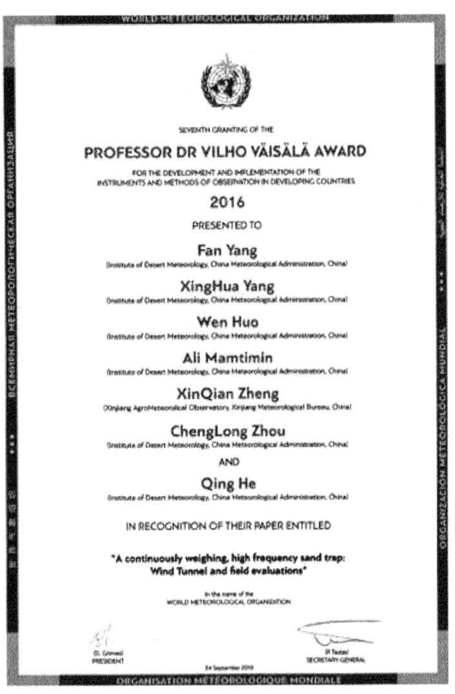

图 10.2　研制新仪器开展沙尘暴起沙精细化观测获世界气象组织第 7 届“维拉 · 维萨拉教授博士仪器和观测方法开发和实施奖”

辨明了起沙新机理，丰富了沙漠气象学和风沙物理学基础理论。基于我国西北三大沙漠（塔克拉玛干沙漠、古尔班通古特沙漠和巴丹吉林沙漠）空白区、关键区的标准化起沙观测试验，揭示了三大沙漠起沙演变规律，填补该项研究空白。发现起沙间歇性特质，为沙尘暴起沙研究提供重要补充。获取了新的临界起沙摩擦速度等关键起沙参数，为起沙的界定提供精准判据，提升沙尘水平通量的模拟效果。利用新手段解析了尘卷风结构，并定量估算其对区域沙尘气溶胶的贡献。进一步探讨了土壤、大气条件对起沙的影响作用，辨明了起沙机理。该研究丰富了沙漠气象学和风沙物理学基础理论。

揭示沙漠超厚大气边界层新事实，探讨深厚边界层过程影响区域环流新机制。基于探空和风廓线雷达探测，证实了中国西北干旱区夏季晴空存在超常厚度的大气边界层现象。研究了沙漠大气边界层结构特征，探索了沙漠晴空热对流运动规律，揭示了沙漠对流边界层形成机制以及深厚边界层过程对区域环流的反馈效应。

确定陆面过程参数化方案，提高沙漠起伏地形陆面过程模拟精度。确定了塔克拉玛干沙漠地表反照率、粗糙度、地表比辐射率、空气动力学、土壤热力学粗糙度和热传输附加阻尼等陆面过程参数及参数化方案，并通过修正地表土壤热通量提高了地表能量闭合。结合风向修正了 M-O 相似性理论，揭示了沙漠地形空间异质性对陆面过程及其地表关键参数的影响，评估了塔克拉玛干沙漠陆面地表参数对陆面模式（CoLM）模拟能力的敏感性，为塔克拉玛干沙漠陆面过程的准确模拟提供基础。基于 FAO56-PM 计算模型，判识了沙漠人工绿地建立与自然沙地计算蒸散关键参数的适用性算法，评估了自然沙地与人工绿地的蒸散在计算过程中因参数变异而对计算结果产生的影响，并对整个塔里木盆地的蒸散量进行估算（图 10.3）。

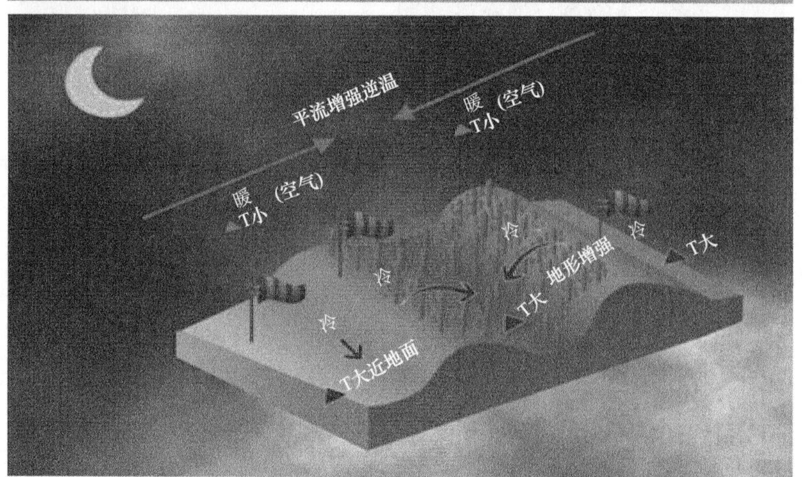

图 10.3　沙漠腹地人工绿地与自然沙地陆面特征及局地环流概念模型

首次揭示控制流沙碳汇作用的关键过程及主要驱动机制，促进了对于沙漠碳交换过程有了新认识。充分证实全球碳循环中长期被忽视的沙漠生态系统会固定二氧化碳，而发挥碳汇作用。首次发现由土壤热量波动引起的含二氧化碳的土壤空气膨胀 / 收缩和盐 / 碱化学作用共同主导了塔克拉玛干沙漠流沙的二氧化碳释放 / 吸收过程。这些过程的相互制衡导致塔克拉玛干沙漠流沙每年以 160 万 t 的速度吸收二氧化碳。然而，随气候变化土壤温差的增加将刺激土壤空气膨胀，将更多的土壤二氧化碳泵入大气，导致塔克拉玛干沙漠碳汇能力减弱。这些过程将通过气候变化下的正反馈效应加速，这为制定气候变化响应对策提出了更紧迫的要求。

（3）中亚天气系统及极端降水演变特征和预报方法研究

揭示中亚低涡活动特征及其对新疆降水的影响，显著提高新疆强降水预报预警能力。阐明了中亚低涡的客观定义、分类、活动特点及能量转换和传播特征，显著提高中亚低涡系统的认识；揭示了中亚低涡背景下暴雨多尺度天气系统协同作用及其发生发展机理，构建了暴雨多尺度协同作用物理模型，推动中亚天气动力学理论和预报技术发展；揭示了中亚低涡背景下中尺度天气系统发生特点及造成极端强降水的方式，显著提高了对新疆暴雨中尺度天气系统的认识；提出中亚本地化中尺度对流系统（MCS）判识和分类标准，研发 MCS 追踪和预警系统，显著提升新疆乃至中亚强降水短临预警能力；首次开展多种卫星降水产品 0.5 h 降水数据在新疆适用性评估，为强降水研究提供科学有效的高时空分辨率基础数据（图 10.4）。

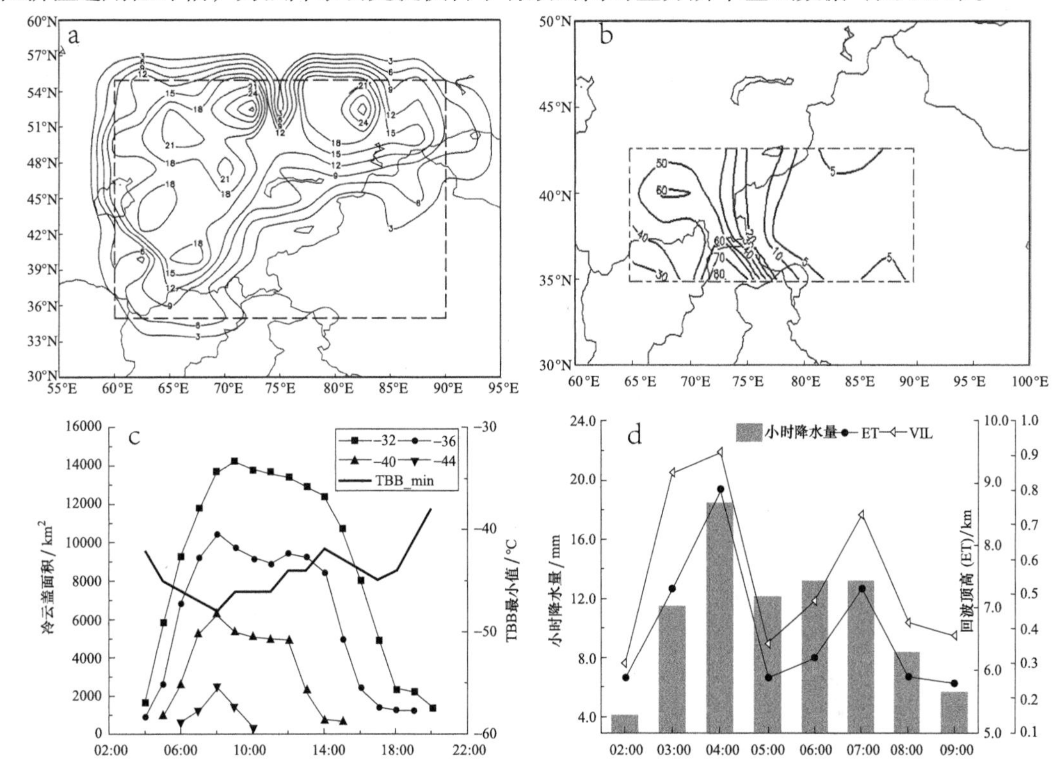

图 10.4　深厚型（a）和浅薄型（b）中亚低涡活动空间分布（实线）及其定义范围（虚线）；典型 MCS 冷云盖 TBBmin 随着冷云盖面积（c）和小时降水（d）的变化

揭示中亚极端降水演变特征并研发了中亚极端降水监测指标及预报方法，提升极端降水预报水平。提示了外强迫和多尺度环境对中亚极端降水影响机制及监测指标；阐明了天山不同季节、海拔高度、水汽条件对流云降水微物理特征及差异，建立了包含偏振量的对流降水定量估测关系；揭示了冷锋暴雪不同阶段粒子类型、云微物理过程和滴谱特征。研发了针对中亚 C 波段雷达、多源卫星资料和地基 GNSS 水汽的同化应用关键技术，建立了适用于新疆的雨滴谱双参数微物理方案和尺度自适应的积云对流参数化方案，改进了集合动力因子暴雨预报方法，显著提升了极端降水预报评分。

2. 传统优势领域业务贡献

（1）面向业务新需求，探索研究新方法，集成重建区域气候序列为气候评估提供支撑

基于气候预测业务需求，研究团队使用多条基于树轮资料的历史气候序列，集成重建了北疆、天山和阿尔泰山等三个新疆重要区域的年降水量及年平均气温，共计 6 条历史气候变化序列，揭示了工业革命以来新疆气候变化事实，为新疆区域气候变化评估提供了支撑。集成重建方法取得的相关成果作为历史气候背景资料写入秦大河院士主编的《新疆气候变化科学评估报告》和新疆气候中心编写的《新疆区域气候变化评估报告：2020》。基于树轮资料开展新疆区域未来气候趋势预估，为气象业务工作提供了一个新的途径和参考。

（2）厘清沙尘气溶胶排放、传输机制，提升沙尘暴模式预报精度

基于塔克拉玛干沙漠起沙科学试验和对起沙机理的认识，开展了临界起沙摩擦速度及相关修正参数、沙尘水平通量、垂直通量等关键起沙参数的精细化研究，改进并构建了新的参数化方案；同时开展了包括空气密度、地表粗糙长度、光滑地表粗糙长度和土壤粒径分布在内的本地化改进敏感试验；将本地化的部分起沙参数化方案及土壤粒径等参数同化于新疆沙尘暴数值预报模式（CUACE-SDS-XJ），提升了该模式对新疆区域沙尘暴天气的预报精度。

借助观测数据和数值模拟试验，开展了塔克拉玛干沙漠典型沙尘暴天气过程沙尘气溶胶传输研究。该研究首次刻画了沙尘气溶胶三维分布结构；确定了塔克拉玛干沙漠沙尘气溶胶输送高度、量级与跨盆地输出的主要路径；厘清了塔克拉玛干沙漠沙尘气溶胶的收支关系，进而揭示了浮尘滞空形成机制及沙尘辐射效应（图 10.5）。

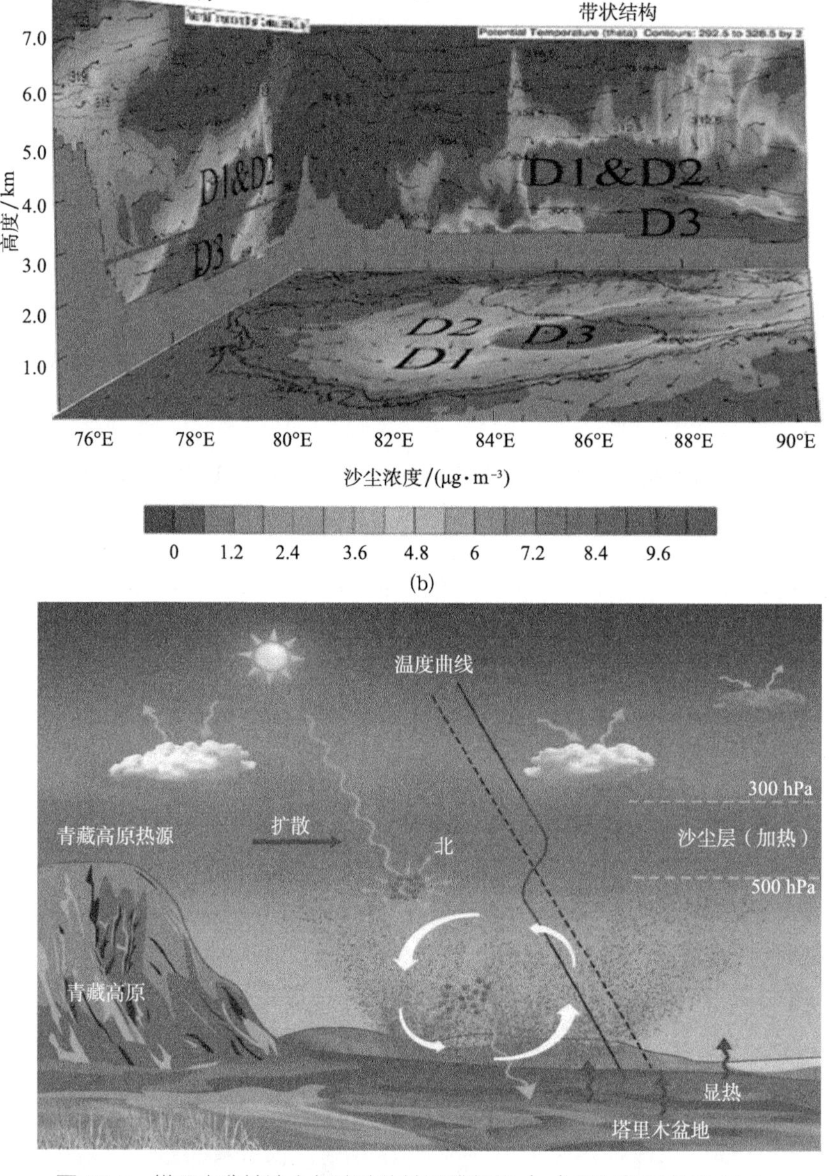

图 10.5 塔里木盆地沙尘气溶胶传输三维结构（a）及其辐射效应（b）

3. 特色领域业务贡献

（1）研发区域数值预报系统提升区域预报预测能力

区域数值模式实现业务准入，支撑智能网格预报业务。成立区域数值预报模式研发创新团队，对数值预报核心技术进行集中攻关，研发乌鲁木齐区域的数值预报业务系统（DOGRAFS），2015 年通过中国气象局业务准入；2017 年，积极加入大北方数值预报创新联盟体系，研发中亚高分辨率快速更新数值预报系统（睿图 - 中亚 V1.0 和 V2.0），实现业务准入，有效支撑了新疆气象智能网格预报业务。

沙漠所研发的新一代数值预报系统“睿图 - 中亚”基于 WRF V4.0 的非静力平衡模式，继承了 WRF 模式的主要技术特点（图 10.6）。在此基础上，沙漠所持续开展了静态数据、物理过程、动力框架以及多源资料同化的本地化研究及开发工作，以更好适配新疆区域复杂下垫面及中亚天气系统特征。

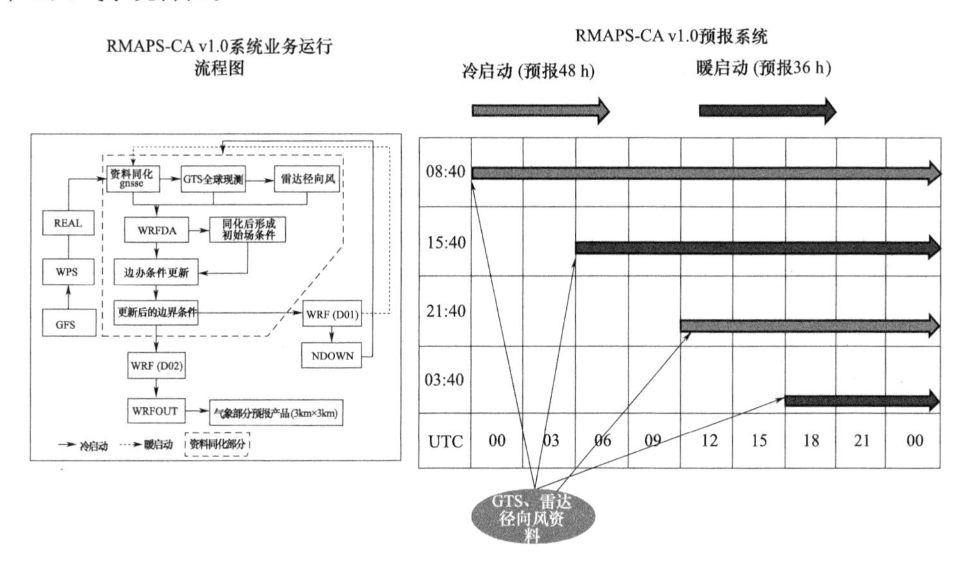

图 10.6 睿图 - 中亚模式运行框架设计

中亚低涡强降水预报预警指标成果提高预报准确率。出版了《新疆短时强降水诊断分析暨预报手册》，提出了中亚低涡强降水预报预警指标，提高了中亚低涡背景下新疆降水监测、预报预警水平，2017—2019 年，预报准确率 TS 暴雨提高 2%，漏报减少 8.6%；在中国科学院大气物理研究所、南京大学、新疆空管局等推广应用，为预报业务提供理论和技术支撑。

研发的短期气候预测方法在全国及西部省区气候预测业务应用中效果良好。建立了滑动相关—逐步回归—集合分析汛期预测系统 1.0。该系统主要用于季节尺度预测，以汛期预测为主，也可以用来实施其他季节的降水量、气温预测，如年度预测中的冬季降水量、气温等要素。滑动相关—逐步回归—集合分析方法的预测结果好于新疆气候中心发布的业务产品质量评分，与国家气候中心下发的 MODES 和 FODAS 客观预测系统的预测结果比较，也有一定优势。本方法近年在国家气候中心、乌鲁木齐区域气候中心、新疆农业气象台的多项预测业务中应用。每年的全国汛期预测结果提交至国家气候中心，在中国气象局国家气候中心的业务刊物《气候预测评论》刊登。该方法为短期气候预测业务提供了技术手段和客观依据，相关预测业务应用效果显著。

寒潮降温过程气候评估指标及新疆冷空气监测预测业务中得到应用。结合基层评估业务需求，提出了侧重于“过程”的评估思路，定义了精细化的单站“降温过程”，借鉴《寒潮等级》（GB/T21987—2008），从“降温过程”的各要素判识确定“寒潮过程”，即从单站“降温过程”到“寒潮过程”的评价方法。依据《冷空气过程监测标准》（QX/T 393—2017），编程计算新疆及中亚重点城市不同级别冷空气过程长时间序列，统计包括冷空气过程开始时间、结束时间、持续日数、过程最低气温、过程降温幅度、冷空气过程级别，分析冷空气过程的气候变化特征，从而对新疆月、季、年尺度冷空气过程进行气候监测，在气候监测评价业务中试用。

（2）人工增雨（雪）技术及水汽循环机理为新疆空中水资源的开发利用提供科技支撑

天山山区人工增雨（雪）技术为新疆空中水资源的开发利用提供技术支撑。在天山山区巴音布鲁克建立了人工增雨（雪）示范基地，完成了天山山区大气水循环特征研究，揭示了天山典型降水云系结构和云降水形成发展的物理过程，提出了天山山区连续性降水云系人工增雨（雪）概念模型，建立了人工增雨（雪）的中短期潜势预报指标及短时作业指标，制作了人工增雨（雪）预报流程，建立了天山山区人工增雨（雪）作业指挥系统。分析了天山地区有利于人工增雨（雪）的最佳区域，建立了增雪效果与积雪存储效果评价方法，建立了适合于天山区域的积雪积累及融雪模型；完成了高性能多弹型自动火箭作业系统的研制及应用。

提出了“增湿的海拔依赖性”概念，从高海拔地区快速变暖加剧山区水循环角度揭示了可能的形成机理。气候变化的海拔依赖性是一个尚无定论的命题，核心问题是不同海拔高度的增幅问题。干旱区气候经历了持续且更显著的变暖，表现出明显的增暖海拔依赖性。研究发现干旱区降水变化趋势与海拔有明显的正相关。基于以上认识，首次明确提出了“增湿的海拔依赖性”概念，并从高海拔地区快速变暖加剧山区水循环角度揭示了形成机理。

系统研究了新疆大气水分循环过程，构建了新疆水汽再循环变化的概念模型。定量估算了水汽输送路径对新疆强降水过程的影响；基于 Brubaker 和 Schar 模型，估算了新疆水汽再循环率及其变化，表明新疆近 30 年来水汽再循环强度不断增强。PRR 的变化主要由降水量、水汽条件等水分变量的主导影响。根据上述关系，提出了大气水汽再循环变化的概念框架，大气的增温增湿加剧了新疆的水汽循环过程，增加了水汽再循环率，可能引发更多的局地对流性强降水发生。讨论了在独特的山盆地形格局下，绿洲灌溉诱发山区降水增加的可能形成机制。

（3）特色研究成果为新疆区域生态文明建设和灾害防御提供气象服务科技支撑

特色林果冻害及棉花病虫害气象监测预警技术为科学有效指导特色林果及棉花防御气象灾害提供科学依据。构建了南疆特色林果冻害气象监测预警指标、观测规范、监测预警服务系统，形成林果冻害“监测—预警—服务”成套技术模式，定期进行冻害趋势预测、越冬评估和预警服务。

天山北坡城市群空气质量预报为大气污染治理提供决策服务。研发了新疆环境气象条件影响评估系统和大气污染监测预警平台，提供了大气污染预报预警产品，开展了乌鲁木齐市大气污染防治减排效果评估；揭示了中天山北坡焚风活动特征及污染物输送扩散规律，在乌鲁木齐城市群重污染天气过程预报预警业务中得到广泛运用（图 10.7）。

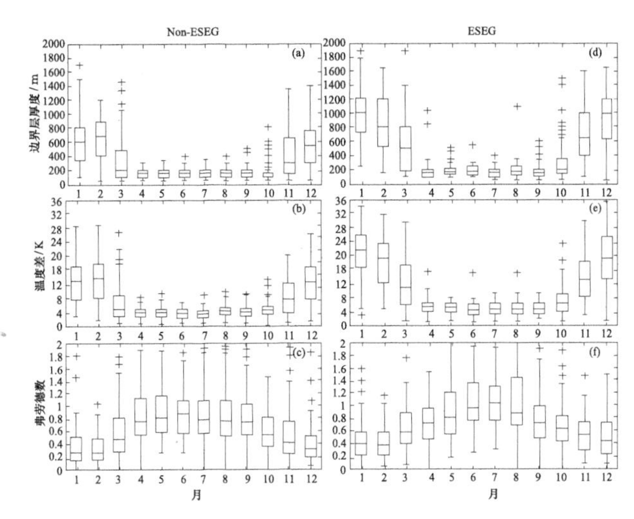

图 10.7　2007—2016 年乌鲁木齐冬季接地逆温情形下非焚风日（左侧）和焚风日（右侧）的边界层扩散条件对比；（a，d）逆温层厚度；（b，e） 逆温层层顶与层底温差；（c，f） 弗劳德数

（4）遥感助力新疆生态气象服务体系建设

研发基于 WebGIS 的新疆春季融雪性洪水预警系统，结合 T213 预报场资料，生成肯斯瓦特水文站日径流量预报。成果已在石河子水文局和石河子气象局玛纳斯河春季防洪工作中得到应用。研发 EOS/MODIS 产品新疆区域发布平台、FY-3 卫星荒漠化遥感监测应用示范系统，实现多源遥感数据入库、计算和可视化显示、植被盖度、荒漠化产品自动生产、共享和发布，以及影像数据定制下载等功能，助力西部及新疆全区荒漠化遥感监测。编制《新疆天山牧区牧草产量遥感估算业务指导手册》《积雪卫星遥感监测与评价技术导则（试行）》《荒漠化卫星遥感监测评估技术导则（试行）》，为一线业务人员提供牧草产量估算方法、积雪和荒漠化遥感监测方法、内容、产品制作、报告编写依据（图 10.8）。

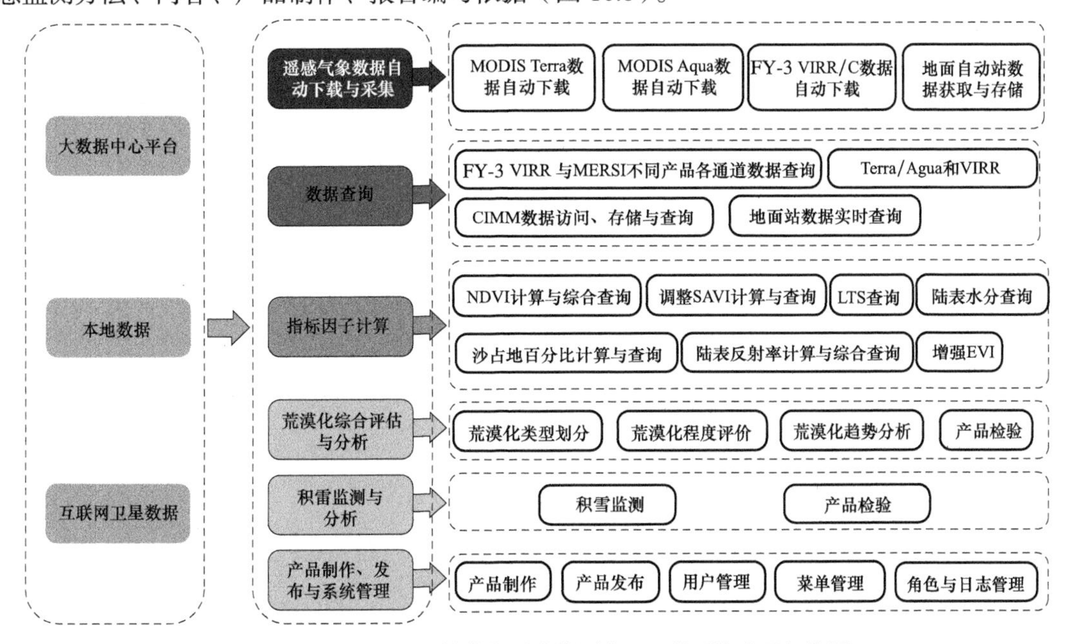

图 10.8　FY-3 卫星荒漠化遥感监测应用示范系统应用架构图

10.2.2 人才队伍

1. 研发队伍持续壮大

沙漠所经过20年的改革发展，在职人员从最初的18人逐步壮大到目前的80人，人员规模为2002年的4.5倍。2002年人员构成情况为：研究员（含正高）2人，副研究员（含副高）9人，博士学位6人，硕士学位10人；2022年人员构成情况为：研究员16人，副研究员19人，博士学位15人，硕士学位58人。大气科学及相关学科专业人员比例进一步优化，2022年占比64%。

2. 人才培养长足进步

不断加强在职职工、博士后及研究生培养，2002—2022年，在职职工获得博士学位15人，硕士学位10人；联合高校与科研机构培养在站博士后16人，顺利出站12人；培养博士研究生共14人，已毕业10人；培养硕士研究生131人，已毕业114人。

3. 团队建设卓有成效

沙漠所突出区域研究特色，凝练学科方向，打造出初期的树木年轮气候、沙漠大气边界层、绿洲农业气象、天气气候预报预测研究4支科研团队。经过20年的发展，形成了以中亚天气、区域数值预报、环境气象、农牧业气象灾害、沙漠边界层气象、树木年轮气候、树木年轮水文研究方向，并培养了中国气象局2位领军人才、新疆气象局7位首席科学家等。随着新一轮的改革，沙漠所将重点以沙漠气象及中亚天气研究、树木年轮与中亚气候研究和丝路核心区气象服务关键技术研究为学科方向，培养壮大3支科研团队。

4. 高层次人才持续涌现

2012年以前，沙漠所获得包括“政府特殊津贴”“全国五一劳动奖章”“全国野外科技工作先进个人”等国家级奖4项；获得“谢义炳青年气象科技奖”“全国优秀青年气象科技工作者”“西部优秀青年人才”等省部级奖10项。党的十八大以来，沙漠所在人才方面的成果更加丰硕，其中主要有：1人获“世界气象组织青年科学家研究奖”，1团队获世界气象组织第7届“维拉·维萨拉教授博士仪器和观测方法开发和实施奖”，2人入选中国气象局科技领军人才；1人荣获国务院政府特殊津贴；3人晋升中国气象局二级研究员；6人入选中国气象局“青年英才”；1人获得“第九届十佳全国优秀青年气象科技工作者”；1人获自治区“第九届新疆青年科技奖”，1人被授予“新疆青年五四奖章”，另有26人次获得各类省部级人才称号。

10.2.3 科研基础条件

1. 科研基础条件不断夯实，形成了“一站二室三基地”的科技支撑平台格局

2006—2022年，在财政部改善科研条件专项、中国气象局部门重点实验室和业务运行项目和新疆重点实验室运行项目等经费支持下，沙漠所获批改善科研条件专项37项，批复

经费总计均 1.3 亿元。其中，仪器设备购置项目 30 项，经费合计 1.1 亿元；房屋修缮类 7 项，经费合计 1871 万元。经过 20 年的不断建设和完善，实现了仪器设备性能提升、科研环境改善和基地观测功能扩充，沙漠所科技条件和平台建设取得了显著的成效。目前，建成新疆塔克拉玛干沙漠气象国家野外科学观测研究站、中国气象局树木年轮理化研究重点实验室（新疆树木年轮生态重点实验室）、新疆沙漠气象与沙尘暴重点实验室、中国气象局阿克达拉大气本底野外科学试验基地、乌兰乌苏绿洲农田生态与农业气象野外试验基地、西天山云降水物理试验基地，形成“一站二室三基地”的科技支撑平台格局，开创了科技事业高质量发展新局面。

2. 科研基础平台建设成效显著

党的十八大以来，沙漠所先后获批改善科研条件专项项目 20 个（仪器设备购置类 16 项、仪器设备升级类 2 项、房屋修缮类 2 项），批复经费总计 9391 万元，较 2008—2011 年增加 7506 万元。借助改善科研条件专项项目，上述科研基础资金投入对沙漠气象野外科学试验基地、树木年轮理化实验室等科研平台建设成效显著。

打造沙漠气象野外科学试验基地，不断壮大中国北方沙漠野外监测网络。经 20 年的努力，建立了以新疆两大沙漠陆—气相互作用观测系统为核心，逐渐向河西走廊延伸的覆盖我国北方不同类型沙漠的陆—气相互作用及沙尘通量监测网络，打破了以往观测技术落后、数据不足的局面，旨在提供标准化的共享研究网络平台，促进多领域广泛合作，以实现沙漠沙尘暴、陆—气相互作用、边界层、遥感地面验证、沙漠碳汇等前沿问题的综合研究。可为贯彻落实国家“一带一路”倡议、生态文明建设和提高“丝绸之路经济带”气象保障能力面临的科技支撑需求提供基础支撑。塔克拉玛干沙漠气象野外科学试验基地作为整个观测站网的核心，是全球唯一一个深入沙漠腹地超过 200 km 的沙漠环境和气候站。2018 年入选中国气象局首批野外科学试验基地，2020 年入选国家野外科学观测研究站。依托科技平台获批各类项目 117 项，总经费近 6500 万元，其中 28 项国家自然科学基金，在 *BAMS*、*Science Bulletin*、*Geoderma*、*Journal of Geophysical Research：Atmospheres* 等发表 SCI 论文 133 篇，培养省部级人才 10 名，博士研究生 4 名，硕士研究生 45 名。

丰富树轮多参数提取和分析手段，提升树木年轮理化实验室分析水平和生态气象监测能力。购置水同位素分析仪、激光剥离进样系统、多用途 X 光扫描分析系统，丰富了实验室树轮参数类型和大气气溶胶理化特征参数提取手段。购置气象梯度观测系统、光合仪、开路涡动相关仪等，完善森林生态气象站观测网络系统，增加树木年轮生态环境研究手段。完成中天山草地生态气象监测野外基地建设和森林生态气象观测系统升级改造，大幅提升林木生长监测、树轮密度、同位素和图像分析能力。依托科技平台获批 8 项国家自然科学基金，发表 40 篇 SCI 论文，8 人次入选气象部门青年英才等各类省部级人才计划，培养研究生 10 名。

提升科学计算资源硬实力，打造区域数值预报中试基地高性能计算业务平台。2012 年，沙漠所整合数值预报研发资源，建设了基于 INTEL X86 架构的高性能计算集群，即新疆气象局数值预报中试基地高性能计算业务平台。2018 年，新疆气象局对数值预报中试基地高性能计算业务平台进行了大规模升级改造，建设了基于新一代曙光高性能计算集群系统。依托区域数值预报中试平台高性能计算资源，沙漠所研发了高分辨率区域数值预报系统（DOGRFAS、睿图 - 中亚 V1.0、睿图 - 中亚 V2.0），引进并本地化了中国气象科学研究院的环境模式和沙尘模式。这些区域模式有效支撑了新疆乃至中亚地区的天气和环境预报服务业务，成为全疆预报员重要的参考数值模式产品。

建立中亚国家和中巴走廊气象水文监测站，提升中亚气象服务能力。在中亚国家建立了3个气象站和2个雷达水文观测站，拓展了中亚地区气象水文监测；与克拉玛依市气象局联合，在巴基斯坦瓜达尔港建成首座完全自动化的多要素气象观测站，为开展中亚和中巴走廊气象灾害防御和气象服务提供基础支撑。

建立了新疆空中水汽观测网和实时监测平台，西天山云降水物理综合观测试验基地初具规模。建设了新疆天山、阿勒泰山和昆仑山36个GPS/MET水汽观测站并纳入中国气象局观测业务，与陆态网32个GPS/MET水汽观测站组网形成新疆高时空分辨率空中水汽观测网，研发了新疆GPS/MET水汽监测和预警平台并业务运行为气象预报预警业务提供科技支撑。在新疆伊犁河谷建设了中亚干旱区首个云降水物理综合观测试验基地——西天山云降水物理综合观测试验基地，开展干旱区降水大气温湿风精细结构、中尺度系统、云和降水宏微观物理特征观测，为中亚干旱区降水形成机制和云降水物理过程、区域数值预报模式参数化优化、人工增雨等研究和业务提供观测基础和平台。依托科技平台获批1项国家重点研发计划项目、1项国家科技支撑项目、5项国家自然科学基金、1项科技部公益类行业专项以及其他国家级项目子课题2项，发表19篇SCI论文，培养中国气象局领军人才1人、首席专家1人、西部优秀人才2人、新疆自治区突出贡献优秀专家1人、天山青年1人、天山英才1人。

加强阿克达拉大气本底站观测设备和基础设施建设力度。2012年4月，中国气象局正式批复阿克达拉站为区域大气本底站。2014—2015年，通过温室气体观测网络能力完善建设项目新建业务用房面积630 m²、档案气压制业务用房30 m²、52 m采样塔。2016—2019年，完成604.04 m²新业务用房建设，购置了黑碳仪和1台颗粒物检测仪。2018年新增档案气压制业务系统、卤代温室气体Canister采样系统、气象要素梯度观测，更新了气溶胶观测设备。2019年10月，阿克达拉入选第二批中国气象局野外科学试验基地。2020年依托基层气象台站基础设施建设项目，新增温室气体在线观测系统、反应性气体在线观测系统、浊度计、便携式气溶胶采样器、辐射观测系统、气溶胶激光雷达、太阳/天空/月亮光度计、酸雨观测系统等。依托科技平台承担各级项目15项，发表论文30篇，其中SCI论文10篇。

持续加强绿洲农业气象野外科学试验基地建设。2016年，完成绿洲农田梯度通量观测系统、大型蒸渗仪等仪器设备购置与安装，利用农田小气候仪、叶面积仪、植物生理与环境监测系统、光合—荧光测量系统、土壤水分与养分测定等仪器，开展绿洲农田“水—土—气—生”科学观测，进行绿洲农田小气候、作物冠层温度与光谱特征、作物生长定量评价、作物生长环境因子、绿洲农田水分利用效率、农业应对气候变化适用技术研究；新增人工气候室、低温模拟室、植物生理生态室等，进行绿洲农业气象灾害模拟、绿洲农田植物生理生化及生长环境因子研究。依托该平台承担各级项目22项，发表论文30篇，其中SCI论文3篇。

10.2.4 运行管理和开放合作

1. 强化班子建设，稳步推进科研业务融合

新疆气象局党组高度重视沙漠所领导班子建设，为了促进科研与业务的深度融合，先后

为了建立和加强区域数值预报研发应用、聚焦中亚大气科学研究和促进科研成果的业务转化等，沙漠所与核心业务单位进行了多次领导班子交流调整，进一步推进了沙漠所深化改革，为引领核心业务研发提供了保障。

2. 完善管理体制，保障健康运行

制度规范和行为准则是沙漠所维持正常工作秩序、进行创新活动、实现科技目标的可靠保证，也是完善院所管理体制的基础。沙漠所在中国气象局和新疆气象局的坚强领导下，颁布了沙漠所章程，积极探索并初步落实了所长负责制下的学术委员会咨询制和职工代表大会监督制，健全规范了议事和决策制度。特别针对科研相关工作的评定和推荐，成立了沙漠所科学技术委员会、初级职称评审委员会等。同时，先后建立了管理规章制度，并在改革历程中不断完善和修订。党支部、学术委员会、工会和团支部等基层组织有力地保证了沙漠所的健康运行。

3. 实行分类考核，激发工作热情

沙漠所全面推行全员岗位聘用制，根据重点学科领域和研究方向，制订了科技人员遴选和聘用办法。针对应用研究岗、业务研发岗和管理岗位，分类制定考核办法。同时，建立了按岗定酬、按业绩定酬的分配机制，激发了研究人员拼搏奉献的工作热情，精神面貌焕然一新。初步建立了“机构开放、人员流动、公开竞争、择优支持、科学评价、鼓励创新”的运行机制。

4. 设计综合管理平台，推动信息化管理水平

为实现管理的规范化、标准化、制度化，沙漠所建立了科研业务综合管理信息系统，将科研业务管理数据化，实行科研业务项目全程信息化管理，包括人力资源、资产、财务、人才培养、成果转化等集约化管理。该系统可按资金来源、科研（课题）性质、经费预算、支出范围等类别，对沙漠所所有预算经费进行全面控制，对所有资金预算使用和执行进度进行严格控制和实时监控。该系统得到了多个气象部门的好评，成为了科研工作规范化管理的典范。

5. 注重文化建设，增强团队凝聚力

深入推进创新文化建设，继续发扬“特别能吃苦、特别能战斗、特别能奉献、特别能团结、特别能忍耐”的“骆驼精神”。以党建带动文明创建工作、民族团结模范单位创建工作，以“公民道德宣传月”“公民道德宣传日”主题活动为抓手，大力宣传和践行社会主义核心价值观，营造和谐向上的科研氛围。在持续的建设中先后荣获“全国文明单位”“全国青年文明号”“全国模范职工小家”、自治区党委“创先争优先进基层党组织”“自治区文明单位”“自治区青年文明号”等荣誉称号。

6. 汇聚外部优势智力资源，形成新的创新合力

与国内知名高校、科研院所通过联合申报项目、协同攻关、人才培养、平台共建、野外科学试验等，提高沙漠所的国内知名度，推动优势学科的发展。成立“中亚大气科学研究中心科学指导委员会”，聘请国内外知名专家学者，共商事业发展策略，并利用自治区高

层次人才项目引进关键领域国内外优势智力资源；借助国家高层次、自治区柔性人才引进等政策，拓宽人才及智力引进渠道，引进澳大利亚气象局、北京大学等单位9位高层次专家，发挥桥梁作用，解决关键技术问题，联合培养人才，汇聚外部优势智力资源，形成新的创新合力。

7. 面向中亚开展国际合作交流，打造中亚气象科技国际研讨会品牌

扩大与中亚国家的气象科技合作与交流，提升国际科技合作水平，在野外考察、野外观测和采样、科研合作、人才引进、人员交流、联合发表论文等方面取得了突出成绩。签署《中亚气象防灾减灾及应对气候变化乌鲁木齐倡议》，成功举办了六届中亚气象科技国际研讨会和一期上合组织气象灾害防御综合技术系列培训班，成功打造中亚气象科技国际研讨会品牌，显著提升了国际影响力。

10.2.5 党的建设

2002年成立之初沙漠所有党员3名。经过20年的发展，党员队伍不断壮大，目前有53名党员，设有1个党总支和2个党支部。沙漠所党建工作以政治建设为统领，狠抓学习教育，加强党组织建设，强化责任担当，培养深厚的家国情怀，创新发展筑牢根基。党的十八大以来，沙漠所党总支加强习近平新时代中国特色社会主义思想学习，带领全体职工深刻理解“两个确立”的重要意义，树牢“四个意识”、坚定“四个自信”，做到“两个维护”。深入开展“不忘初心、牢记使命”主题教育活动，推动党史学习教育常态化，深入推进“我为群众办实事”实践活动，围绕科研诚信、作风学风建设和弘扬新时代科学家精神召开专题学习，深刻理解科研活动“放权松绑”与监督服务并重的要求，切实推动作风学风建设；推进党建和科研深度融合，统筹做好新冠肺炎疫情防控和气象服务、防汛救灾工作中发挥基层党组织战斗堡垒及党员先锋模范作用；围绕新疆社会稳定和长治久安总目标这个中心，积极开展民族团结一家亲活动。20多年来，沙漠所不断创新党建工作思路，将党建融入沙漠所改革发展全过程，筑牢气象事业高质量发展的思想根基，为科技创新事业提供了强大的政治保障。

10.3 薄弱环节

1. 气象科技创新体量偏小

围绕国家“一带一路”建设气象服务、中国天气上游大气科学问题及科研成果转化应用、新疆经济社会高质量发展气象服务保障等科技创新任务，沙漠所形成了一定规模的科技人员队伍，打造了多支科研创新团队，但目前在职职工人数为80人，体量明显偏弱，专业人才短缺，研究断层明显，急需吸引和培养更多科研力量。

2. 对核心业务支撑不足

沙漠所在传统优势领域产出诸多成果，但面向核心业务科技支撑的高水平成果偏少、集成不够、定位不准，存在对核心业务问题调研不深入、不准确，难以激发科研人员兴趣点，

科研创新活动与核心业务发展脱节，高质量科技成果游离于业务服务需求的现象依然明显，关键核心技术“心脏病”问题突出。在灾害性天气预报预警、模式改进和应用等领域关键技术存在不足，难以满足相关业务需求。

3. 与相关单位协同发展机制不健全

沙漠所与国家级气象科研院所、业务单位、高校及部门外科研机构尚未形成创新合力。具体表现在，科研活动与中国气象科学研究院统筹协调融入不足，未在“一带一路”气象服务、沙漠气象及中亚西亚天气、树木年轮与中亚西亚气候、丝路核心区气象服务关键技术等领域形成新的创新合力。与高校和其他气象科研院所互动交流合作尚不够深入，在基础研究、人才培养、服务地方等方面的协同创新机制有待完善。

4. 现有科技支撑平台创新效率与高水平科技创新要求存在一定差距

经过多年建设，沙漠所拥有新疆塔克拉玛干沙漠气象国家野外科学观测研究站、中国气象局树木年轮理化研究重点实验室、新疆沙漠气象与沙尘暴重点实验室、中国气象局阿克达拉大气本底野外科学试验基地、乌兰乌苏绿洲农田生态与农业气象野外试验基地、西天山云降水物理试验基地（以下简称“一站两室三基地”）等独具特色的科研平台。但野外基地和实验室创新效率不高、成果产出延续性不足、持续稳定运行的机制不完善、与周边国家和地区的协同合作不紧密，同中科院和相关高校类似科研平台相比较还存在差距。

5. 稳定科研队伍、激发创新活力机制尚不完善

沙漠所高层次领军人才以及后备科技力量数量不足，稳定科研队伍、激发创新活力机制尚不完善，外部人才竞争压力较大，人才流失较为严重。亟须借助国家、中国气象局和新疆维吾尔自治区人民政府人才培养的政策和计划，通过深化改革，加大人才引进和培养力度，特别是青年人才的培养和使用，激发科研人员创新活力，以适应高水平科技自立自强、服务国家和地方高质量发展的更高要求。

10.4　未来规划

10.4.1　未来目标

针对以上问题，沙漠所必须以改革促发展，激发创新活力。到 2035 年，建立与中国气象科学研究院统筹协同、与合作单位互为支撑的创新机制，科技自主创新和核心业务支撑能力显著增强，实现中亚天气、丝路核心区气象服务关键核心技术自主可控，引领全国沙漠气象、树轮气候领域研究，打造以沙漠所为核心，服务“一带一路”建设、气象事业高质量发展、新疆社会稳定和长治久安的科研平台。

10.4.2　改革思路

立足丝绸之路经济带核心区，面向国家重大战略、人民生产生活和世界科技前沿需求，

以沙漠所为核心整合区域科技力量，逐步实施沙漠所体制机制改革；进一步完善气象科技创新体系，增强科技自主创新能力，引领全国沙漠气象、树轮气候领域研究，实现关键核心技术自主可控；不断汇聚和培养优秀科技人才、提升国际影响力，最终在扩充研究体量和整合内外资源基础上，以沙漠所为核心打造学科特色鲜明、研发成果丰硕、运行管理高效、研究队伍精良、有重要国际影响力的研究平台，为"一带一路"建设中面向中亚、西亚及中巴经济走廊气象服务、中国气象事业高质量发展、新疆社会稳定和长治久安提供科技支撑。

1. 构建新时代科技创新体系

组建丝绸之路气象研究院（新疆气象科学创新研究院）（以下简称"丝绸之路研究院"）；将沙漠气象及中亚、西亚天气作为优势学科方向；通过整合各类科技支撑平台，重点打造新疆塔克拉玛干沙漠气象国家野外科学观测研究站及中国气象局树木年轮理化研究重点实验室；培育中国气象局沙漠气象及中亚、西亚天气国家级重点创新团队；积极推进中巴经济走廊重大气象灾害监测预警与防范技术研究等国家重点研发计划的申报和立项；面向核心业务，在优势学科领域形成一批科技创新成果。

2. 加快创新资源一体化配置

面向中亚、西亚和中巴经济走廊的"一带一路"气象科技支撑需求，围绕优势学科方向，统筹完善项目、平台、团队、资金、编制和政策的配置，整合集中现有各类资源，突出重点和特色，在以上重要学科领域做优做强。

3. 实现《纲要》三个科技首要

瞄准国际科学前沿，深入推进并引领全国沙漠气象、树轮气候领域研究，不断提升科技创新能力，带动"丝绸之路经济带"相关领域科技创新，实现国家气象战略力量科技领先首要定位。开展山盆地形灾害性天气机理、中亚气候等关键技术研究，有力支撑"监测精密、预报精准、服务精细"核心业务发展，实现关键核心技术自主可控首要目标。加快关键核心技术攻关、加强气象科技创新平台建设、完善气象科技创新体制机制，提升国家"一带一路"建设气象防灾减灾气象科技支撑能力，实现增强气象科技自主创新能力的首要任务。

10.4.3 学科布局

按照1个重点优势学科和2个特色领域学科的整体布局，将沙漠所现有沙漠边界层气象、树木年轮、中亚天气气候、数值预报研发和气象灾害防御5个研究方向调整为3个学科方向。其中，1个重点优势学科为沙漠气象及中亚、西亚天气，2个特色领域学科分别为树木年轮与中亚、西亚气候和丝路核心区气象服务关键技术。

1. 沙漠气象及中亚、西亚天气

面向国际科技前沿和核心预报技术，开展沙漠及其周边灾害性天气天地空立体综合科学试验，强化沙漠多圈层相互作用对局地与区域天气气候的影响机理研究；开展暴雨（雪）、大风、沙尘暴等灾害性天气多尺度形成机理；加强西亚副热带西风急流、伊朗副热带高压、中亚低涡、天山准静止锋等中亚、西亚天气系统研究；研发新疆及中亚区域灾害性天气数值预报产品释用及精细化预报技术。

2. 树木年轮与中亚、西亚气候

基于树木年轮资料和方法，建立“一带一路”沿线历史气候水文变化序列和格点数据集，开展中亚、西亚及周边重点区域百年至千年气候变化研究，基于代用资料、观测数据与气候模式结果揭示气候变化的影响机制；建设中亚气象数据库，研究欧亚区域内陆干旱气候、亚热带沙漠气候、地中海气候区极端天气气候事件的变化规律、物理机制及未来趋势，评估中亚、西亚干旱区气候变化及对水循环和生态系统的影响，研发区域短期气候预测技术。

3. 丝路核心区气象服务关键技术

面向丝绸之路经济带核心区空中水资源开发、大气污染治理、“双碳”目标和气象为农服务需求，开展干旱区云降水物理观测和云水资源监测技术研发，系统评估典型山系云水资源开发潜力；开展复杂地形下大气污染机理及预报技术研究，风能太阳能资源精细化评估、干旱区生态系统“碳汇”机制及潜力挖掘研究，棉花、特色林果等农业气象服务关键技术研究。

第 11 章　南京气象科技创新研究院建设进展报告

为落实国家创新驱动发展战略，优化气象科技创新布局，推进国家气象科技创新体系建设，增强气象科技创新能力，更好地服务国家和地方经济社会发展需求，2019 年 5 月 18 日，中国气象局与江苏省人民政府和南京市人民政府签署协议，联合共建南京气象科技创新研究院（以下简称南京院），2019 年 10 月 8 日，创新研究院挂牌成立，并于 2020 年 7 月 6 日正式启动运行。中国气象科学研究院（以下简称气科院）和江苏省气象局（以下简称江苏省局）作为共同举办单位，认真贯彻落实中国气象局党组决策部署和部省合作协议精神，精诚合作，积极谋划，领导南京院在运行管理机制、争取科技创新资源、加强应用基础前沿研究、聚力“卡脖子”核心关键技术攻关、提升业务科技支撑能力、推进人才培养和团队建设等方面，积极开拓，大胆探索，努力建成学科特色明显、研究队伍精干、运行管理高效的新型研发机构。

11.1　工作沿革

11.1.1　建设背景

为深入贯彻落实习近平总书记提出的建设创新型国家和世界科技强国的战略目标和重点任务，实现习近平总书记为江苏擘画的“强富美高”新江苏建设的宏伟蓝图，践行习近平总书记对气象工作的重要指示精神，以江苏省和南京市创新型省份和创新名城建设为契机，结合南京气象高校和企业聚集、人才云集、省市科技创新政策优越的独特区位优势，江苏省气象科学研究所长期坚持围绕业务、突出特色的气象科技创新工作基础，以及由江苏省局牵头、在宁四所气象相关高校参与组建的南京大气科学联合研究中心的生动实践，中国气象局与江苏省人民政府和南京市人民政府于 2019 年 5 月 18 日，签署协议，联合共建南京气象科技创新研究院。

11.1.2　历史沿革

1978 年，江苏省气象科学研究所成立；2001 年，改名为江苏省气象科技开发应用中心；2005 年，恢复江苏省气象科学研究所名称，加挂南京交通气象研究所牌子；2006 年，成立上海区域交通气象业务中心；2010 年，成立江苏省交通气象台；2011 年，列入中国气象局首批省所发展改革试点单位；2015 年，成立南京大气科学联合研究中心（NJCAR），省气科所是中心日常管理与执行单位；2017 年，中国气象局交通气象重点开放实验室正式运行，挂靠省气科所；2019 年，中国气象局金坛交通气象野外科学试验基地以及金坛国家综合气象观测专项试验外场（交通气象）正式挂牌成立，中国气象局交通气象重点开放实验室负责日常运行管理；2019 年 10 月 8 日，南京气象科技创新研究院正式挂牌；2020 年 7 月 6 日，南京气象科技创新研究院正式运行，江苏省气象科学研究所纳入其中统一运行管理。

11.2　改革成效

11.2.1　高起点定位，明确职责任务和发展目标

南京院按照“国际标准、国家示范、江苏先行”的总体定位，以现代科研院所管理要求，打造气象科技体制改革特区、科技创新高地和产业化示范基地，重点开展气象核心技术攻关、重大气象应用技术研发、产业化应用等工作，为国家与地方防灾减灾救灾和生态文明建设提供科技支撑，为江苏省、南京市创新引领、高质量发展提供科技支持。力争通过 5~10 年努力，把南京院建成学科特色鲜明、研究队伍精干、运行管理高效的现代研究机构，成为立足江苏、服务全国的国内一流、国际有重要影响的气象科技创新研发平台、高层次人才汇聚与培养基地、科研成果转化基地及产学研结合综合示范基地。

11.2.2　高标准要求，搭建现代科研院所组织管理架构

根据现代科研院所管理体制要求，南京院实行理事会领导下的院长负责制，由国省两级气象部门、江苏省和南京市人民政府、合作高校等单位代表组成理事会，聘请学界深富名望、兼具丰富管理经验的知名专家为院长，联合气科院会同江苏省局组建南京院领导班子，组建了以符淙斌院士为主任的第一届学术委员会及谈哲敏院士等国内外知名专家组成的指导专家组。打破传统事业单位管理层级，不定机构规格，凝练了 5 个研发方向，设置了 5 支科研团队和综合办公室，团队实行首席负责制的扁平化管理方式。

11.2.3　部省共建，打造坚实科技政策环境和基础保障

南京院的建设充分调动了江苏地方资源对气象科技创新的支持和对气象高质量发展的重视，深化了部省合作的深度、广度和内涵，树立了局院合作典范。

中国气象局为南京院建设与发展提供了重要保障。两年来，南京院共计引进了 41 位博士后、博士和硕士，解决了引进的 6 位优秀拔尖人才的编制问题。打通了人员和公用经费的划拨渠道。在项目上予以大力扶持，在国家级科技攻关团队建设、国省重点统筹任务、国家级科研院所改革等方面按照国家级科研院所待遇、新型研发机构要求给予充分考量安排，并在创新机制建设方面进行跟踪指导。

江苏省市科技创新政策和政府高度重视夯实了南京院建设基础。省市两级人民政府在运行经费、职工用房、人才落地、地方科技和人才政策方面给予南京院重要支持，并将支持和承诺先后纳入到省市两级关于推进气象高质量发展的意见和第四次《部省合作联席会议纪要》，落实到《江苏省“十四五”气象发展规划》。截至 2022 年底，省市共同支持的 1500 万

元运行经费已经到位，南京市支持的16套人才公寓2020年已投入使用，新进人员社保、医保和住房公积金开户、集体户口落户、党团关系转移等顺利开展。2022年，谈哲敏院士工作站落户南京院，省级新型研发机构能力建设项目也正式立项，支持额度1000万元。

11.2.4 院局携手，保障南京气象科技南京院健康运行

根据共建双方的管理责任清单，气科院在人员与各类项目经费、人才引进与招录、人才培养举荐、科研设备购置等方面给予倾斜支持。江苏省局负责党建、办公环境、计算资源、后勤保障等工作，全额保障原有经费渠道，相关工作已列入“十四五”规划重点支持。建院以来气科院共下拨经费约2300万元支持研究院各方面工作。江苏省局提供约3000平方米场地作为科研办公场所，新购置了500万亿次/秒峰值运算速度的高性能计算机，为南京院提供了良好的办公环境和算力资源，“十四五”期间通过重点工程设立专项经费约2700万元支持南京院基础能力建设和核心关键技术开发。

11.2.5 创新机制，打造科技创新改革“试验区”

领导体制创新。南京院实行以气科院为主、江苏省局为辅的双重领导机制，为加强对南京院的科学管理，共建双方签订了管理责任清单，建立了联席会议制度。通过联席会议制度，进行专题指导、阶段性工作总结，及时协商解决南京院发展中的问题。

组织架构创新。南京院打破传统，架构新型科研和管理组织体系。直接组建了高影响天气、多尺度气象模式、气象探测技术、气象大数据与人工智能应用和交通气象等5个研究团队，并设立综合办公室负责党务、人事、行政后勤等管理部门。团队实行首席负责制。建院之初聘请了多名院外高层次人才担任团队首席和联合首席。

运行管理创新。以国家、中国气象局和地方新近出台的激发创新活力的系列政策为依据，按照系统性、协调性、配套性的原则，南京院积极探索改革特区运行新机制，先后组织制订并完善了31项管理办法，并凝练了“诚信、合作、激情、求是”的南京院院训。

多元融合创新。对各类科研人员实行统一团队管理，承接上级下达任务按团队落实，上级下拨经费、科研项目和创收经费等统一管理使用，并执行统一的岗位聘用、绩效考核、薪酬分配等制度，做到团队融合、身份融合、任务融合、经费融合、制度融合。

用人机制创新。大胆提拔任用想干事、能干事的青年人才，对特别优秀青年拔尖人才实行协议工资制。切实贯彻落实扁平化的首席负责制，落实团队考核评价、绩效分配自主权和研发工作技术路线决策权。将一批具有一定学术造诣的青年科学家聘为首席和副首席。

合作机制创新。南京院聚集优势科技资源，与南京大学大气科学学院、国防科技大学气象海洋学院签署协议，联合研究团队，并聘请了高校中青年高水平教授担任团队联合首席。充分发挥学术委员和专家在发展战略和科研方面的指导作用。依托院士工作站、交通气象重点开放实验室，不断扩大高校、院所和企业合作“朋友圈”，打造新的气象科技创新平台，与中科曙光、航天新气象等十余家企业联合共建实验室或试验基地。

11.2.6　聚集人才，打造气象科技创新人才新高地

目前，南京院固定科研人员 74 人，其中博士 48 人，40 岁以下中青年占比约 80%。其中国家海外青年优秀人才 1 人，中国气象局青年气象英才 3 人，江苏省“333 高层次人才培养工程”9 人（第二层次 3 人），江苏省“青年科技人才托举工程”1 人，江苏省“双创”博士 5 人，8 人获聘为气科院或南京信息工程大学硕士生导师，7 人入选气科院和江苏省气象局高层次人才计划。

11.2.7　牢记使命，为国家和地方发展提供了科技支持

1. 总体情况

南京院围绕总体定位和目标任务，承担了多项国家级研发任务，承接了多项中国气象局科技创新发展专项，以及多项江苏省“十三五”和“十四五”气象事业发展规划重点工程任务，积极主动加入中国气象局东北冷涡科研业务能力提升攻关团队和中国气象局数值预报国省统筹研发团队，主动承接国家级任务。

2. 代表性成果

（1）高影响天气观测试验、机理研究与预警预报技术

X 波段天气雷达组网协同观测控制技术研究与试验。研发了适用于江苏龙卷、强冰雹等典型强对流观测的组网 X 波段雷达自适应协同扫描方法，保障协同控制系统按照指定的强天气扫描策略进行自适应协同扫描。

基于雷达探测的雷雨大风观测及其应用。基于雷达观测的径向速度、反演的地面散度场特性、降水微物理特征等，开发了雷雨大风短临分级预警技术、下击暴流预警识别算法、冰雹识别算法。冰雹识别技术已正式集成到中国气象局短临预报业务平台（SWAN3.0 系统）进行业务应用。

极端暴雨过程的降水微物理特征分析。利用稠密地面雨滴谱仪站网和双偏振雷达观测资料，对河南郑州“21 · 7”特大暴雨过程的降水微物理特征进行了分析，发现其存在显著的时空变化特征：在复杂地形区对流发展较浅，暖雨过程主导；平原区对流深厚，暖雨和冰相过程均活跃，其中极端降水类型冰相最活跃，造成雨滴平均浓度高、粒径大。

江淮地区中尺度对流系统的触发维持机理研究。通过对典型过程的数值模拟分析明确了非均匀环境场对波涌 / 冷池的反馈作用，进而引起中尺度对流系统演变过程的调整。

高原山地雷暴环境中的闪电过程观测分析。分析了地面电磁探测系统记录的闪电放电特征，发现了一类只发生在高原山地雷暴环境中的特殊放电过程。

台风双眼墙结构变化机理研究。利用中尺度数值模式（WRF）开展台风理想个例研究，揭示了风垂直切变影响台风次眼墙形成的本质原因在于其对台风外雨带的影响，外雨带—边界层相互作用仍然是风垂直切变的条件下台风次眼墙形成的主导动力学过程。

（2）数值模式关键技术

云区卫星资料同化方法研究。研发了微波云水路径 LWP、云冰路径 IWP 和雨水路径 RWP 的观测算子。协同微波观测信息有效地改进了云区红外高光谱辐射模拟精度，使得全天

候红外辐射资料同化利用率提升。

数值模式云和辐射效应模拟性能评估。云和辐射效应是数值模式降水不确定性预报的主要来源。利用多套卫星观测产品，检验了数值模式对云及其辐射效应的模拟性能。

极端降水事件的集合概率预报技术研发。分析了对流可分辨尺度集合预报系统对极端降水事件的预报概率低的原因，发展了基于时空邻域的集合概率预报产品，提升了集合预报系统对城市尺度的极端降水事件概率预报性能。

基于数值模式的分类强对流预报技术。优化发展了自主研发的分类强对流潜势和概率预报技术和业务系统，实现对强对流天气的分类、分强度客观预报。

（3）卫星遥感应用研究方面

云参数综合反演及应用研究。发展了云相态、云光学和微物理参数、降水量等反演算法，建立了支持我国风云气象卫星、日本 Himawari 等多颗静止卫星的云特性综合反演系统。构建的云产品数据集是国际上公开的第三套数据集，相关成果及产品在天气、气候监测和研究中得到了广泛应用。

基于卫星遥感的强降水监测研究。首次利用 FY-3 卫星上、下午星微波成像仪通道组合观测资料，考虑大气整体性及变量之间的相互约束，突破传统统计反演和物理反演中只考虑单一参数的局限，开展了基于卫星遥感的云液态水和降水变分反演算法研发。

基于风云卫星的陆表特性数据集研发。研发了基于国产风云卫星的陆表特性反演算法，构建了高精度、长时间序列的地表发射率、植被指数等在内的陆面产品数据集。

（4）大数据与人工智能应用研发方面

基于深度学习和数值预报的短时强降水预报技术。建立了江苏区域的逐小时短时强降水概率预报模型。通过 PredRNNv2-AWS 融合过去多时次的区域模式逐小时预报和稠密自动站雨量观测数据大幅提高了短时降水预报能力。

基于深度学习和雷达资料的对流阵风临近预报方法。建立了一种新颖的对流阵风临近预报模型（CGsNet），实现了空间分辨率为 0.01°× 0.01°、时间分辨率为 6 min 的 0~2 h 对流阵风定量预报。

基于机器学习的全球和海洋温度归因研究。利用 MLP 模型，基于自然、人为强迫因子和气候内部变率因子，成功重建了 1866—2019 年的全球 / 海洋月平均温度（GST/OST），分析了不同因子对 GST 和 OST 变化的影响。

（5）交通气象应用服务技术方面

开展了浓雾观测试验和爆发性增强机理研究。基于雾的外场观测试验，揭示了雾爆发性增强的新特征，构建了能见度与与雾滴数浓度、大气含水量等新的参数化方案。

开展低温冰情监测预警技术研究。自主集成研发了道面检测器、高精度 GPS 仪等构成的路面温度及道面状况车载移动巡检普查系统，建立了路面低温预警模型，率先在全国建立了路面热谱图技术，基本实现了高速公路冬季路面温度快速反演。

研发道面状况智能识别技术。构建了路面干湿状态反演模型和路面积水量（水膜厚度）计算模型，实现对路面干燥、潮湿、积水或冰雪等状态的反演。

开展了边界层无人机探测系统和应用技术研发。研发了集气压、温度、湿度、风等气象传感器于一体的边界层无人机探测系统，以及无人机飞控载台、地面移动监控终端，完成产品定型并投入试验应用，建立了我国首个小型无人机气象探测和应用示范基地。

11.2.8　厚积薄发，科技创新能力和成果效益逐步显现

南京院正式运行以来，获批各类项目 76 项，包括国家基金 16 项（联合基金、海外优青各 1 项，面上 3 项、青年 11 项），国家重点研发计划课题 1 项、专题 3 项，横向项目 20 余项，江苏省新型研发机构能力建设项目 1 项，省科技支撑计划和自然科学基金各 1 项，项目经费约 3100 余万元。

获省部级科研奖励 3 项，获江苏省气象学会科技成果奖励 7 项。完成行业标准 4 项，立项国家标准 1 项，技术规范 1 项，参与完成地标 1 项，获专利 15 项。第一单位发表论文 100 余篇，其中国际高水平论文 70 多篇。

11.2.9　党建引领，推进党建与科研业务融合发展

2021 年 5 月，在江苏省气象局机关党委的指导下，成立了南京院党委和纪委，设立了 3 个党支部，形成了院党委领导下的组织架构。两年来，以习近平中国特色社会会主义思想为指导，院党委、各支部通过不同形式组织全体党员认真学习贯彻落实习近平总书记在庆祝中国共产党成立 100 周年大会重要讲话、党的十九届五中、六中全会精神，习近平总书记对气象工作、对江苏工作的重要指示。积极组织全体党员进行党史学习教育、“我为群众办实事”和“两在两同建新功”等教育实践活动以及各支部分类达标定级评估工作和党建品牌选树活动。自觉接受上级巡视巡察并强化落实整改，加强党风廉政建设，坚决纠正“四风”，不断增强“四个意识”，坚定“四个自信”，做到“两个维护”，以过硬的党性、纯洁的政治生态、强大的凝聚力和战斗力，推进党建与科研业务的融合发展。

11.3　薄弱环节

经过几年的创新发展，虽然南京院在体制机制创新方面取得了一定的发展，但是在面向世界科技前沿、面向国家经济建设和社会发展、面向国家重大需求、面向城镇化和生态文明建设，面向人民生命健康和防灾减灾，面向气象高质量发展和新型业务技术体制改革，南京院的创新发展仍存在一些亟待解决的问题。

1. 科研团队体量偏小、激发创新活力机制尚不完善

通过两年多的先行先试，创新发展，南京院打造了多支科研创新团队，但目前科研人员仅不足 70 人，总体体量偏小，且团队间发展不均衡。高层次领军人才、复合型人才短缺，人才梯队建设不足，急需引进和培养并重壮大科研队伍，提升人才品质，形成完备人才梯次。稳定科研队伍、激发创新活力机制尚不完善，人才竞争压力较大。亟须借助国家、中国气象局和江苏省政府的人才培养政策和计划，通过深化改革，加大人才引进和培养力度，特别是青年人才的培养和使用，激发科研人员创新活力，以适应高水平科技自立自强、服务国家和地方高质量发展的更高要求。

2. 面向我国气象高质量发展的气象科技支撑定位不够清晰

围绕“国际标准、国家示范、江苏先行”的总体定位，打造气象科技体制改革特区、科

技创新高地和产业化示范基地的目标定位，南京院重点开展了多项气象核心技术攻关、重大气象应用技术研发等工作，但目前尚未发挥在全国气象学科科技创新发展中的引领带动作用，作为新型研发机构，面向经济主战场的水平还不够，与产业化应用的目标也有相当的相距，对后续发展的造血能力发展不足，在全国气象学科科技创新发展中的引领带动作用发挥不足。研究特色更需要明确，需要在交通气象和强对流等方向明确定位，需要在科研成果转化及产学研结合方面继续开展工作，力求为国家与地方防灾减灾救灾和生态文明建设提供创新引领，为江苏省、南京市创新引领、高质量发展提供科技支持。

3. 与相关领域的科研协作发展仍有较大空间

南京院与国家级气象科研院所、业务单位、高校及部门外科研机构和企业的协同发展仍有较大空间。目前已与四所高校和相关企业建立了合作，但合作尚不够深入，与其他高校和气象科研院所互动交流较少，在基础研究、人才培养、成果转化服务地方等方面的协同创新机制有待完善，与国家级科研院所在联合承担重大科研任务、重大科学试验等方面需要进一步加强协作，牵头组织科技平台、科研条件共享存在不足。

4. 创新平台建设不够充分，创新效率有待提高

南京院拥有江苏省新型研发机构、院士工作站、中国气象局交通气象重点开放实验室、中国气象局金坛交通气象野外科学试验基地等独具特色的科研平台。但野外基地和实验室创新效率不高、成果产出延续性不足、持续稳定运行的机制不完善、与相关行业的协同合作不紧密，在科技成果产出和人才培养等方面与先进高校、院所间存在较大差距，在气象领域的国内外影响力仍亟待提升。野外科学试验基地功能单一、专业高端设备仪器不足，也缺乏组织大型野外科学试验的经验，一定程度上限制了气象观测及基础研究的发展，直接影响了综合创新能力和成果产出。

5. 气象科研业务深度融合互动不够充分

南京院在传统优势领域产出诸多成果，但面向核心业务科技支撑的高水平成果偏少、碎片化明显、集成度不够。高效的科研业务融合发展机制还不够完善，研发团队与业务单位的互派交流不够深入，对关键科学问题和核心业务技术的联合攻关机制尚未建立，支撑提升气象精准预报预警准确率的能力有待进一步加强。在灾害性天气预报预警、模式改进和应用、交通气象预报预警等领域关键技术存量不足、增量不够，难以满足现代业务快速发展的多方面需求。

6. 在科技评价机制创新领域仍有较大空间，人员经费保障后续力量不足

科技评价仍存在一定的“四唯”倾向，在基础研究评价方面体现了坚持新规律、新领域、新原理为核心的科技成果导向，在技术开发评价方面需要根据技术一般规律性的评价指标开展细化分类工作。在应用研究的评价方面需要在突出新模型、新工艺和新应用的评价指标上有创新。在传统的科技、技术和经济等定量化指标的基础之上，还应逐步引入社会、文化、环境等非定量化的评价标准。科研人员经费保障不足，缺乏激励气象科技人才多元化发展和加快人才队伍建设的有效措施，科技创新效能发挥不够，存在人才流失的风险，一定程度上制约了南京院的长远发展。

11.4　未来规划

下一步将在习近平总书记关于气象工作和科技创新系列重要讲话精神、国务院《气象高质量发展纲要（2022—2035 年）》（国发〔2022〕11 号）指引下，按照中国气象局党组指示精神，根据中国气象局和江苏省、南京市人民政府有关科技创新工作的部署和要求，提高站位，进一步明确目标定位，着力新型研发机构"新型"二字，继续优化改革举措，积极推进创新机制建设，充分体现中国气象局赋予的气象科技改革特区成色，具体如下。

1. 瞄准国家发展战略和气象高质量发展要求开展科技攻关

继续围绕"国际标准，国家示范，江苏先行"的总体定位，着力打造气象科技体制改革特区、科技创新高地和产业化示范基地，对接省市政策与需求，以高质量发展为准绳，继续开展气象核心技术攻关、重大气象应用技术研发，加强凝练，聚焦方向，重点突破，加强核心科技攻关，发挥在全国气象学科科技创新发展中的引领带动作用。面向经济主战场，对接产业化应用的目标，强化成果转化应用，将气象科技创新转化为生产力。建立研究院的造血机制，激发员工内生动力，为后续发展创造条件。明确研究特色，确立发展思路，力求为国家与地方防灾减灾救灾和生态文明建设提供科技支撑，助力气象事业高质量发展，助力"强富美好"新江苏建设和南京市创新引领。

2. 完善科技成果评价机制和人才评价机制，优化人才布局、激发创新活力

加快建立以基础研究、技术开发、应用研究等为基础，以科技业务需求为导向的科研项目立项评审机制、以科学研究和业务转化为导向的科技成果评价机制、以科技贡献和业务贡献为导向的科研机构平台和人才团队评估机制。建立健全气象科技成果分类评价制度，组织开展气象科技成果评价，遴选优秀气象成果，发布优秀成果清单，推进成果推广共享和转化应用，逐步树立以"质量、绩效和贡献"为核心的科技和人才评价导向，充分激发科研人员创新创造动力。用好用实国家科技成果转化奖励激励政策，加强对国家和部门相关政策的解读和引导。强化科技成果产出及知识产权保护，加强科技成果汇交共享管理及考核评价机制，推动气象科技成果加速向业务服务转化。

以院士工作站、部级实验室和野外科学试验基地为依托，以国家重点研发计划项目、国家自然科学基金项目等为抓手，继续壮大队伍体量、优化人才结构、健全团队管理、考核评价和激励创新机制，提高人才聚集效应；在项目申报中给予科研人员更多的支持与指导，加强气象科技领军人才、青年英才等高层次人才的培养；以多来源全链条科技研发任务为抓手，依托基本科研业务费等中央级科学事业单位稳定支持经费，对新入科研岗位的博士、博士后给予稳定的科研启动经费支持，培养优秀青年科技人才后备军。统筹开展拔尖人才培养，互派人员开展客座研究，强化科技资源支撑团队发展、人才团队带动项目、平台建设的良性循环。

3. 加强开放合作，拓展成果应用领域，建立稳定人员经费保障机制

继续深化部门内外合作，推进协同创新深度和广度，打造气象科技创新新平台，推进气象科技协同创新；继续与南京大学、南京信息工程大学、国防科技大学和河海大学以及中国气象科学研究院和相关企业开展深入的、实质性合作，建立和形成标志性的合作成果。在此基础上继续扩大科研协作的"朋友圈"，继续与其他高校和气象科研院所、企业开展交流，在基

础研究、人才培养、成果转化服务地方等方面的协同创新，联合承担重大科研任务、重大科学试验。加强南京院的国际科技合作，推动与国际相关组织和科研院所的合作，积极推动开展联合科考、信息资源共建共享、国际科技合作项目联合申报，不定期交流互访和举办培训班，强化气象科技的国际合作。举办和协办全国性学术年会，强化学术交流和合作。

拓宽经费支持保障的来源，优化研究院造血功能以及科研经费使用机制，通过落实《国务院办公厅关于改革完善中央财政科研经费管理的若干意见》（国办发〔2021〕32号）及中国气象局有关科技创新政策（中气党发〔2017〕25号、中气党发〔2019〕95号）等，加大各渠道对南京院人员经费的支持；积极推进科技成果应用及转化，提升经费自筹弥补缺口能力；用足用好江苏省和南京市政府关于科技创新和人才的扶持政策，争取省政府和市政府加大在科技研发和运行维持经费、办公场所、人才引进等方面的支持。

4. 发挥创新平台作用，提高科技创新效率

基于院士工作站、中国气象局交通气象重点开放实验室、金坛交通气象野外科学试验基地等科技创新平台，建立面向全国的研究平台。重点聚焦高影响天气精细预报与交通气象前沿关键科技问题，充分发挥气象部门、科研院所、高等院校等单位优势，开放合作，围绕高影响天气、交通气象等研究领域开展观测试验、科技研发、业务应用和人才培养。在共同研究领域联合申请重大科技项目，联合组织实施重大科学试验，共建科研基础条件平台，共享野外科学试验基地等科研平台，实现科研项目、平台基地、资金投入、科技政策等科技资源的一体化配置。提高既有创新平台的创新效率和成果产出的延续性，提升平台的科学、社会和经济效益。

5. 加强关键核心技术攻关，提高原始创新能力

以高质量发展为准绳，聚焦“四根支柱”，精准发力，重点突破。聚焦极端暴雨、强对流和台风等重大灾害性天气，加强应用基础理论研究。瞄准前沿，协同开展下一代数值模式核心技术研发。强化资料同化技术研发，着力提升风云系列卫星资料同化应用能力。深化卫星遥感应用技术研发，拓展卫星遥感应用领域。持续深入开展交通气象引领性技术研发。紧贴业务需求，加快人工智能应用技术研发。在数值模式数据同化和物理过程、雷达和卫星对强天气监测预警、交通气象风险预警与影响预报等领域核心关键技术进行攻关，争取形成一批重大科技成果。

6. 建立和完善气象科研业务融合交流机制

建立健全南京院与国家级业务单位和省级气象部门定常交流和任务对接机制。完善访问学者制度，鼓励外单位科研业务人员到南京院开展研究，激发多部门协同合作，扩大研究力量和影响力。主动对接业务需求，组织科研人员融入气象业务一线，根据阶段性工作需要安排科研人员到一线业务挂职、实习，参与天气研判，强化研用融合，实现科研业务深度融合互动。围绕气象核心业务需求，编制科研计划和项目指南，建立面向气象核心业务需求为导向的科研立项评审机制。优化科研成果快速向业务转化的中试平台，系统梳理已有科技创新成果，及时发布成果推广目录，注重科研成果在气象核心业务中的应用，以成果使用方的客观评价为主要依据开展科技成果中试效果评估。

第 12 章　深圳气象创新研究院建设进展报告

12.1　工作沿革

12.1.1　建设依据

中共中央、国务院印发的《粤港澳大湾区发展规划纲要》提出“着力完善防汛防台风综合防灾减灾体系”，国家发改委（国家大湾办）印发的《关于印发〈粤港澳大湾区建设近期工作要点〉和〈粤港澳大湾区建设三年行动方案（2018—2020）〉的通知》中明确提出“支持粤港澳三地联合建设粤港澳大湾区气象监测预警预报中心（以下简称“预警中心”）”；《广东省推进粤港澳大湾区建设三年行动计划（2018—2020 年）》（粤大湾区〔2019〕4 号）第 31 条明确“建立气象防灾减灾协同机制，编制实施《粤港澳大湾区气象发展规划》，联合建设粤港澳大湾区气象监测预警预报中心”；《深圳市推进粤港澳大湾区建设三年行动方案（2018—2020 年））（深委大湾区〔2019〕1 号）第 49 项明确“加强对台风等灾害性天气的联合预警预报，参与粤港澳大湾区气象监测预警预报中心建设”。

12.1.2　建设需求

1. 加强优质供给，保障国际一流湾区建设

粤港澳大湾区是我国开放程度最高、经济活力最强的区域之一，同时也是典型的气候脆弱区，台风、暴雨、雷电、大风、高温等灾害性天气多发。高密度的人流车流、高效率的社会经济活动对天气变化特别敏感，尤其是防范极端天气事件对气象预报预警服务提出了极高的要求。气象工作关系到人民福祉安康和社会和谐稳定，关系到经济健康持续发展，建设富有活力和国际竞争力的一流湾区和世界级城市群，迫切需要建设世界一流的精细化气象监测预警预报体系，打造气象高质量发展的范例。

2. 突破核心技术，构建智慧气象示范窗口

提高台风、暴雨等极端天气事件预报预警和智慧服务能力，关键在于预报核心技术的突破，特别是需要突破台风 30 min 定位、暴雨千米级预警、亚千米区域数值预报、对流尺度集合预报等关键共性技术、前沿引领技术，提高多灾种和灾害链综合监测、风险早期识别和预报预警能力。粤港澳大湾区拥有国际先进的气象探测系统，拥有国家气象卫星系统、信息网络系统、数值预报系统等强大的气象信息资源。突破核心技术，关键在于集聚具有国际先进

水平的气象科技人才和创新团队，充分利用三地有利于人才、资本、信息、技术等创新要素跨境流动和区域融通的政策优势，建立开放互通、布局合理的区域气象科技创新中心。

3. 创新发展机制，推进三地深度融合发展

粤港澳大湾区构建高效科学的气象灾害防治体系，提高全社会自然灾害防治能力，保障大湾区智慧城市群建设。粤港澳三地气象部门深入实施创新驱动发展战略，依托深港科技创新合作区等创新载体，发挥不同体制优势，创新发展机制，构建开放型融合发展的气象协同创新共同体，联合建立粤港澳大湾区气象监测预警预报中心，探索全新合作共享模式。

4. 构建众创平台，有序拓展气象信息产业

目前气象信息产业发展相对滞后，难以满足大湾区建设宜居、宜业、宜游的优质生活圈等对气象服务的需求。通过建设气象科研成果产业化基地，构建跨行业、跨区域、跨部门的创新网络，建立政府、高校、科研院所、企业产学研一体化的开放型创新共享平台，开展气象与相关技术融合创新试验，积极探索众包开发、知识产权激励、风险竞投等遴选发现创新成果的手段机制，引导鼓励社会力量利用气象数据开展气象个性化服务，有序培育和拓展气象服务市场。

12.1.3 正式成立

2019 年 6 月 10 日，中国气象局批复同意组建预警中心。2019 年 10 月 16 日，深圳市政府六届一百八十九次常务会议原则同意设立预警中心并按此名称注册登记，同时加挂“深圳气象创新研究院”牌子。2019 年 10 月 31 日，经深圳市气象局申请，福田区产业发展联席会议确定预警中心办公地为福田区深圳国际创新中心 D 栋 2 层 201 房，注册登记地址为福田区福保街道市花路 5 号长富金茂大厦 1 号楼 24 层 2410 房。2019 年 12 月 12 日，深圳市政府办公厅批复同意设立预警中心，同时预警中心在事业单位登记管理局完成注册登记手续，取得事业单位法人登记证书，从首次提交申请到注册登记共历时 389 天。至此，预警中心筹建工作圆满完成，预警中心正式成立。

2019 年 12 月 13 日，粤港澳大湾区气象创新发展研讨会召开，相关领导及专家学者齐聚一堂为预警中心发展壮大建言献策；预警中心第一次理事会会议同日召开，审定了预警中心章程等重要文件，并向预警中心主任万齐林和首席科学家谢元富颁发了聘书。此次理事会的召开，代表着预警中心正式运行。2020 年 9 月 21 日，预警中心国创办公场所举行首日运营仪式，时任中国气象局党组书记、局长刘雅鸣，深圳市副市长张勇等领导出席。

12.2 改革成效

12.2.1 组建方式“新”，构建国、省、市共同举办的新模式

作为在中国气象局、深圳市政府指导下，由中国气象科学研究院、广东省气象局及深圳市气象局共同举办的新型研发机构，预警中心筹建过程中获国、省、市各级部门先后发文予

以明确支持，并成立由中国气象科学研究院、深圳市气象局、中国气象局广州热带海洋气象研究所等理事单位组成的理事会，组建由院士领衔、内地及港澳相关专家组成的咨询委员会。同时，预警中心利用《关于进一步支持和鼓励事业单位科研人员创新创业的指导意见》等系列政策，经三家举办单位共同推荐，通过离岗创业的模式，聘任国家二级研究员、原中国气象局广州热带海洋气象研究所（以下简称热带所）所长万齐林博士为预警中心主任。在中国气象科学研究院的大力支持下，预警中心聘任原中国气象科学研究院首席科学家、国家特聘专家、深圳海外高层次 A 类人才谢元富博士为首席科学家。

12.2.2　运营机制“新”，实行区别于传统科研机构的现代化管理

采取理事会领导下的主任负责制，建立由主任、首席科学家、常务副主任和副主任组成的领导班子，内设综合管理部、科研发展部、科技业务部；采取市场化薪酬分配制度，建立成果导向、激励导向的绩效考核方法，搭建科研成果及知识产权保护体系；确立以行政管理团队为外围支撑、业务团队为中心、科研团队为基础，各科研团队互动合作的工作模式，根据核心任务及研发工作的实际需求，动态设立调整研发单元，灵活配置科研人员、组织研发团队，保障研发工作高效进行；成立由院士领衔、内地及港澳专家组成的咨询委员会，就预警中心发展战略、重大科学技术问题等开展咨询；组建科技委员会，负责中心科研项目的内部孵化和评审工作；健全民主管理制度，鼓励职工参与和监督中心运行。

12.2.3　科研成果“新”，为气象业务提供自主核心技术支撑，提高监测预警预报质量

预警中心自主研发的时空多尺度同化分析系统（MOTOR-DA）、多尺度台风风雨精细化集合变分混合同化预报系统（觅天，CMA_GD_METCAP）等最新科研成果，经过一系列的数值试验与分析检验，在地面实况分析、风场分析、降水预报等方面取得不亚于国际先进气象分析系统的良好成效，相关产品已成功实时推送到粤港澳大湾区精细数值预报模式研发与应用平台，并已阶段性投入省、市气象局业务应用中。预警中心正发挥自主核心技术优势，提升在台风、暴雨、强对流等灾害天气的监测、预警、预报的支撑能力，力争在大湾区城市防灾减灾中发挥重要作用。

12.2.4　引才渠道“新”，形成以领军人才和特聘专家领衔、博士和海归科研人员为主的人才队伍

预警中心通过全球猎聘、项目合作、博士后招收等多渠道常态化招聘形成 25 名以领军人才和特聘专家领衔、博士和海归科研人员为主的人才队伍，引进创新岗研究人员 17 人次，联合培养博士后 2 名，通过项目合作特聘高级专家 3 名；目前国家特聘专家 1 名，中国气象局科技领军人才 1 名，广东省气象局青年气象英才 1 名，深圳市孔雀 A 类人才 1 名，地方领军人才 1 名，C 类人才 5 名，获得中级职称认定 7 名，获得副研级高级职称认定表 3 人。

12.2.5　对外布局“新”，项目申报、技术服务、论文发表、专利申请、交流合作等“组合拳”多点开花、频获突破

预警中心承担了2022年数值预报国省统筹研发的广东7项任务中的2项，并在广东区域数值天气预报重点实验室指导和支持下稳步推进数值预报统筹研发任务；截至2022年10月，纵向项目上，承担国省市及行业内纵向科研项目22项，项目金额总计1500余万元；横向项目上，承担科研项目16项，项目金额总计420万元；经营性项目上，对外开展技术服务，承接各区气象服务项目6项，累计合同金额达584.2余万元；以预警中心为第一单位共发表SCI论文28篇，其中关于台风对亚洲内陆地区影响的评估被国内外近20家媒体报道，成为近期Frontiers最受欢迎的前5%文章；中国气象报以《1分钟纾解资料同化“卡脖子”困局》为题，对大幅优化和提升混合资料同化模块的运行效率进行特别报道；申请专利1项，国内外学术会议作学术报告6次；与中国气象科学研究院、中国气象局地球系统数值预报中心、中国气象局广州热带海洋气象研究所、南方科技大学、华风集团等10余家院所校企开展科研业务合作。

12.2.6　服务途径“新”，“公益化”+“市场化”推动科研成果转化

预警中心正在申请设立“深圳气象创新研究院工程技术分院”。作为分支机构，以服务城市安全和发展为使命，坚持公益性发展方向，满足城市运行管理、经济社会发展对气象科技服务个性化和商业化需求，开展气象科技服务及成果转化应用，力求形成科研支持产业、产业反哺科研的良性循环，提升自我造血能力，达到“科研”+“服务”双轮驱动预警中心健康可持续发展。目前已承接龙岗、光明等6个区累计约584.2余万元的气象服务项目，正在推动福田、南山等4个区的项目签订工作，争取到2022年底为8个区提供基层气象服务技术支撑，为2~3个企业开展气象专业服务，4~5家企业提供科技咨询服务。

12.2.7　党建品牌“新”，“博士党支部”多举措落实气象民生服务

立足党建业务融合发展规划，支部组织博士党员科研骨干牵头推进自主核心技术攻关，推动科研成果为深圳市气象业务提供技术支撑；成立以博士党员科研骨干为核心的会商工作组，参与深圳市气象局强天气预报会商与复盘会并提供分析意见；积极响应《深圳经济特区科学技术普及条例》精神，组织博士党员下社区开展气象知识科普讲座，帮助提升社区居民尤其是社区青少年居民的科学素养。

12.3　薄弱环节

1. 计算资源紧缺

超算节点资源较少，影响系统调试进度。

2. 人员招聘难度大

目前已招入的第一批人员质量较高，多人获“孔雀人才”与高级职称认定。但受疫情与

防疫政策影响，海外人才较难接洽，整体招聘质量受影响；具备气象数值模式开发知识的专业人才总量少，人才招聘进展慢，到岗科研力量尚有不足。

3. 政策与经费支持受限

在固定资产管理、公务车辆管理、预算内采购、采购限额（如科研经费购买办公设备）、经费支出标准（如举办学术会议、专家劳务费等）等方面仍采取传统事业单位做法；目前财政预算为每年 1500 万元，根据预警中心现在的人员规模，现有财政经费仅能支撑 20 人左右的人员费用。

4. 科研“造血”能力亟待体现

自主核心技术优势有待进一步巩固，科研成果转化率有待进一步提高，支撑省市业务能力有待进一步体现。

5. 尚未完全融入“国家队”

对“全国一盘棋”的关键核心技术攻关新型举国体制了解不多，对国家战略与城市防灾减灾需求掌握不够，对国家气象科技创新体系认识不足。

12.4　未来规划

1. 进一步夯实自主核心技术研发工作，为气象业务提供更扎实科技支撑

围绕理事会交待的核心科研任务，2022 年底前完成新一代时空多尺度同化系统、大湾区多尺度台风风雨精细化集合变分同化预报系统和亚千米尺度快速循环更新同化预报集成平台建设，强化基础研究对模式研发的支撑作用，强化新技术融入应用；针对自主研发完成的新一代自主同化分析系统 CMA-GD-MOTOR-DA，继续研发和优化相控阵雷达、FY-4 卫星、控制变量、物理过程等多项关键同化分析技术，对接 500 m 或更高分辨率的 CMA-GD 预报模式，开展对比与评估检验，改进强对流与降水预报；进一步优化亚千米级大湾区精细数值预报系统——“觅天”系统现有混合同化系统同化能力，针对不同台风过程完善混合参数优选方案，并考虑边界层对同化系统的影响同时开展观测资料质量控制算法研制，主要针对雷达、卫星、自动站等同化资料进行质控优化，提升混合同化效果；发挥数值同化技术优势，提升在台风、暴雨、强对流等灾害天气的监测、预警、预报的支撑能力，在城市防灾减灾中发挥作用。

2. 持续推动数值预报工作融入国家数值预报研发体系

参与相关科研与业务的攻关课题研究，以 CMA-GD 数值预报模式预报精准性的大幅度提高为目标，在资料同化和高分辨率台风精细预报领域有所作为；进一步加强与中国气象局广州热带海洋气象研究所的合作，共同推动发展自主可控的新一代区域数值天气预报模式体系；在中国气象局规划建立城市群一体化联合气象业务服务机制和标准体系、提升大城市安全运行气象保障服务能力的基础上，通过国家重点研发计划、国家自然科学基金、深圳市可持续发展专项等科技项目获得专项支持。

3. 坚定市场化、企业化发展方向，切实加强科研成果转化

继续推动建设分支机构“深圳气象创新研究院工程技术分院”，持续探索气象科技成果转化应用管理制度，探索赋予科研人员科技成果所有权或长期使用权、成果评价、收益分配等方面的措施，在科研管理、人才引进、绩效考核等方面继续改革探索、先行先试，推动新型研发机构机制体制创新发展。

4. 积极探索人才引进新渠道，形成多样化人才梯队

建立以“创新、质量、实效、贡献”为核心价值的绩效考核与人才培养机制；常态化多渠道招聘，人才规模争取2022年底达25人、2023年底达30人、2025年达50人；依托深圳气象局博士后创新实践基地，与博士后流动站联合培养博士后2~3名；根据科研规划，新增“大城市精细数值预报模式研发和台风风险预警平台建设”科研方向，计划引进1名学科带头人，2~3名青年科研人员；未来三年计划引进3~5位高层次气象人才，助力数值预报研发，需在人才经费增加预算经费；推进现有人才梯队建设，通过与港澳联合开展科研项目合作，促进人才交流，召开粤港澳气象合作学术1~2次；高质量完成广东省气象局创新团队项目，推动申报中国气象局新时代高层次科技创新人才计划，国、省创新团队；继续大力申报税收减免、博士后在站补贴、人才住房等各级人才保障政策。

5. 构建高效协作的“产—学—研—用”开放式科技创新平台

充分利用深圳作为特区的区域优势、政策优势、人才优势，通过新型科研机构更灵活的用人模式、项目组织形式及“揭榜挂帅”等形式，推动粤港澳大湾区乃至全国数值预报关键共性核心技术的研发工作，推动建设气象科技创新平台，为增强气象科技自主创新能力添砖加瓦，逐步建成“气象科学基础研究—核心技术攻关—业务服务试验—技术成果转化”链条全覆盖的世界一流的精细化气象监测预警预报中心、气象科技创新中心和科研成果转化基地，探索与粤港澳大湾区气象机构、高新技术企业合作，将科研成果转化落地湾区服务，协同建设大湾区重大气象科技基础设施、气象大科学装置，构建气象科学基础研究、核心技术攻关、业务服务试验、技术成果转化的气象科技体制机制创新生态圈，构建高效科学的气象灾害防治体系，提高区域自然灾害防治能力，为粤港澳大湾区防灾减灾、发展区域经济和资源开发等提供气象综合保障服务，助力粤港澳大湾区高质量发展。